Identifikationssysteme und Automatisierung

Michael ten Hompel   Hubert Büchter
Ulrich Franzke

Identifikationssysteme und Automatisierung

Springer

Prof. Dr. Michael ten Hompel
Dipl.-Ing. Hubert Büchter
Ulrich Franzke

Fraunhofer-Institut für
Materialfluss und Logistik (IML)
Joseph-von-Fraunhofer-Str. 2–4
44227 Dortmund

michael.ten.hompel@iml.fraunhofer.de
hubert.buechter@iml.fraunhofer.de
sinus@ulrich-franzke.de

ISBN 978-3-540-75880-8   e-ISBN 978-3-540-75881-5

DOI 10.1007/978-3-540-75881-5

Bibliografische Information der Deutschen Nationalbibliothek
Die Deutsche Nationalbibliothek verzeichnet diese Publikation in der Deutschen Nationalbibliografie; detaillierte bibliografische Daten sind im Internet über http://dnb.d-nb.de abrufbar.

2008 Springer-Verlag Berlin Heidelberg

Dieses Werk ist urheberrechtlich geschützt. Die dadurch begründeten Rechte, insbesondere die der Übersetzung, des Nachdrucks, des Vortrags, der Entnahme von Abbildungen und Tabellen, der Funksendung, der Mikroverfilmung oder der Vervielfältigung auf anderen Wegen und der Speicherung in Datenverarbeitungsanlagen, bleiben, auch bei nur auszugsweiser Verwertung, vorbehalten. Eine Vervielfältigung dieses Werkes oder von Teilen dieses Werkes ist auch im Einzelfall nur in den Grenzen der gesetzlichen Bestimmungen des Urheberrechtsgesetzes der Bundesrepublik Deutschland vom 9. September 1965 in der jeweils geltenden Fassung zulässig. Sie ist grundsätzlich vergütungspflichtig. Zuwiderhandlungen unterliegen den Strafbestimmungen des Urheberrechtsgesetzes.

Die Wiedergabe von Gebrauchsnamen, Handelsnamen, Warenbezeichnungen usw. in diesem Werk berechtigt auch ohne besondere Kennzeichnung nicht zu der Annahme, dass solche Namen im Sinne der Warenzeichen- und Markenschutz-Gesetzgebung als frei zu betrachten waren und daher von jedermann benutzt werden dürften. Sollte in diesem Werk direkt oder indirekt auf Gesetze, Vorschriften oder Richtlinien (z. B. DIN, VDI, VDE) Bezug genommen oder aus ihnen zitiert worden sein, so kann der Verlag keine Gewähr für die Richtigkeit, Vollständigkeit oder Aktualität übernehmen. Es empfiehlt sich, gegebenenfalls für die eigenen Arbeiten die vollständigen Vorschriften oder Richtlinien in der jeweils gültigen Fassung hinzuzuziehen.

Einbandgestaltung: WMXDesign GmbH, Heidelberg

Printed on acid-free paper

9 8 7 6 5 4 3 2 1

springer.com

Vorwort

An die operative Ebene logistischer Systeme werden besondere Anforderungen gestellt. Sie müssen zuverlässig arbeiten und alle Anforderungen an Durchsatz und Antwortzeitverhalten erfüllen. Dabei sollten sie mit minimalem Personaleinsatz zu betreiben sein. Die Bedienung sollte sich im Idealfall auf die Überwachung, Fehlerbehebung und auf die Einstellung von Betriebsparametern beschränken.

Damit kommt der Automatisierung, der selbsttätigen, zielgerichteten Beeinflussung logistischer Prozesse, eine besondere Bedeutung zu. Entwurf, Implementierung und Inbetriebnahme von automatisierten Prozessen erfordern die Beherrschung von Methoden und die Kenntnis der grundlegenden Funktionsweise von Geräten. Dieses Buch gibt eine Einführung in das Gebiet der Automatisierung logistischer Prozesse. Die vermittelten Grundlagen ermöglichen der Logistikerin und dem Logistiker, sich mit Lieferanten von Materialflusssystemen und automatischen Lagersystemen auf technischer Ebene auseinanderzusetzen. Darüber hinaus können mit diesem Wissen auch einfache Automatisierungsaufgaben gelöst werden.

In der Automatisierung von Stückgutprozessen hat die Identifikation logistischer Objekte eine lange Tradition. Ein Durchbruch für die Massenanwendung kam mit der Einführung des Barcodes, der auch heute noch die Identifikation in der Logistik dominiert und auch in den nächsten Jahren nicht wegzudenken ist. Nicht nur aus diesem Grund wird der Barcode ausführlich behandelt. An seinem Beispiel werden grundsätzliche Aufgabenstellungen und deren Lösungen aufgezeigt. Das betrifft beispielsweise die Darstellung und Bedeutung eines Codes sowie die Zuverlässigkeit eines Identifizierungssystems. Der abschließende Teil behandelt die neueren Techniken, die auf der Radio Frequency Identification basieren. Ziel ist es, ein tieferes Verständnis für die Risiken und Chancen der automatischen Identifikation zu schaffen und damit auch eine Grundlage für Entscheidungsprozesse zu legen.

Durch die gemeinsame Darstellung in einem Buch soll auch die Bedeutung der Identifikationstechnik für automatisierte Logistikprozesse verdeutlicht werden. Für das Verständnis dieses Buches werden elementare Kenntnisse der Logistik, insbesondere der Lager- und der Materialflusstechnik - wie sie etwa in [24] dargestellt sind, vorausgesetzt.

An dieser Stelle danken wir Thomas Albrecht, unter dessen Mitwirkung das einführende Kapitel über Anwendungen der Automatisierungstechnik in der Logistik verfasst wurde. Ebenso gilt unser Dank allen Lektoren für die kritische Durchsicht des Manuskriptes. Insbesondere danken wir Susanne Grau, Volkmar Pontow, Sabine Priebs, Arkadius Schier und Stefan Walter.

Dortmund, im Sommer 2007

Michael ten Hompel

Hubert Büchter

Ulrich Franzke

Die Intralogistik als identitätsstiftende und inhaltliche Klammer dieser Buchreihe spannt das Feld von der Organisation, Durchführung und Optimierung innerbetrieblicher Materialflüsse, die zwischen den unterschiedlichsten Logistikknoten stattfinden, über die dazugehörigen Informationsströme bis hin zum Warenumschlag in Industrie, Handel und öffentlichen Einrichtungen auf. Dabei steuert sie im Rahmen des Supply Chain Managements den gesamten Materialfluss entlang der Wertschöpfungskette. Innerhalb dieses Spektrums präsentieren und bearbeiten die Buchtitel der Reihe »Intralogistik« als eigenständige Grundlagenwerke thematisch fokussiert und eng verzahnt die zahlreichen Facetten dieser eigenständigen Disziplin und technischen Seite der Logistik.

Inhaltsverzeichnis

1. **Anwendungsbeispiele der Intralogistik** 1
   1.1 Fördersysteme 2
       1.1.1 Rollenbahnen 2
       1.1.2 Elektro-Hängebahnen 5
       1.1.3 Fahrerlose Transportfahrzeuge 5
   1.2 Lagersysteme 6
       1.2.1 Kommissionier-, Sortier- und Verteilsysteme 7

2. **Automatische Identifikation** 9
   2.1 Identifikationsmerkmale 10
       2.1.1 Natürliche Identifikationsmerkmale 11
       2.1.2 Künstliche Identifikationsmerkmale 12
   2.2 Code und Zeichen 13
       2.2.1 Codierung 14
       2.2.2 Codierungsbeispiele 14
   2.3 Klarschrifterkennung 17
       2.3.1 Verfahren zur Mustererkennung 17
       2.3.2 Magnetschriftcode 19
       2.3.3 Spezielle OCR-Schriften 20
   2.4 1D-Barcodes 21
       2.4.1 Aufbau des Barcodes 22
       2.4.2 Code 2 aus 5 24
       2.4.3 Prüfzifferberechnung Code 2/5 28
       2.4.4 Code 2/5 interleaved 31
       2.4.5 Gültige Fehllesungen 33
       2.4.6 Code 39 36
       2.4.7 PZN 39
       2.4.8 EAN 13 40
       2.4.9 EAN 8 44
       2.4.10 Code 128 45
       2.4.11 Prüfziffernberechnung Code 128 50
       2.4.12 Die Zeichensätze des Code 128 50
       2.4.13 Vermischte Zeichensätze im Code 128 und Optimierung 52
       2.4.14 Codegrößen, Toleranzen und Lesedistanzen 55

	2.4.15	1D-Codes im Vergleich	56
2.5	Semantik im Code	57
	2.5.1	Internationale Lokationsnummer (ILN)	58
	2.5.2	Internationale Artikelnummer (EAN)	61
	2.5.3	Nummer der Versandeinheit (NVE)	61
	2.5.4	Merkmale des EAN 128-Codes	63
	2.5.5	UPC	68
	2.5.6	Odette und GTL	70
	2.5.7	EPC	71
	2.5.8	Das EPC-Netzwerk	72
2.6	2D-Codes	75
	2.6.1	Gestapelte Barcodes	75
	2.6.2	RSS-14 und CC	77
	2.6.3	RM4SCC	79
	2.6.4	Matrixcodes	82
2.7	Fehlerkorrektur	85
	2.7.1	Zwei aus Drei	85
	2.7.2	RS-Codes	86
	2.7.3	Hamming-Codes	87
2.8	Technologie der Barcodeleser	90
	2.8.1	Barcodeleser	91
	2.8.2	Handscanner	92
	2.8.3	Stationäre Scanner	94
2.9	Druckverfahren und Druckqualität	95
	2.9.1	Kennzeichnungstechnologien	95
	2.9.2	Qualitative Anforderungen	96
	2.9.3	Auswahl des Druckverfahrens	97
2.10	Problemvermeidung	99
	2.10.1	Codegrößen	99
	2.10.2	Anbringungsorte	100
	2.10.3	PCS	102
	2.10.4	Holographie	103
2.11	Radio Frequency Identification	103
	2.11.1	Arbeitsweise	104
	2.11.2	Transpondertypen	105
	2.11.3	Frequenzbereiche	106
	2.11.4	125–135 kHz	107
	2.11.5	13,56 MHz	110
	2.11.6	Identifikationsnummern der 13,56-MHz-Transponder	111
	2.11.7	Pulkerfassung und Kollisionsvermeidung	111
	2.11.8	UHF	113
	2.11.9	Mikrowelle	114
2.12	Anwendungsgebiete	114
	2.12.1	Einsatz von RFID	115

		2.12.2	RFID und das Internet der Dinge	115

3. Automatisierungstechnik ... 121
3.1 Entwicklung der Automatisierungtechnik ... 121
- 3.1.1 Historie ... 121
- 3.1.2 Stand der Technik ... 122
- 3.1.3 Ausblick ... 126

3.2 Steuerungstechnik ... 127
- 3.2.1 Verknüpfungsteuerungen ... 128
- 3.2.2 Zustandsmaschinen ... 134
- 3.2.3 Ablaufsteuerungen ... 152
- 3.2.4 Codierungen in der Automatisierungstechnik ... 154

3.3 Regelungstechnik ... 160
- 3.3.1 Definitionen ... 161
- 3.3.2 Drehzahlregelung ... 163
- 3.3.3 Linearisierung ... 165
- 3.3.4 Regelgüte ... 165
- 3.3.5 Digitale Regler ... 167
- 3.3.6 Beispiele zur Regelungstechnik ... 167

3.4 Hardwarekomponenten ... 172
- 3.4.1 Sensoren ... 172
- 3.4.2 Überwachungssysteme ... 181
- 3.4.3 Aktoren ... 189
- 3.4.4 Automatisierungsgeräte ... 196
- 3.4.5 Verbindungsprogrammierte Steuerungen ... 198
- 3.4.6 Speicherprogrammierbare Steuerungen ... 198
- 3.4.7 Rechnersteuerungen ... 202

3.5 Kommunikation in der Automatisierung ... 212
- 3.5.1 Prinzipien der Kommunikation ... 212
- 3.5.2 Codierung in der Datenübertragung ... 217
- 3.5.3 Protokollstack ... 221
- 3.5.4 Medium-Zugriffsverfahren ... 223

3.6 Programmiersysteme für die Automatisierungstechnik ... 225
- 3.6.1 DIN-EN-IEC 61131 ... 226
- 3.6.2 Datentypen nach DIN-EN-IEC 61131 ... 227
- 3.6.3 Funktionen und Funktionsbausteine ... 230
- 3.6.4 Anweisungsliste ... 233
- 3.6.5 Graphisch orientierte Sprachen ... 236
- 3.6.6 Funktionsblock-Sprache FBS ... 236
- 3.6.7 Kontaktplan KOP ... 238
- 3.6.8 Ablaufsprache AS ... 238

3.7 Bedienen und Beobachten ... 240
- 3.7.1 Funktionen einer Bedienerschnittstelle ... 241
- 3.7.2 Zugangskontrolle ... 242
- 3.7.3 Internationalisierung und Lokalisierung ... 243

		3.7.4	Hilfesysteme 243

         3.7.4 Hilfesysteme 243
         3.7.5 Endgeräte 244
         3.7.6 Visualisierung 245
   3.8   Systemsicht.. 246
         3.8.1 Diagnose 246
         3.8.2 Systemstrukturen 249

4. Praxisbeispiele 253
   4.1   AutoID-Abstraktionsschicht 253
         4.1.1 udc/cp 255
         4.1.2 Devices 256
         4.1.3 Architektur der Devices 258
         4.1.4 Server und Listener 260
         4.1.5 Architektur des Listeners 262
         4.1.6 Konfiguration durch XML 263
         4.1.7 Implementierte Listener 267
   4.2   Steuerung fahrerloser Transportfahrzeuge 268
         4.2.1 Problemstellung 269
         4.2.2 Architektur 271
         4.2.3 Abwicklung eines Transportes 276
         4.2.4 Algorithmen 278
         4.2.5 Zusammenfassung 280
   4.3   Materialfluss- und Transportsteuerung 280
         4.3.1 Transportsteuerung 284
         4.3.2 Kommunikation 290
         4.3.3 Beispiel einer Statusabfrage 293
   4.4   Zusammenfassung 294

Abkürzungsverzeichnis 295

Tabellenverzeichnis 299

Abbildungsverzeichnis 301

Literaturverzeichnis 307

1. Anwendungsbeispiele der Intralogistik

Dieses einführende Kapitel zeigt an Beispielen aus dem Bereich der Förder-, Lager- und Kommissioniersysteme, wie Komponenten und Systeme der Automatisierungs- und der Identifikationstechnik in der Intralogistik[1] eingesetzt werden. An dieser Stelle erfolgt nur eine kurze Funktionsbeschreibung im Anwendungsumfeld als Übersicht; eine detaillierte Beschreibung der in diesem Kapitel angesprochenen Komponenten findet sich unter den Gesichtspunkten der automatischen Identifikation und der Automatisierung in den nachfolgenden Kapiteln.

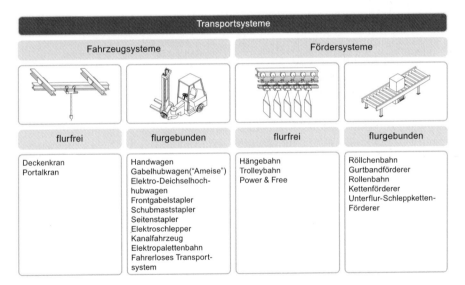

Abbildung 1.1. Transportsysteme

---

[1] Intralogistik (in Anlehnung an die Definition des VDMA) beschreibt den innerbetrieblichen Materialfluss, der zwischen den unterschiedlichsten „Logistikknoten" stattfindet (vom Materialfluss in der Produktion, in Warenverteilzentren und in Flug- und Seehäfen) sowie den dazugehörigen Informationsfluss [23].

1.1 Fördersysteme

Ein Fördersystem dient zur Überwindung von Entfernungen, es befördert Transportgut von den Quellen zu den Senken eines Produktions- oder eines Logistiksystems. Das Transportgut kann dabei in vielfältiger Ausprägung vorkommen, zum Beispiel als Stück- oder als Schüttgut.

Abbildung 1.1 zeigt einige typische Vertreter für Förder- und Fahrzeugsysteme, die zudem noch in die Kategorien flurfrei[2] und flurgebunden unterteilt wurden.

Vor dem Hintergrund logistischer Aufgabenstellungen ist eine Klassifizierung nach dem Kriterium *Beförderungsart*, wie sie mit Tabelle 1.1 vorgenommen wurde, üblich.

Tabelle 1.1. Klassifizierung von Fördersystemen

Nachfolgend werden mit der Rollenbahn und der Elektrohängebahn zwei Beispiele aus dem Bereich der automatisierten, flurgebundenen respektive flurfreien Fördersysteme sowie mit dem Fahrerlosen Transportsystem (FTS) ein Beispiel für ein automatisiertes flurgebundenes Fahrzeugsystem näher betrachtet.

1.1.1 Rollenbahnen

Angetriebene Rollenbahnen gehören ebenso wie Band- und Kettenförderer zur Klasse der aufgeständerten Stetigförderer[3]. Als Antriebe werden in der

---

[2] Eine flurfreie Fördertechnik wird im Allgemeinen unter der Decke oder unter einer aufgeständerten Stahlkonstruktion hängend montiert und ermöglicht darunter einen kreuzenden, flurgebundenen Materialfluss. Siehe [23].

[3] Ein Stetigförderer ist nach [23] ein Fördersystem, das „Fördergut ... in stetigem Fluss von einer oder mehreren Aufgabestellen ... zu einer oder mehreren Ab-

Regel Asynchron-Getriebemotoren[4] eingesetzt, üblich sind aber auch so genannte *Trommelmotoren* (ebenfalls als Asynchronmotor), die über einen in die Rolle beziehungsweise Umlenkrolle integrierten Elektromotor verfügen und dadurch staub- und wasserdicht gekapselt ausgeführt werden können. In der Mehrheit der Fälle sind die genannten Stetigförderer nicht mit drehzahlgeregelten Antrieben ausgestattet.[5]

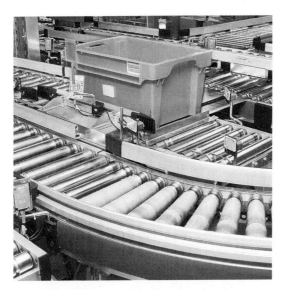

Abbildung 1.2. Behältertransport auf Rollenbahnen

Einzelne Rollenbahnsegmente werden bei Bedarf mit Sensorik ausgestattet, um den Belegungszustand, also das Vorhandensein von Fördergut, zu detektieren. Abhängig vom Fördergut, der Einsatzumgebung und dem zur Verfügung stehenden Bauraum kommen dabei für die Sensorik unterschiedliche Wirkprinzipien – zum Beispiel optisch mit und ohne Reflektor, induktiv, kapazitiv – zum Einsatz. Abbildung 1.2 zeigt Rollenbahnen für den Behältertransport mit optischer Sensorik mit Reflektoren.

Die vom Sensorsignal ausgelöste Reaktion, zum Beispiel Förderer-Stopp beim Erreichen der Endposition eines Fördersegments, wird in einem Steuerungsprogramm hinterlegt, das je nach realisiertem Steuerungskonzept der

---

gabestellen ... transportiert". Weiterhin zeichnet sich der Stetigförderer durch einen kontinuierlichen Fördergutstrom, den Dauerbetrieb und die stete Bereitschaft zur Aufnahme und Abgabe von Gütern aus.

[4] Siehe Abschnitt 3.4.3.
[5] In neuen Anlagen werden zum Sanftanlauf und zur Strombegrenzung bei Anlauf unter Last vermehrt sogenannte Frequenzumrichter (FU) eingesetzt. Siehe hierzu Abschnitt 3.4.3.

Gesamtanlage in einer Zentralsteuerung, zum Beispiel einer SPS oder einem Industrie-PC, oder auch in vielen dezentralen Kleinsteuerungen ablaufen kann.

An Entscheidungs- oder Kontrollpunkten, also zum Beispiel vor oder nach Verzweigungen, können an den Rollenbahnsegmenten Geräte der *AutoID*, der automatischen Identifikation, eingesetzt werden, die den Materialfluss koordinieren und das Leitsystem entlasten.

Die Größe, Ausdehnung und Komplexität von Stetigförderanlagen variiert sehr stark, so können zum Beispiel Anlagen in Flughäfen, die zum Transport von Gepäckstücken eingesetzt werden, Transportstrecken von vielen Kilometern[6] erreichen und viele hundert Verzweigungen und Zusammenführungen enthalten. Solche Anlagen benötigen für einen optimalen und störungsfreien Betrieb ein äußerst leistungsfähiges und effizientes Steuerungssystem.

Im Vergleich zu den nachfolgend beschriebenen Fördertechnik-Gewerken ist der relative Aufwand für die Automatisierung bezüglich der Aktorik, Sensorik und Steuerung der angetriebene Rollenbahnen, Band- und Kettenförderer als eher gering einzustufen.

Abbildung 1.3. Einsatz einer Hängebahn im Automobilbau

---

[6] So beträgt beispielsweise die Länge der gesamten Fördertechnik für Gepäck und Koffer des Flughafen München „Franz Josef Strauß" im Terminal II über 37 Kilometer. Die Fördertechnik, die von acht Hochleistungsservern gesteuert wird, setzt sich aus 13500 Fördertechnikelementen, 19000 Antrieben, 27900 Lichtschranken, 440 Behälterscannern und 39 Röntgengeräten zusammen. Der maximale Durchsatz der Gepäckanlage wird mit 16500 Koffern pro Stunde angegeben [55].

1.1.2 Elektro-Hängebahnen

Elektro-Hängebahnen (auch Einschienen-Hängebahn – EHB), wie in Abbildung 1.3 zu sehen, dienen der flurfreien, schienengeführten Förderung von Lasten. Sie sind universelle Fördermittel und finden sich in vielen Branchen – Elektro-, Textil-, Automobil- und Lebensmittelindustrie, aber auch in Krankenhäusern – und in verschiedenen Unternehmensbereichen vom Wareneingang über Lager, Kommissionierbereich bis zum Versand.

Ein Hängebahn-System besteht aus einem von der Hallendecke abgehängten oder an aufgeständerten Stützen befestigten Schienennetz mit Geraden, Kurven, Weichen, Kreuzungen, Drehscheiben, Hub- und Senkstationen, Steigungen und Gefällen, aus zahlreichen Einzelfahrwerken und der Systemsteuerung. Die Einzelfahrwerke sind mit eigenem Antrieb, Bordrechner und gegebenenfalls Hubwerk und angetriebenem Lastaufnahmemittel ausgerüstet. Die Energiezuführung erfolgt über am Schienenprofil angebrachte Schleifleitungen oder in neueren Systemen auch mittels induktiver Energieübertragung.

1.1.3 Fahrerlose Transportfahrzeuge

Automatische Flurförderzeuge werden auch als Fahrerlose Transportfahrzeuge (FTF) bezeichnet. Sie sind gemäß VDI-Richtlinie VDI 2510 automatisch gesteuert und berührungslos geführt. Sie verfügen über einen eigenen Fahrantrieb und bewegen sich ohne direktes menschliches Einwirken je nach Führungsprinzip entlang realer oder virtueller Leitlinien. Sie dienen dem Materialtransport, und zwar zum Ziehen und/oder Tragen von Fördergut mit aktiven oder passiven Lastaufnahmemitteln.

Abbildung 1.4. Fahrerloses Transportfahrzeug (FTF)

Mehrere dieser Fahrerlosen Transportfahrzeuge, die durch einen übergeordneten Leitrechner koordiniert werden, bilden ein Fahrerloses Transportsystem (FTS).

Abbildung 1.5. Ein Regalfahrzeug vor einem Behälterlager

1.2 Lagersysteme

Lagern[7] ist nach VDI-Richtlinie VDI 2411 jedes geplante Liegen von Arbeitsgegenständen im Materialfluss. Ein Lager ist ein Raum oder eine Fläche zum Aufbewahren von Stück- oder Schüttgut, das mengen- und/oder wertmäßig erfasst ist. Die Aufgabe der Läger unterteilt sich in die Bevorratung, Pufferung und Verteilung beziehungsweise Sammlung von Gütern. Abbildung 1.5 zeigt ein typisches Regalbediengerät (RBG) vor einem Behälterlager.

In einem Lager werden unterschiedlichste Automatisierungstechniken eingesetzt – vom vollautomatischen Hochregallager über ein automatisches Kleinteilelager bis zum staplerbedienten Lager. In der Regel findet eine Identifikation der Transporteinheiten und der Fahrzeuge über Barcodes statt. In jüngster Zeit werden auch RFID-Systeme eingesetzt.

---

[7] oder auch Lagerung

1.2.1 Kommissionier-, Sortier- und Verteilsysteme

Der Warenfluss vom Hersteller zum Endverbraucher erfordert in den meisten Fällen wechselnde Mengen und Zusammensetzungen von Gütern oder Waren.

Abbildung 1.6. Kommissioniersystem

Ist es notwendig, Ladeeinheiten aufzulösen, um diese in geänderter Zusammensetzung weiterzusenden, wird dieser Vorgang als Kommissionieren bezeichnet. Die VDI-Richtlinie VDI 3590a definiert das Kommissionieren als

„das Ziel, aus einer Gesamtmenge von Gütern (Sortiment) Teilmengen aufgrund von Anforderungen (Aufträge) zusammenzustellen".

Die Leistungsfähigkeit moderner Kommissioniersysteme kann durch das folgende Beispiel aufgezeigt werden: In einem typischen Warenverteilzentrum des Versandhandels werden täglich bis zu 180.000 Sendungen aus einem Sortiment von ca. 160.000 verschiedenen Artikeln zusammengestellt.

Ein Kommissioniersystem kann durch die drei Elemente Materialfluss, Informationsfluss und Organisation beschrieben werden. Um die hohen Durchsatzzahlen der obigen Beispiele erreichen zu können, ist ein optimales Zusammenspiel von Identifikationstechnologie und Automatisierung erforderlich.

2. Automatische Identifikation

Die Möglichkeit der automatischen Identifikation von Gegenständen und Objekten zur Verwaltung, Kontrolle und Steuerung von Abläufen in Produktion und Logistik ist grundlegender Bestandteil automatisch arbeitender Systeme. Fehlerfreie Identifikation von Gegenständen in kürzester Zeit, zu der die Automatische Identifikation (*AutoID*) die Grundlage bildet, ist in vielen Bereichen elementare Vorausetzung für effiziente Prozessgestaltung.

Die Aufgaben im Rahmen des Betriebs logistischer Systeme führen zu variierenden Anforderungen an eine Identifikationstechnologie und damit an die Wahl eines entsprechenden *Codes*[1]. Entscheidende Anforderungen sind

- die Gewährleistung der *Lesesicherheit* unter den gegebenen Bedingungen,
- eine ausreichende *Lesegeschwindigkeit* für vorhandene und geplante Fördertechniken,
- die Möglichkeit zur Bildung ausreichender Mengen an *Identifikationsmarken*,
- ein an die gegebenen Bedingungen *adaptierbarer Leseabstand*,
- die Sicherstellung der *Kompatibilität* mit anderen Teilnehmern der Supply Chain,
- die *Kosteneffizienz* für Identifikationssysteme und Betriebsmittel.

Die Auswahl des für einen Anwendungsfall geeigneten Identifikationssystems setzt die Kenntnis der grundlegenden Prinzipien und Techniken der AutoID voraus, die im Folgenden untersucht werden. Da der Barcode im Rahmen der automatischen Identifikation mit einem Anteil von über 70% der Applikationen eine Schlüsselrolle einnimmt, wird ihm auch in diesem Kapitel entsprechender Raum zugestanden. Das Prinzip des Barcodes kann auf andere AutoID-Techniken übertragen werden. Das richtige Anwenden der Kenntnisse über Problemfälle und Fehlerquellen des Barcodes erleichtert und optimiert das Handeln mit anderen Technologien der automatischen Identifikation. Die zukunftsweisende Radiofrequenzidentifikation (RFID) wird in diesem Kapitel ebenfalls behandelt.

---

[1] Siehe Abschnitt 2.2.

2.1 Identifikationsmerkmale

Um einen Gegenstand oder ein Objekt identifizieren zu können, werden *Identifikationsmerkmale* benötigt. Je nach Einsatzfall ist zu ermitteln, welcher Art diese Identifikationsmerkmale sein müssen. Wenn nur die Identifikation bestimmter Eigenschaften gewünscht ist, werden andere Identifikationsmerkmale herangezogen, als sei die eindeutige Identifikation des bestimmten Gegenstandes gefordert.

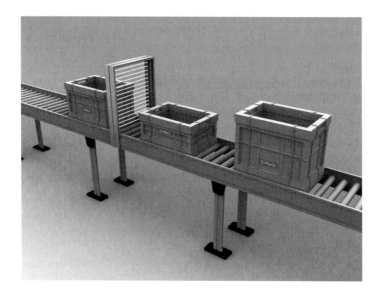

Abbildung 2.1. Lichtschrankenvorhang zur Höhenmessung

Eine Identifikation nach Eigenschaften kann zu einer Klassifizierung und darauf aufbauend zu einer Sortierung der Objekte führen. Solche Eigenschaften können unter anderem sein:

- Farbe
- Gewicht
- Werkstoff
- Höhe
- Breite
- Länge
- Volumen
- Verpackungsmaterial
- Temperatur

Die Klassifikation kann aber auch durch Kombination mehrerer dieser Identifikationsmerkmale erfolgen.

Ist eine Identifikation des *bestimmten* Gegenstandes oder der *bestimmten* Eigenschaft gewünscht, muss bekannt sein, welche Sicherheit und Genauigkeit der Identifikation gefordert ist.

2.1.1 Natürliche Identifikationsmerkmale

Dass sowohl der Fingerabdruck als auch die Handschrift zur Identifikation von Individuen herangezogen wird, ist hinlänglich bekannt. Die *Biometrik* ist die Disziplin der Vermessung quantitativer Identifikationsmerkmale von Individuen. Diese Merkmale dienen, als digitales Referenzmuster abgespeichert, entweder der Authentifikation oder der Identifikation. Bei der Authentifikation wird verifiziert, ob das Individuum einer definierten Gruppe von Individuen angehört, wogegen bei der Identifikation eine eindeutige Erkennung aus einem Kreis undefinierter Individuen vorgenommen wird.

Abbildung 2.2. Natürliches Identifikationsmerkmal Fingerabdruck

In beiden Fällen arbeitet das biometrische System mit der Methode des Vergleiches des Referenzmusters mit dem neu erfassten Muster. Die Auswertung des Vergleiches entscheidet darüber, ob die Ähnlichkeit des Probemusters mit dem Referenzmuster hinreichend ist oder nicht. Die Sicherheit einer Identifikation wird zusätzlich noch nach mindestens einem der folgenden Kriterien gewichtet:

- *false acceptance rate* FAR (Falschakzeptanzrate): Ein Wert, der beschreibt, wie oft das System fälschlich eine Fehlidentifikation als richtig einordnet
- *false rejection rate* FRR (Falschrückweisungsrate): Ein Wert, der beschreibt, wie oft das System fälschlich eine korrekte Identifikation als falsch einordnet

Biometrische Verfahren haben oft das Problem, sehr große Datenmengen verarbeiten zu müssen, was eine besondere Herausforderung für die Informationstechnologie darstellt.

12   2. Automatische Identifikation

Typische Identifikationsmerkmale von Individuen, die von biometrischen Verfahren genutzt werden, sind

- Finger (Fingerabdruckscan),
- Gesicht (Gesichtserkennung),
- DNA – Desoxyribonukleinsäure (Scan des „genetischen Fingerabdrucks"),
- Körpergröße (Vermessung) ,
- Retina (Netzhautscan, Augenhintergrundscan),
- Regenbogenhaut (Irisscan),
- Stimme (Stimmprofilanalyse),
- Schrift und Unterschrift (Schriftprobenauswertung),
- keystroke dynamics (Analyse des Tippverhaltens).

Daneben existieren andere natürliche Identifikationsmerkmale, wie etwa die Struktur von Holz, die bei der Stirnholzerkennung von zum Beispiel der Europalette genutzt wird. Die Strukturmerkmale von Holz weisen ähnliche Eigenschaften wie der Fingerabdruck auf.

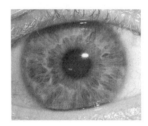

Abbildung 2.3. Natürliches Identifikationsmerkmal Iris

Als natürliche Identifikationsmerkmale werden allerdings auch Objekte bezeichnet, die eine Identifikation über technische Hilfsmittel ermöglichen. So können die Regalpfosten in einem Lager durch Einsatz einer Lichtschranke detektiert, gezählt und zur Identifikation eines Regalplatzes herangezogen werden.

2.1.2 Künstliche Identifikationsmerkmale

Die Zuordnung von Telefonnummern zu Telefonapparaten und damit zu Mitarbeitern und Räumen in einem Unternehmen ist eindeutig. Verschiedene Firmen werden allerdings ein Mehrfachvorkommen interner Telefonnummern bedingen. Eine Nummer ist an ihren Aktionsraum gebunden. Eine eindeutige Nummer oder ein eindeutiger Name innerhalb eines Aktionsraumes ist ein *Identifikator*, auch Identifikationsnummer[2] oder kurz *ID* genannt. Identifikatoren werden künstlich geschaffen und vergeben, wie etwa die Telefonnummern.

---

[2] Die Identifikationsnummer kann auch alphanumerisch sein.

Durch Zusammensetzung von Deskriptoren[3], etwa Namen und Geburtsdaten, oder durch Zusammensetzung von Deskriptoren und Ergänzung um Nummern können eindeutige Identifikatoren geschaffen werden, wie es etwa bei der Verkettung von Geburtsdatum, Ziffern und Buchstaben zu einer eindeutigen ID des Personalausweises geschieht.

Die wichtige Forderung an die den Identifikator erstellende Instanz ist, dass mithilfe dieser ID ein Objekt eindeutig innerhalb eines Aktionsraumes identifiziert werden kann.

Die Identifikatoren werden auf verschiedenen Medien gespeichert, etwa auf

- Papier (zum Beispiel als Barcode oder in Klarschrift),
- Magnetkarte,
- Lochstreifen,
- RFID-Transpondern.

Um diese oben genannten Identifikationsmedien automatisch auslesen und verarbeiten zu können, bedarf es einer gemeinsamen Sprache, eines Codes.

2.2 Code und Zeichen

Die allgemeine Übereinkunft der Zuordnung von Objekten zu Objekten versteht man als Codierung. Ein Objekt ist ein Gegenstand, eine Sache oder ein Ding. Genauso kann ein Objekt aber auch eine Eigenschaft, ein Ereignis, eine Bedeutung oder eine andere Entität[4] unserer Anschauung sein.

Die einzelnen Buchstaben des Alphabets A, B, C, ... zu verschiedenen Lauten ist eine Codierung. Über dieser Codierung können die verschiedenen Laute zu Worten zusammengefasst und damit kommuniziert werden. Maschinen wie der Computer, die nur mit den beiden Objekten Eins und Null arbeiten, brauchen Codierungen, um Nachrichten und Informationen aus ihrer Umgebung verarbeiten zu können.

Das Deutsche Institut für Normung befasst sich in der DIN 44300 Teil 2 mit Informationsdarstellungen und den damit verbundenen Terminologien und definiert Code als

> „... eine Vorschrift für die eindeutige Zuordnung (Codierung) von Zeichen eines Zeichenvorrats (Urmenge) zu denjenigen eines anderen Zeichenvorrats (Bildmenge). Anmerkung: Die Zuordnung braucht nicht umkehrbar eindeutig zu sein." [10]

---

[3] Ein Deskriptor ist ein natürlichsprachlicher Identifikator.
[4] Die Entität wird genauso als onthologischer Begriff des Seienden wie auch im informationstechnischem Sinne als ein Informationsobjekt verstanden.

Ein Code ist damit der bei der Codierung als Bildmenge auftretende Zeichenvorrat einschließlich der Abbildungsvorschrift von Urmenge auf die Bildmenge [4]. Unter Codierung wird die Umwandlung von einem Zeichenvorrat in einen anderen verstanden. Ein Zeichen ist danach

> „... ein Element (als Typ) aus einer zur Darstellung von Informationen vereinbarten endlichen Menge von Objekten (Zeichenvorrat), auch jedes Abbild (als Exemplar) eines solchen Elements."[10]

Explizit wird hier zwischen dem Element und dem Abbild des Elements oder dem Typ und dem Exemplar differenziert. Ein Zeichen darf demnach als ein Objekt des Zeichenvorrats mehrfach in der Abbildung vorkommen.

2.2.1 Codierung

Codierung kann mathemathisch als eine Abbildung c verstanden werden, die den Elementen der Menge A (Zeichen der Urmenge, Quellalphabet) Elemente der Menge B (Zeichen der Bildmenge, Zielalphabet) zuordnet.

$$c : A \to B$$

Dabei können die Zeichen des Quellalphabets auch zu Zeichenketten und damit Worten des Zielalphabets zusammengefasst werden. Ist dann die Abbildung c auch noch umkehrbar eindeutig, dann spricht man von der Decodierbarkeit des Codes.

Anzumerken sei an dieser Stelle, dass die Decodierbarkeit der über die Abbildung c gebildeten Zeichenketten eines Zielalphabets B nicht immer gewünscht ist. So werden beispielsweise die Passwörter eines Betriebssystems (UNIX) derart verschlüsselt, dass eine eindeutige Rückübersetzung nicht möglich ist und dadurch die Berechnung des Passwortes verhindert wird. Gerade bei der Codierung des Passwortes kommt es nur darauf an, die Worte über der Bildmenge vergleichen zu können.

2.2.2 Codierungsbeispiele

Aus der Menge der Buchstaben des Alphabets A mit $A = \{a, b, c, \ldots, z\}$ können die einzelnen Zeichen in andere Systeme codiert werden, etwa in die Braille- oder auch Blindenschrift. Braille übersetzt jeden Buchstaben in 3×2-Matrizen $M^{3,2}$ mit den Elementen m_{ij}, mit $m_{ij} \in \{0,1\}$ und $i \in \{1,2,3\}$ sowie $j \in \{1,2\}$. Tabelle 2.4 zeigt das Alphabet in Brailleschrift.

Für einen Blinden ist es nicht möglich, die Elemente 0 und 1 zu sehen, deshalb werden diese Elemente als Erhebung oder Aussparung auf einem Papierbogen dargestellt. Da die Anzahl der Elemente der Menge der Braille-Zeichen größer ist als die Anzahl der Buchstaben des Alphabets[5] und es eine

---

[5] Tatsächlich existieren mit $2^6 = 64$ Möglichkeiten mehr Braille-Zeichen als Buchstaben. Allerdings werden einige Punktkombinationsmöglichkeiten für Zeichen, wie etwa Punkt, Stern, Ausrufungszeichen, für nationale Sonderzeichen und zur Silbenbildung und damit für den schnelleren Lesefluss genutzt.

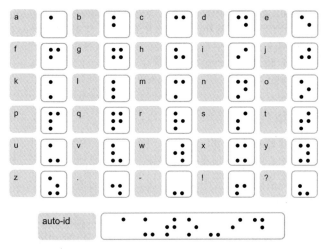

Abbildung 2.4. Das Alphabet in Brailleschrift

eineindeutige Zuordnung von einem Buchstaben zu einer Punktkombination gibt, ist in Braille codierter Text decodierbar.

Abbildung 2.5. Anwendung von Braille-Umschaltzeichen

Mit einem Umschaltzeichen werden aus den Buchstaben a bis i die Ziffern 1 bis 9 und aus j die Null. Um einen Großbuchstaben darzustellen, wird ein anderes Umschaltzeichen vor den entsprechenden Kleinbuchstaben geschrieben. Die Abbildung 2.5 zeigt beispielhaft, wie durch Umschaltzeichen der Kleinbuchstabe a entweder in den Großbuchstaben A oder in die Ziffer 1 „geschaltet" wird.

Sollen mehrere Buchstaben in Großschreibweise dargestellt werden, kann entweder jeder einzelne Buchstabe mit dem Umschaltzeichen versehen werden oder es wird ein weiteres Umschaltzeichen herangezogen, das eine Buchstabensequenz in Großbuchstaben umwandelt, wie in Abbildung 2.6 am Beispiel der Buchstabensequenz ABC zu sehen ist.[6]

Umschaltungen dieser Art finden sich in vielen Codes wieder, ein typischer Vertreter ist der Telex-Code Baudot, der auch unter dem Namen CCITT-2-Code bekannt ist. Aber auch im Bereich der automatischen Identifikation wird

---

[6] In Literatur, die in Brailleschrift verfasst ist, wird in den meisten Fällen auf den Gebrauch von Großbuchstaben verzichtet, um die Anzahl der verwendeten Zeichen möglichst gering zu halten.

16   2. Automatische Identifikation

mit Umschaltungen gearbeitet, wie der Code 128 (siehe Seite 45, Abschnitt 2.4.10) zeigt.

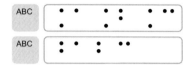

Abbildung 2.6. Braille-Umschaltung von Buchstabensequenzen

Sehr bekannte Codierungen sind in den verschiedenen Notenschriften[7] der Musik zu sehen, die eine Zuordnung von Tönen zu Symbolen [13] ermöglichen. Diese Codierungen lassen bei der Übersetzung von der Symbolik in Töne allerdings viel Spielraum. Zwar ist manchmal angegeben, mit welchem Instrument ein Stück gespielt werden soll, jedoch sind die genaue Modulation des Instrumentes und dessen Ober- und Unterschwingungen der einzelnen Töne nicht vorgeschrieben. Auch sind das Tempo und die Betonung meist nur vage angegeben. Eine bestimmte Dekodierung wird also nie einer weiteren entsprechen. Diese Freiheit ist aber gerade in der Musik erwünscht und wird hier als Interpretation verstanden.

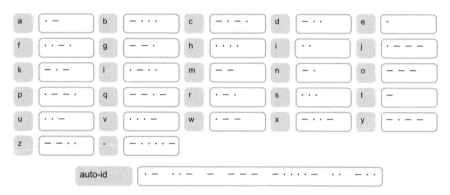

Abbildung 2.7. Das Morsealphabet und eine Buchstabencodierung

Als Beispiel einer bekannten Codierung sei weiterhin das Morsealphabet angeführt, das die Buchstaben unseres Alphabets in Tonabfolgen übersetzt.

---
[7] Dabei ist nicht nur die moderne graphische Notenschrift mit dem Fünfliniensystem gemeint, sondern etwa auch die ab der Mitte des neunten Jahrhunderts entstandene Neumennotation oder die ab 1742 in Frankreich entwickelte und durch Mönche nach China portierte Ziffernnotation Jianpu. Besonders für den Einsatz mit dem Computer sind viele Codes entwickelt worden, beispielhaft seien SMF (Standard Midi File), EsAC[12], DARMS und SCORE erwähnt.

Dabei besteht die Zielmenge eigentlich nur aus vier Zeichen, einem kurzen und einem langen Ton, sowie einer kurzen und einer langen Pause, nämlich der Pause zwischen den einzelnen Tönen und der etwas längeren Pause zwischen den einzelnen aus Tönen und kurzen Pausen gebildeten Zeichen. Ohne die längeren Pausen zwischen den als Töne codierten Buchstaben des Morsecodes wäre es nicht möglich, die einzelnen Zeichen zu trennen. Die Tabelle 2.12 zeigt das Morsealphabet und eine Buchstabencodierung; die Punkte stellen kurze und die Striche lange Töne dar.

Im Gegensatz zur Braille-Schrift, die auf sechs Positionen ein Zeichen des Alphabets durch die Anordnungen von verschieden vielen Erhebungen darstellt, ist der Morsecode durch die Möglichkeit der Bildung von Tonsequenzen mit unterschiedlich anzahligen Tonfolgen fehlerträchtiger.

Der Morsecode ist ein Beispiel für die Nutzung der relativen Häufigkeit des Auftretens einzelner Zeichen des Quellalphabets. Häufig auftretende Zeichen des Quellalphabets werden auf kurze Zeichen des Bildalphabets abgebildet.[8] Ziel ist eine Optimierung durch Reduzierung der zu übertragenden Datenmenge. Ähnliche Verfahren finden sich im Bereich der automatischen Identifikation.

Codierungen können verschiedene Zielsetzungen haben. In jedem Fall ist es aber sinnvoll, entsprechende Überlegungen über Bildmenge und Zielmenge, Zweck und Einsatzgebiet, Informationsdichte und Fehlerträchtigkeit vor dem Entwurf eines neuen Codes, aber auch bei der Entscheidung für ein bestehendes Codierungssystem anzustellen.

2.3 Klarschrifterkennung

Seit der frühen Mitte des letzten Jahrhunderts wird an Möglichkeiten der Interaktion zwischen Mensch und Maschine über *Klarschrift* gearbeitet. Dabei bezeichnet der Begriff Klarschrift eine Menge von Zeichen, die für den Menschen direkt lesbar und nicht in irgendeiner Form codiert dargestellt sind. Im Gegensatz zu den Balkensymbolen eines Barcodes sind Ziffern und Buchstaben als Klarschrift zu verstehen. Die Klarschrifterkennung ist auch bekannt unter dem Begriff *OCR*, der *Optical Character Recognition*, im deutschsprachigen Raum auch *OZE*, *Optische Zeichenerkennung*, genannt.

2.3.1 Verfahren zur Mustererkennung

Die Klarschrifterkennung ist ein Teilbereich der Mustererkennung. Bei der Mustererkennung wird in mehreren, aufeinander folgenden Schritten versucht, ein Ergebnis zu finden:

---

[8] Derartige Codes sind unter der Bezeichnung „Shannon Code" bekannt.

1. Bei der Vorverarbeitung wird versucht, die Muster zu normieren und Bereiche zu erkennen. Für die Klarschrifterkennung bedeutet dies, dass ein Text, nachdem er gegebenenfalls normiert wurde[9], gerastert wird und die Kernhöhen, die Basislinien sowie die Ober- und Unterlängen erkannt werden.
2. Bei der darauf folgenden Merkmalextraktion wird ein Fenster über die im ersten Schritt erkannten Bereiche gelegt. Bei der Klarschrifterkennung sind zu diesem Zeitpunkt die einzelnen Zeilen bekannt. Danach werden signifikante Merkmale in den Mustern, wie etwa Krümmungen, Schlaufen, Orientierungen, Scheitelpunkte und Freiräume, gesucht und identifiziert.
3. Die im zweiten Schritt gefundenen Merkmale werden nach Vorgaben klassifiziert. Die Klassifikation liefert ein Ergebnis, das verfeinert werden kann.

Für die Klarschrifterkennung liefert die beschriebene Mustererkennung keine absoluten Ergebnisse, sondern nur Wahrscheinlichkeiten für bestimmte Buchstaben. Die *ICR*, die *Intelligent Character Recognition*, ein Teilbereich der Klarschrifterkennung, überprüft die Plausibilität der Ergebnisse der Mustererkennung kontextsensitiv mithilfe von allgemeinen linguistischen Grundlagen, Grammatiken und Wörterbüchern und korrigiert die Ergebnisse gegebenenfalls.

So kann beispielsweise von der OCR (Mustererkennung) das Ergebnis *5oBe* geliefert werden. Die ICR kann nun mithilfe grammatikalischer Grundlagen erkennen, dass es keine Wörter gibt, die mit einer Ziffer beginnen und einen Großbuchstaben beinhalten. Anstelle des Zeichens *5* kann nur ein *S* stehen. Die ICR korrigiert im ersten Schritt *5oBe* zur *SoBe*. Das *B* kann durch eine *8* oder sinnvoller durch ein *ß* ersetzt werden, die ICR wandelt *SoBe* im zweiten Schritt zu *Soße*.

Bei der Auswertung von Handschriften (siehe auch 2.1.1, Seite 11) wird zwischen einer Online- und einer Offline-Auswertung unterschieden. Während die Offline-Auswertung nach obigem Verfahren erfolgt, wird bei der Online-Auswertung im Moment des Schreibens der Schriftzug beobachtet und ausgewertet. So kann zum Beispiel ein kleingeschriebenes *i* von einem kleingeschriebenen *l* durch den Punkt differenziert werden, auch wenn dieser nicht genau über dem *i* steht, aber in der erwarteten Reihenfolge gezeichnet wird.

Bei der Online-Auswertung stehen als Informationen Abtast- und Zeitpunkte zur Verfügung, wogegen bei der Offline-Auswertung Binär- oder Grauwertbilder vorhanden sind. Bei beiden Verfahren ist eine hohe, aber keine exakte Erkennungsrate gegeben. Nach [6] ist die maximal erzielte Worterkennungsrate bei einer Online-Auswertung signifikant höher als bei einem Offline-Verfahren.

---

[9] Eine Normierung eines Textes oder eines Wortes geschieht etwa durch die Begradigung der Zeilen- und Wortschrägstellungen und die Anpassung der Zeichenneigungen.

2.3.2 Magnetschriftcode

Zum Zweck der Interaktion zwischen Mensch und Maschine wurden schon in der ersten Hälfte des vorigen Jahrhunderts Schriften entwickelt. Dabei waren im Anfang die Symbole der Schrift für den Menschen als Schriftzeichen optisch erkennbar, wogegen die Maschine eine andere Sensorik nutzen musste. Die stilisierten und maschinenlesbaren Schriften wurden hauptsächlich im Bankwesen eingesetzt.

Das Verfahren *MICR*[10] bezeichnet eine spezielle Variante der Erkennung von Schriftzeichen. Die Schriftzeichen müssen mit einer Spezialtinte aufgebracht werden, die mit magnetisierbaren Eisenoxydpartikeln versehen ist.

Abbildung 2.8. Schriftprobe CMC7

Im Jahre 1950 wurde der *CMC7*, der *Caractère Magnétique Codé à 7 Bâtonnets*, von der in Frankreich ansässigen *Compagnie des machines BULL* vorgestellt. Der CMC7 ist ein digitaler Magnetschriftcode für Magnetleser. Der Zeichensatz besteht aus 26 Großbuchstaben, zehn Ziffern und fünf Hilfszeichen. Die einzelnen Zeichen bestehen aus sieben vertikalen Strichen mit unterschiedlich breiten Lücken, jedes Zeichen wird über eine induzierte Impulsfolge identifiziert. Die Schrift CMC7 für die maschinelle magnetische Zeichenerkennung wurde in der DIN 66008[11] festgelegt.

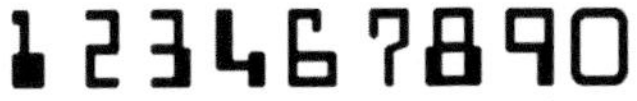

Abbildung 2.9. Schriftprobe E13B

Der CMC7 wurde in den 1950er Jahren durch den *E13B-Code* ersetzt. Der weltweit eingeführte E13B ist ein amerikanischer Magnetschrift-Code für die Datenerfassung in Beleglesern. Die E13B-Schrift ist eine spezielle stilisierte Schrift, die aus zehn Ziffern und verschiedenen Trennzeichen besteht. Im Gegensatz zum CMC7 ist der E13B eine Analogschrift. Die unüblich geformten Zeichen werden über den zeitlichen Verlauf des Lesesignales identifiziert, weswegen der Verlauf des Lesesignales dem Lesegerät bekannt sein muss.

---

[10] *Magnetic Ink Character Recognition*
[11] Die DIN 66008 wurde im Dezember 1999 durch die ISO 1004 *Informationsverarbeitung – Druckspezifikationen für magnetische Zeichenerkennung* ersetzt. Die ISO 1004 spezifiziert die Maße, die Formen und die Toleranzen von 41 Zeichen im Detail. Entsprechend der Spezifikation gibt es vier unterschiedliche Schriftkegelsätze; jeder Satz hat seine eigene Höhe, Breite und Anschlagbreite.

Schriften in Magnetschriftcode, wie etwa der oben beschriebene CMC7 oder der E13B, können mit einem hohen Erkennungsgrad und einer hohen Geschwindigkeit verarbeitet werden.

2.3.3 Spezielle OCR-Schriften

Zum Zwecke der Texterkennung auf optischem Wege wurden Ende der 1960er Jahre neue Schriftzeichen entworfen, die folgende Bedingungen erfüllen sollten:

- Die Schrift soll vom Menschen leicht lesbar sein.
- Die Schrift soll von Maschinen zuverlässig lesbar sein.
- Die Zeichen sollen sich in Form und Kontrast stark unterscheiden.

Diese Schriften sollten das zuverlässige Einlesen und Erkennen von Zeichen durch Lesegeräte wie zum Beispiel automatische Belegleser ermöglichen.

Im Jahre 1968 wurde vom Bureau of Standards und von Adrian Frutiger die OCR-Schrift entworfen, die in zwei Typen, OCR-A und OCR-B, unterteilt wird.

123456890

Abbildung 2.10. Schriftprobe OCR-A

Der Zeichensatz OCR-A besteht nach DIN 66009[12] aus 26 Großbuchstaben, 10 Ziffern und insgesamt 13 Hilfs-, Lösch- und Sonderzeichen, die sich im Bild stark unterscheiden. Es sind drei Schriftgrößen festgelegt. Die Schrift OCR-A wurde zum Beispiel 1967 bei der Postbank zum Drucken von automationsgerechten Formblättern eingeführt. Diese Schrift wurde auch zum Erkennen von Zeichen durch Belegleser verwendet.

OCRB123456890

Abbildung 2.11. Schriftprobe OCR-B

Der Zeichensatz OCR-B beinhaltet neben den Zeichen von OCR-A auch noch Kleinbuchstaben. Der Unterschied zum OCR-A besteht zusätzlich darin, dass die Schrift weniger stilisiert ist und der gewöhnlichen Schreibweise

---

[12] DIN 66009: „Schrift A für die maschinelle optische Zeichenerkennung"; die Norm definiert den Zeichensatz und legt die Gestalt der gedruckten Zeichen für die Schrift OCR-A fest.

ähnelt. Die DIN 66009[13], die den Zeichensatz OCR-B definiert, wurde 2004 durch die DIN-EN 14603[14] ersetzt. In der DIN-EN 14603 wurden drei Zeichensätze festgelegt:

- Der minimale alphanumerische Zeichensatz enthält zehn Ziffern, sieben Großbuchstaben „CENSTXZ" und fünf Sonderzeichen.
- Der normale alphanumerische Zeichensatz enthält zehn Ziffern, 26 Großbuchstaben und elf Sonderzeichen.
- Der erweiterte alphanumerische Zeichensatz enthält alle Zeichen nach ISO/IEC 646.

Der erweiterte alphanumerische Zeichensatz kann, als eigener Zeichensatz, noch um acht nationale Großbuchstaben, fünf nationale Kleinbuchstaben, vier diakritische Zeichen[15] und drei Sonderzeichen verwendet werden.

2.4 1D-Barcodes

Auf Grundlage der oben erwähnten Morseschrift könnten die Morsesymbole für kurze und lange Töne, also die Punkte und Striche, in einer graphischen Darstellung in der vertikalen Achse zu dicken und dünnen Strichen verlängert und die Pausen als Zwischenräume dargestellt werden. Das Resultat wäre etwas, das einem Strich- oder Balkencode, auch allgemein als Barcode oder 1D-Barcode[16] bezeichnet, sehr nahe käme. Jedoch wäre dieser Barcode relativ schlecht maschinell lesbar und – wie oben beschrieben – vergleichsweise fehlerträchtig.

Beispielsweise besteht ein *e* aus einem kurzen und ein *t* aus einem langen Ton und das *a* wird aus einem kurzen und einem langen Ton gebildet (siehe Abbildung 2.12). Die möglichen Fehlinterpretationen bei inkorrekter Pausenlänge zwischen den einzelnen Tönen und den zusammengesetzten Tönen der Zeichen zeigen die Unzulänglichkeit einer solchen Codierung.

Abbildung 2.12. Die Buchstaben e, a und t als Morsezeichen

---

[13] DIN 66009: „Schrift B für die maschinelle optische Zeichenerkennung"
[14] DIN-EN 14603: „Informationstechnik – Alphanumerischer Bildzeichensatz für optische Zeichenerkennung OCR-B–Formen und Abmessungen des gedruckten Bildes"
[15] Diakritische Zeichen sind die der Aussprache und Betonung dienenden Zusatzzeichen zu Buchstaben und bestehen aus Strichen, Punkten oder Kringeln, die meist über und manchmal auch in den Buchstaben stehen.
[16] Das Kürzel 1D stellt die Abkürzung für *eindimensional* als Angabe einer geometrischen Dimension dar. Bei 1D-Barcodes ist die Information in einer Dimension, nämlich der Strichbreite, enthalten.

Die Telegrafie ist eine recht alte Technik. Als am 4. September 1837 das erste Morsetelegramm versandt wurde, dachte noch niemand an Barcodes. Erst 1949 wurde das Prinzip des Barcodes patentiert[17] und die Grundlage für automatische Identifikationsmöglichkeiten geschaffen.

Die Codierungen sind unabhängig von ihren physischen Darstellungen. Typischerweise werden Morsezeichen beim Empfänger akustisch und Brailleschrift taktil, Barcodes in der Regel optisch gelesen[18]. Dabei wird das vom Barcodelabel reflektierte Licht erfasst, in elektrische Signale umgewandelt und ausgewertet.

Mit der fortschreitenden Entwicklung der Opto-Elektronik in den 50er und 60er Jahren des vergangenen Jahrhunderts und der Forderung nach einer schnelleren Identifikation von Gegenständen, besonders motiviert durch das Phänomen der Bildung von Warteschlangen an Kassen der zu dieser Zeit entstehenden Selbstbedienungsläden und Supermärkte [20], wurde 1968 der Code 2/5[19] (gesprochen: Code 2 aus 5) vorgestellt. Diese Barcode-Codierungsform hat auch heute noch Bestand. Der Code 2/5 wird im Anschluss an den folgenden Abschnitt vorgestellt.

2.4.1 Aufbau des Barcodes

Die Struktur des Barcodes ist über die verschiedenen Barcodefamilien ähnlich: Nach einer *Ruhezone*, die in der Regel eine Länge von zehn *Modulbreiten*[20] hat, folgt das *Startsymbol*. Danach stehen die Nutzzeichen, also die Barcodesymbole, die die codierte Information beinhalten. In den meisten Fällen steht hinter den Nutzzeichen ein Barcodezeichen, das die Information einer Prüfziffer[21] enthält. Nach einem *Stoppsymbol* wird der Barcode durch eine weitere Ruhezone abgeschlossen.

Die Ruhezone unterstützt das fehlerfreie Erkennen des Codes. Ohne Ruhezonen könnten Flächen und Zeichen, die den Barcode umgeben, vom Barcodelesegerät fehlinterpretiert werden.

Der schmalste vorkommende Balken eines Barcodes hat eine Breite, die als Modulbreite bezeichnet wird. Alle Balken dieser Breite können als Module benannt werden. Eine Modulbreite von 0,25 bis 0,6 Millimeter wird in der

---

[17] Am 20. Oktober 1949 reichten Norman J. Woodland und Bernard Silver ihre Erfindung ein, die mit der Patentnummer 2612994 am 7. Oktober 1952 patentiert wurde und als die Grundlage für den Barcode gilt [47].

[18] Unter widrigen Umweltbedingungen werden andere physische Präsentationen, wie beispielsweise geschlitzte Bleche verwendet, die nicht optisch, sondern induktiv abgetastet und gelesen werden.

[19] Code 2/5 wurde von der Fa. Identicon Corporation entwickelt.

[20] In den meisten Fällen wird für die Ruhezone die zehnfache Modulbreite verlangt, mindestens jedoch 2,5 Millimeter. Der Begriff Modul wird nachfolgend erklärt.

[21] Die Prüfziffer wird, je nach Barcode, nach unterschiedlichen Regeln berechnet. In vielen Fällen handelt es sich um ein Zeichen außerhalb des Bereiches $p \in \{0, 1, \ldots, 9\}$, also nicht um eine Ziffer. Es wird dennoch von der Prüfziffer gesprochen.

2.4 1D-Barcodes

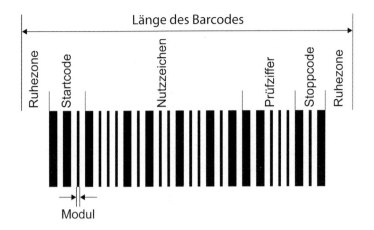

Abbildung 2.13. Allgemeiner Aufbau des Barcodes

Praxis häufig angetroffen. Die anderen Balken und die Zwischenräume haben eine n-fache Modulbreite, wobei n nicht ganzzahlig aber $n > 1$ sein muss.

Das Start- und das Stoppsymbol bestehen in vielen Fällen aus unterschiedlichen Barcodezeichen. Wenn sie aus dem gleichen Zeichen bestehen, ist dieses meist unsymmetrisch. Dadurch kann das Lesegerät sofort beim Erfassen der Symbologie die Lage des Barcodes im Raum erkennen und gegebenenfalls das Gelesene um 180 Grad gedreht auswerten. Ausnahmen existieren, wie beispielsweise der EAN 13 (siehe Seite 40, Abschnitt 2.4.8), bei dem das Start- und das Stoppzeichen identisch und symmetrisch sind. Die Drehlage wird hier über nachfolgende Zeichen ermittelt.

Es existieren verschiedene Barcodes, die unterschiedlichste Kriterien erfüllen, und sie lassen sich über diese Kriterien in Barcodefamilien klassifizieren. Vor der Entscheidung für einen bestimmten Barcode, eine Drucktechnologie, einen Aufbringungsort und eine Codegröße ist zu klären, welchem Zweck mit der Symbologie nachgegangen werden soll. Nachfolgend aufgeführte Aspekte sind dabei von besonderer Bedeutung:

- Zeichenvorrat: Die zu codierenden Zeichenvorräte der Barcodes, also die Urmengen an Zeichen, die codiert werden können, sind unterschiedlich. Während manche Barcodes nur Ziffern repräsentieren, sind andere Barcodes zusätzlich in der Lage, auch Großbuchstaben zu transportieren. Noch andere Strichcodes können neben Groß- und Kleinbuchstaben, Ziffern und Satzzeichen auch Steuerzeichen als Information speichern.
- Länge des Codes: Die Länge des Codes ist in hohem Maß, aber nicht nur von der Urmenge der Zeichen, die codiert werden können, abhängig. Die Länge der Darstellung kann die Wahl der Lesegeräte und die Form des Labels, auf das der Barcode gedruckt wird, beeinflussen.

24   2. Automatische Identifikation

- Robustheit: Ein wichtiges Kriterium für oder gegen die Benutzung eines bestimmten Barcodes ist seine Robustheit. Eine Symbologie mit einer hohen Fehlertoleranz[22] kann eher auf einem Label aufgebracht werden, das einer hohen Verschmutzung ausgesetzt ist, als eine Symbologie mit einer geringen Fehlertoleranz. Die Robustheit eines Barcodes kann durch die Wahl des Anbringungsortes auf einem Objekt beeinflusst werden; es ist darauf zu achten, dass der Barcode an einer Stelle aufgebracht ist, der keiner Verkratzung oder sonstigen Beschädigung ausgesetzt ist.
- Lesegerät: Der Barcode, sein Label, seine Druckfarbe und -größe sowie das Lesegerät sollten aufeinander abgestimmt sein. Bleibt das Label im innerbetrieblichen Kreislauf, können Lesegeräte[23] auf den Barcode, sein Label und den Druck abgestimmt werden; wird der innerbetriebliche Kreislauf verlassen, muss der Barcode auf die Lesegeräte abgestimmt werden.
- Erstellung: Die Erstellung eines Barcodes kann nach verschiedenen Verfahren erfolgen; die qualitativen Unterschiede der Verfahren sind zu bewerten. Die Erstellung kann intern oder durch eine Fremdfirma erfolgen.
- Organisation: Die exakte Verwaltung der verwendeten Nummern ist ausschlaggebend für einen fehlerfreien Ablauf der einzelnen Prozesse. Besonders wichtig ist die Eindeutigkeit der verwendeten Identifikatoren, das heißt es muss sichergestellt sein, dass sich keine doppelten Label im Kreislauf befinden. Wenn der Nummernkreis der Identifikatoren zu klein gewählt ist, kann es passieren, dass nach einiger Zeit Nummern erneut verwendet werden müssen. Auch kann es, zum Beispiel durch falsches Aufkleben und einer damit verbundenen Entwertung eines Labels, zu fehlenden Nummern kommen.

Die nachfolgenden Abschnitte stellen einige der wichtigsten und gängigsten Barcodes vor und zeigen Besonderheiten auf.

2.4.2 Code 2 aus 5

Bei der Unterscheidung der verschiedenen Barcodesymbologien muss in erster Linie zwischen *Zweibreiten-* und *Mehrbreiten-Code* differenziert werden. Einige Symbologien verwenden nur zwei verschiedene Breiten für die Striche und eine konstante Breite für die Zwischenräume (vgl. Abbildung 2.15). Weiterentwickelte Mehrbreiten-Codes verwenden mehr als zwei verschiedene Breiten. Beim Code 128 finden etwa vier verschiedene Breiten sowohl für Striche als auch für Zwischenräume Verwendung (vgl Abbildung 2.30). Weitere Klassifizierungsmerkmale sind:

- der Zeichenvorrat (zum Beispiel numerisch oder alphanumerisch) sowie

---

[22] Meist sind Barcodes, deren Urmenge klein ist und die eine lange Repräsentation haben, weniger fehlerträchtig.
[23] Mindestens für den Fall der kompletten Neuanschaffung der AutoID-Geräte gilt dies.

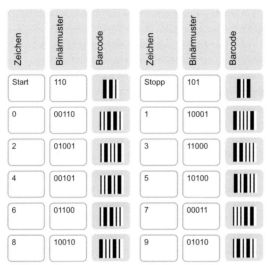

Tabelle 2.1. Code 2/5

- das Interleaving (die Verwendung der Zwischenräume zur Informationsübertragung, vgl. Abschnitt 2.4.4)

Nichtüberlappende[24] Zweibreiten-Barcodes oder auch Barcodes der ersten Generation, wie nachfolgend am Beispiel des 2/5-Codes vorgestellt, sind eine einfache grafische Binärabbildung. Mittels zweier verschieden breiter Striche (ein schmaler Strich für eine Null und ein breiter Strich für eine Eins) werden Ziffern binär codiert, wobei immer fünf Striche, zwei breite und drei dünne, eine Einheit und damit eine Ziffer bilden.

Bei der Bildung von fünfelementigen Systemen durch die Permutation über zwei Elemente einer Menge, wobei das eine Element genau zweimal in der neuen Darstellung vorhanden sein muss, existieren genau $\binom{5}{2} = \frac{5!}{2!(5-2)!} = 10$ mögliche Systeme (Kombinationen ohne Wiederholung). Damit können die zehn Ziffern 0...9 codiert werden.

Der Barcode hat einen definierten Start und ein definiertes Ende. Es reicht nicht aus, eine Abfolge von Strichen darzustellen und hintereinander zu schreiben, die die einzelnen Ziffern repräsentieren, vielmehr muss an den Anfang eine Start- und an das Ende eine Stoppcodierung angefügt werden. Da die Darstellung der Zeichen 0...9 den Darstellungsvorrat bei 2 aus 5 erschöpft, wird hier jeweils ein Start- und ein Endsymbol aus zwei breiten und einem schmalen Strich (2 aus 3) eingesetzt (siehe Abbildung 2.14).

---

[24] Bei einem nichtüberlappenden Barcode werden die Zwischenräume zwischen den Balken nicht zur Speicherung von Informationen genutzt und haben daher eine gleiche Breite.

Start- und Endsymbol dienen sowohl als Startmarke (Trigger) als auch als Endmarke für einen Lesevorgang. Barcodescanner arbeiten unabhängig von der Orientierung des Barcodes. Für ein sicheres Scannen ist das Abtasten *aller* Striche unabhängig von der Leserichtung notwendig. Jede Barcodesymbologie erfordert ein unverwechselbares Paar von Start- und Endsymbolen. In vielen Fällen ermöglicht wenigstens eines der beiden Symbole die Bestimmung der verwendeten Barcodesymbologie.

Während der Lebensdauer eines zu identifizierenden Objektes kann dieses mit mehreren Barcodelabeln „etikettiert" worden sein. Beim Versuch der Identifikation dieses Objektes kann eine solche Mehrfachetikettierung zu einer unerkannten Fehlidentifikation führen, die auch auf höherer Ebene, also durch die übergeordnete Kontrollinstanz[25], nicht erkannt wird. Handelt es sich bei den verschiedenen Barcodes auf dem Objekt um unterschiedliche Symbologien, kann ein großer Anteil an Fehlidentifikationen ausgeschlossen und die Wahrscheinlichkeit korrekter Zuordnung erhöht werden: In der Regel sind die Lesegeräte (Scanner) für die selektive Weitergabe bestimmter Barcodesymbologien konfigurierbar.

Abbildung 2.14. Start- und Endsymbol des Code 2/5

Ein entscheidendes Merkmal aller Barcodes ist die Codelänge und damit der Platz, der von einem Barcode in ausgedruckter Form beansprucht wird. Dem Bedürfnis nach hoher Informationsdichte, also auf geringer Fläche möglichst viel Information transportieren zu können, wird von den einzelnen Barcodesymbologien unterschiedlich entsprochen.

Beim Code 2/5 setzt man im Allgemeinen die Breite des dicken Strichs S_f auf die dreifache Modulbreite, also auf das Dreifache der Breite des dünnen Strichs, die nachfolgend als S_d bezeichnet wird. Der freie Zwischenraum S_z zwischen zwei Strichen wird auf die zweifache Modulbreite gesetzt. Die Länge L_z einer Codierung für eine Ziffer lässt sich nun leicht berechnen:

$$L_z = 2S_f + 3S_d + 5S_z = 19S_d$$

Die Länge einer Zifferncodierung beträgt demnach das 19fache der Modulbreite oder 19 Modulbreiten. Es werden fünf Zwischenräume zur Trennung der fünf Striche benötigt, da die nachfolgende Zifferncodierung auch wieder mit einem schwarzen Balken beginnt; davon sind vier Trennzeichen innerhalb eines Barcodesymbols und ein abschließendes Trennzeichen dahinter. Analog

---

[25] Normalerweise wird die Überprüfung der Identifikation durch eine Software vorgenommen.

berechnet sich die Länge des Startzeichens mit $L_s = 13S_d$ und die des Endzeichens mit $L_e = 11S_d$. L_e ist zwei Module kürzer, weil auf L_e im Gegensatz zum Startzeichen L_s kein weiteres Zeichen folgt.

Da vor und hinter der Balkencodierung noch jeweils eine Ruhezone R_z von mindestens zehn Modulbreiten zu belassen ist, ergibt sich für eine Codierung von n Ziffern eine Gesamtlänge L_{ges} von

$$L_{ges} = 2R_z + L_s + nL_z + L_e$$

und mit dem Wissen über die konkrete Modulbreite das absolute Maß für die Länge des Barcodes.

Sollen beispielsweise vier Ziffern im Code 2/5 dargestellt werden und wird eine Modulbreite von 0,33 Millimetern gewählt, so hat die Repräsentation eine Länge von $L_{ges} = R_z + L_s + 4*L_z + L_e + R_z = (10 + 13 + 4*19 + 11 + 10) * 0,33\,mm = 120 * 0,33 = 3,96\,cm$.

Abbildung 2.15. Ziffernfolge 4465 im Code 2/5

Tabelle 2.1 zeigt die Zeichen des Code 2/5. Soll beispielsweise die Ziffernfolge 4465 als Barcode im System Code 2/5 codiert werden, bedeutet das mit Start- und Endzeichen die Konkatenation[26] der (aus Tabelle 2.1 ersichtlichen) Strichkombinationen, wie sie in Abbildung 2.15 dargestellt ist.

Die in Tabelle 2.1 aufgezeigten Zeichen des Code 2/5 und das oben beschriebene System sind in einem erheblichen Maße fehlererkennend. Die Vorschrift besagt, dass eine einzelne Ziffer aus fünf Strichen zu bestehen hat, von denen zwei dick und drei dünn sein müssen.

Abbildung 2.16 demonstriert eine partiell fehlerhafte Strichcodierung der Ziffer 2. Je nachdem, wie der Barcodeleser diesen Code liest, ergeben sich verschiedene Ergebnisse: Die Lesung entlang der Linie A ermittelt tatsächlich die Ziffer 2 mit dem Binärmuster 01001; Lesung C liefert einen Fehler, da durch das Binärmuster 00001 nur ein dicker und vier schmale Balken dargestellt werden. Der Fehler, der durch die Lesung C erkannt wurde, wird schon

---

[26] Als Zeichen für die Konkatenation, also die Hintereinanderschaltung oder Verkettung von Zeichen und Zeichenketten, sei im Folgenden der Operator ⊕ benutzt. Die Konkatenation soll also nicht mit der Addition + verwechselt werden.

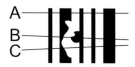

Abbildung 2.16. Code 2/5 mit partiellen Fehlern im Druckbild. A,B,C: Scanlinien

vom Lesegerät erkannt und die gesamte Lesung damit als fehlerhaft bewertet. Je nach Konfiguration liefert das Lesegerät als Ergebnis eine Fehlermeldung oder nichts zurück. Kritisch ist die Lesung entlang der Linie B. Hier erkennt das Gerät das Binärmuster 00101 und hat damit mit drei schmalen und zwei breiten Balken eine korrekte Ziffer erkannt, in diesem Fall die Ziffer 4.

Allerdings ist die Wahrscheinlichkeit, dass ein Fehler dieser Art auftritt, dass also in obigem Beispiel der Abbildung 2.16 eine Ziffer 4 gelesen würde, vergleichsweise gering, da zwei Fehler in einem Zeichen auftreten müssen, die zusammen wiederum ein lesbares Zeichen mit zwei dicken und drei dünnen Strichen ergeben[27].

Zu unterscheiden sind fünf verschiedene Lesungsarten:

- Die korrekte Lesung des Codes (A in Abbildung 2.16),
- die Fehllesung, die durch eine entsprechende Fehlermeldung durch das Lesegerät gemeldet wird (C in Abbildung 2.16),
- die (unerkannte) Falschlesung „WrongRead", die eine Identifikation zurück liefert, die jedoch nicht der wirklich geschriebenen entspricht (B in Abbildung 2.16),
- das „NoRead", also die Meldung, dass etwas erfasst, aber nicht identifiziert werden konnte,
- die Nichtlesung, die von der Hardware in keiner Weise quittiert wird.

Spätestens an dieser Stelle wird ersichtlich, dass der Code 2/5 Vorteile im Vergleich zu der weiter oben vorgestellten Möglichkeit der Darstellung von Zeichen im Morsealphabet hat. Der nachfolgende Abschnitt zeigt, dass die Fehlererkennung in einem Barcode und die Sicherheit dieses Systems noch erheblich verfeinert werden können.

2.4.3 Prüfzifferberechnung Code 2/5

Der unwahrscheinliche Fall des mit der Leselinie B in Abbildung 2.16 dargestellten *Substitutionsfehlers*, also der gegensätzlichen Veränderung zweier

---

[27] Umwelteinflüsse beeinträchtigen die optischen und geometrischen Eigenschaften des Etiketts (Label), auf dem der Barcode gedruckt ist. Mit verschiedenen Verfahren wird an der Optimierung der Lesetechnik gearbeitet. Eine erfolgversprechende Methode ist der Einsatz von Fuzzy-Barcode-Decodern in Form von Softwarelösungen [5].

Strichbreiten in einer Zifferncodierung durch Balkendarstellung, ist zwar gering, dennoch wird mit diesem Fehler gerechnet. Eine Prüfziffer als letztes Zeichen vor dem Schlusssymbol hilft, diesen Fehler weiter zu eliminieren. Durch den einfachen, aber sehr effizienten Einsatz einer Prüfziffer p kann die Wahrscheinlichkeit für das unerkannte Lesen eines Substitutionsfehlers auf weit unter die Hälfte reduziert werden. Wenn der Code 2/5 mit Prüfziffer benutzt werden soll, muss die Prüfziffer nach den nachfolgend beschriebenen „Verfahren nach Modulo zehn mit Gewichtung drei" gebildet werden:

Von rechts(!) beginnend werden die Nutzziffern c_i der zu codierenden Zahl c (mit $c = c_n \oplus c_{n-1} \oplus \ldots \oplus c_2 \oplus c_1$) abwechselnd mit drei und eins multipliziert und die Ergebnisse addiert: $p_2 = 3*c_1 + 1*c_2 + 3*c_3 + 1*c_4 + 3*c_5 + \ldots$. Die Summe p_2 wird *modulo* zehn gerechnet:[28] $p_1 = p_2 \bmod 10$. Ist das Ergebnis $p_1 = 0$, dann wird die Prüfziffer $p = 0$ gesetzt. Ist das Ergebnis $p_1 \neq 0$, wird das Ergebnis p_1 von zehn subtrahiert und man erhält die Prüfziffer mit $p = 10 - p_1$:

Sei $c = c_n \oplus c_{n-1} \oplus \ldots \oplus c_1$, dann gilt

$$p = \begin{cases} p_1 & \text{wenn } p_1 = 0 \\ 10 - p_1 & \text{sonst} \end{cases}$$

mit

$$p_1 = \sum_{i=1}^{n} c_i * (1 + (i \bmod 2) * 2) \bmod 10$$

was sich auch anders darstellen lässt:[29]

$$p = \left(10 - \left(\left(\sum_{i=1}^{n} c_i * (1 + (i \bmod 2) * 2) \right) \bmod 10 \right) \right) \bmod 10$$

Die Prüfziffer p wird direkt an die Zahl c angehängt und dadurch um eine Stelle verlängert ($c \oplus p = c_p$), es gilt also $c_0 = p$ und $c_p = c_n \oplus c_{n-1} \oplus \ldots \oplus c_1 \oplus c_0$.

Die Prüfziffer der Ziffernfolge 124 ist nach obiger Formel $(10 - ((4 * 3 + 2 * 1 + 1 * 3) \bmod 10)) \bmod 10 = 3$.

Ein Beispiel eines korrekten Barcodes Code 2/5 mit der Ziffernfolge 124 und der Prüfziffer 3 zeigt Abbildung 2.17.

Die Bildung und Benutzung einer Prüfziffer ist nicht zwingend erforderlich, aber für eine Fehlererkennung hilfreich. Es muss aber, bei firmenübergreifender Benutzung, abgesprochen und bekannt sein, ob eine Prüfziffer in

---

[28] Die Operation modulo (mod) ist die Restbildung bei der Teilung durch eine Zahl. Beispiel: 17 mod 5 = 2, weil 17/5 = 3 Rest 2 ist.

[29] Anders und vielleicht einfacher ausgedrückt wird nach der Bildung der Summe der einzelnen Produkte $\sum_{i=1}^{n} c_i * (1 + (i \bmod 2) * 2)$ die Differenz zum nächsten vollen Zehner gebildet, die dann schon die Prüfziffer darstellt.

30   2. Automatische Identifikation

Abbildung 2.17. Ziffernfolge 124 im Code 2/5 mit Prüfziffer

einer Code-2/5-Codierung benutzt wird oder nicht: Die Zahl 31509 beispielsweise kann nach der Prüffziffernbildung als Ziffernfolge 315098 codiert werden. Ist nun die Bildung einer Prüfziffer unterlassen worden, wird 31509 richtig als 3150 decodiert, weil die 9 die Prüfziffer der Zahl 3150 ist.

Für eine beliebige Ziffernkombination beträgt die Wahrscheinlichkeit genau 10%, dass die letzte Ziffer schon eine gültige Prüfziffer ist.

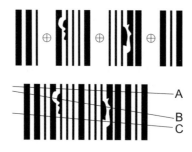

Abbildung 2.18. Doppelter Substitutionsfehler im Code 2/5. A, B, C: Scanlinien

Zwar erhöht die Bildung und Benutzung einer Prüfziffer die Sicherheit der korrekten Lesung, sie ist aber kein Garant für diese. So können, auch wenn die Wahrscheinlichkeit hierfür gering ist, zwei „sinnvoll" aufeinander folgende Substitutionsfehler wieder einen „korrekten" Code erzeugen, wie Abbildung 2.18 zeigt: Nur die Lesung entlang der Linie C wird als fehlerhaft erkannt, die Lesung A liefert die Zahl 17 und die Lesung B liefert 24. Da aber 7 die Prüfziffer der Zahl eins und 4 die Prüfziffer der Zahl zwei ist, werden die Lesungen entlang der Linien A und B als korrekt eingestuft.

Die Reduzierung möglicher Fehl- oder Falschlesungen ist ein Aspekt, der bei der Wahl der zu verwendenden Barcodesymbologie immer bedacht werden muss. Hat ein Lager etwa eine Lesungsanzahl von 10 000 Einheiten pro Stunde, würde ein Fehler im Bereich von einem Promille im Mittel schon zu zehn Fällen führen, die typischerweise manueller Nacharbeit bedürfen. Dabei würde dieser Fehler, je nachdem an welcher Stelle er im Lager entsteht, dazu führen können, dass zusätzliche Arbeitskräfte für die Korrektur des Fehlers abgestellt werden müssten.

Die Auswahl der richtigen Barcodesymbologie und die einwandfreie technische Ausführung von Druck und Lesung sind entscheidende Faktoren. Zudem sollte bei jeder Lagerplanung die Frage Berücksichtigung finden, was passieren soll, wenn an einer Strichcodelesestelle ein Barcode fehlerhaft gelesen wird.

2.4.4 Code 2/5 interleaved

Aufbauend auf dem Code 2/5 wurde 1972 der Code 2/5 interleaved, der überlappende Code 2/5 vorgestellt. Der Code 2/5 interleaved kann als eine Verfeinerung des herkömmlichen Code 2/5 in der Art verstanden werden, dass bei ihm die Freiräume zwischen den schwarzen Balken zum Informationstransfer mitgenutzt werden und damit die Informationsdichte erheblich gesteigert wird. Die Nutzung der Trennräume erfolgt wie in Tabelle 2.1 für Balken beschrieben, jetzt allerdings auf die weißen Felder angewandt. Dies bedeutet, dass die trennenden weißen Felder nun auch eine unterschiedliche Breite im Muster dreimal schmal und zweimal breit haben. Für die Ziffernfolge der Zahl c (inklusive Prüfziffer) mit $c = c_n \oplus c_{n-1} \oplus \ldots \oplus c_1 \oplus c_0$ gilt, dass jedes c_i mit geradzahligem Index i durch schwarze Balken, dagegen jedes c_i mit ungeradzahligem Index i durch weiße Balken dargestellt wird.

Da der Code 2/5 interleaved eine eigene Barcodesymbologie darstellt, bekommt er ein neues Start- und ein neues Endsymbol (vgl. Abbildung 2.19).

Abbildung 2.19. Start- und Endsymbol des Code 2/5 interleaved

Für das Startsymbol gilt: Es setzt sich aus vier dünnen Strichen[30] in der Folge schwarz, weiß, schwarz und weiß[31] zusammen, $L_s = 4S_d = 4$ Modulbreiten. Das Endsymbol setzt sich aus einem dicken schwarzen, gefolgt von einem dünnen weißen und beendet durch einen dünnen schwarzen Strich zusammen; hier gilt damit für die Länge: $L_e = S_f + S_d + S_d = 3S_d + 2S_d = 5S_d = 5$ Modulbreiten. Der Code 2/5 interleaved ist damit kompakter.

---

[30] Auch hier gilt wieder: Da dem Startsymbol auf jeden Fall weitere Strichsequenzen folgen werden, muss die letzte Balkendarstellung einen weißen Strich zeigen.

[31] In der Abbildung 2.19 ist am Fuße des Startsymbols jeweils rechts und links ein waagerechter Strich zu sehen. Das rechte Ende des linken Striches endet am schwarzen Balken und zeigt den Beginn des Barcodezeichens, der linke Anfang des rechten Striches beginnt in einer weißen Fläche und zeigt an, dass sich das Barcodezeichen bis zu diesem Punkt fortsetzt.

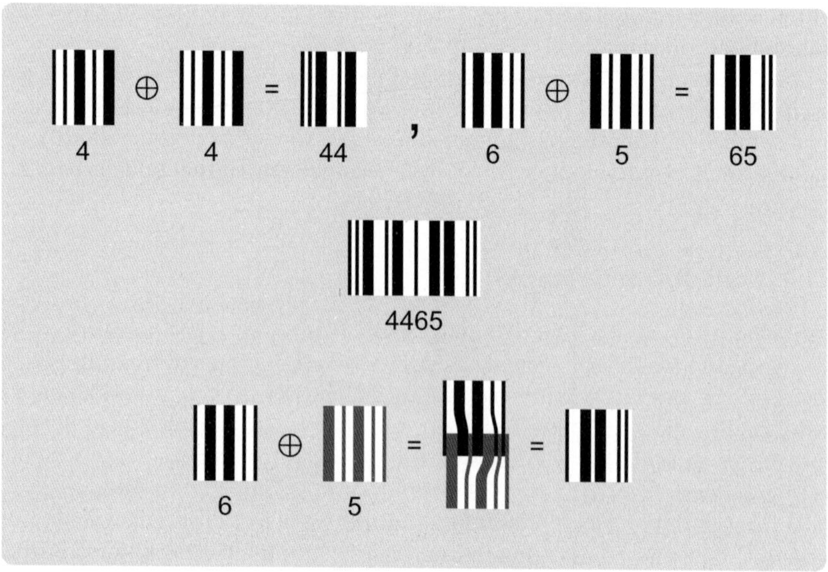

Abbildung 2.20. Zusammensetzung der Ziffernfolge 4465 im Code 2/5 interleaved

Abbildung 2.20 verdeutlicht den Aufbau des Codes 2/5 interleaved: Anstelle einer festen Breite für die Zwischenräume werden die Balken des jeweils nächsten Zeichens als Breite für die Zwischenräume verwendet.

Wie sofort ersichtlich, muss beim Code 2/5 interleaved die Anzahl der zu codierenden Ziffern geradzahlig sein. Wie für den Code 2/5 gilt auch für den Code 2/5 interleaved: Eine Prüfziffer sollte, muss aber nicht benutzt werden. Da immer zwei Barcodezeichen des Codes 2/5 ein neues Zeichen des Codes 2/5 interleaved bilden, muss insgesamt ein geradzahliges Gebilde entstehen, was notfalls durch Auffüllen mit einer führenden Null zu erreichen ist.

Die Codierung zweier Ziffern beträgt $L_z = 2(2S_f + 3S_d) = 18S_d$ und damit eine Modulbreite weniger als die Codierung einer Ziffer im herkömmlichen Code 2/5. Selbst wenn bei geradzahliger Ziffernmenge mit einer führenden Null aufgefüllt werden muss, ergibt sich eine erheblich größere Informationsdichte.

Während sich beim Code 2/5 die Breite (inklusive Ruhezone) $b_{2/5}$ für n Ziffern mit $b_{2/5} = n * 19S_d + 44S_d$ (mit $n \in \{1, 2, 3...\}$) errechnet, ergibt sich für den Code 2/5 interleaved für n Ziffern eine vorgegebene Breite $b_{2/5i}$ von $b_{2/5i} = (n + (n \, mod \, 2)) * 9S_d + 29S_d$.

Angemerkt sei an dieser Stelle, dass die höhere Informationsdichte auf Kosten einer geringeren Fehlertoleranz geht. Zwar ist der Code 2/5 interleaved selbstüberprüfend, die Fehlerträchtigkeit ist aber durch die Tatsache, dass nun auch die Lücken (Freiräume) informationsbehaftet sind, erheblich gestiegen.

Abbildung 2.21. Ziffernfolge 124 im Code 2/5 interleaved mit Prüfziffer

2.4.5 Gültige Fehllesungen

Neben dem Substitutionsfehler[32], also der gegensätzlichen Veränderung zweier Strichbreiten in mindestens einem Barcodesymbol, können weitere Fehler auftreten. Ein häufig vorkommendes Problem ist das des zerstörten oder beschädigten Barcodes, oft verursacht durch die Wahl eines unzulänglichen Aufbringungsortes für das Barcodelabel. Der Fall der Zerstörung ist dabei relativ unkritisch, weil das Barcodelesegerät entweder durch ein „NoRead" oder durch eine Fehlermeldung[33] zu erkennen gibt, dass ein Problem vorliegt, und dadurch ein manuelles Eingreifen initiiert werden kann. Genauso unkritisch ist eine Beschädigung, die vom Barcodescanner als solche erkannt und durch ein Verhalten wie bei der Zerstörung behandelt wird.

Wird dagegen, etwa durch eine Beschädigung, eine Überdeckung oder durch eine Schräglesung[34], ein Barcode vom Lesegerät partiell gelesen und die Lesung als korrekt erkannt, und wird diese Identifikation an ein übergeordnetes System übertagen, hat dieses mit dem Fehler umzugehen. Wird diese fehlerhafte Identifikation vom übergeordneten System ungeprüft übernommen, ist eine Vielzahl von Problemen absehbar. Abbildung 2.22 zeigt Möglichkeiten der Überdeckung, Beschädigung und der Schräglesung, die zu gültigen Fehllesungen führen können[35].

Es gibt drei Arten der gültigen Fehllesung, die unterschieden werden müssen:

1. Die linke Seite des Barcodes ist nicht vollständig erkannt, die rechte Seite ist komplett gelesen. Dann kann es nur zu einer gültigen Lesung kommen, wenn der linke Teil des Barcodes mit dem Startsymbol[36] beginnt. Im Code 2/5 beinhalten die Zeichen für die Ziffern Null, Drei und Sechs ein Startsymbol. Weiterhin kann das Startsymbol durch Hintereinanderschaltung verschiedener Barcodesymbole, wie etwa die der Ziffern Eins

---

[32] Siehe Abschnitt 2.4.3, Seite 28.
[33] Siehe Lesungsarten Abschnitt 2.4.2, Seite 28.
[34] Im Folgenden werden die Schräglesung, die Überdeckung oder die Beschädigung eines Barcodes, die zu einer gültigen Lesung führen, als „gültige Fehllesung" bezeichnet.
[35] Übungen zu gültigen und ungültigen Fehllesungen finden sich in [14].
[36] Für den Code 2/5 siehe hierzu Abbildung 2.14 (Seite 26), für den Code 2/5 interleaved siehe hierzu Abbildung 2.19 (Seite 31).

34   2. Automatische Identifikation

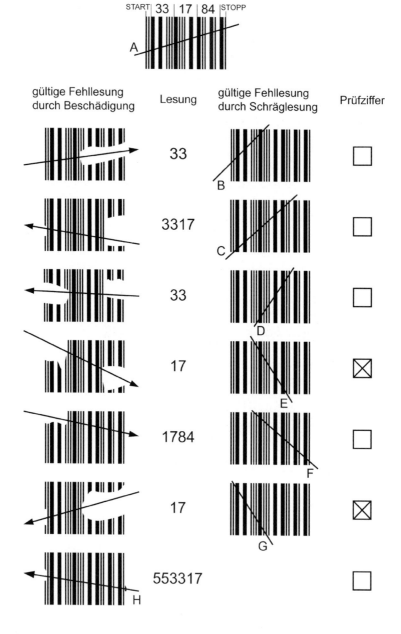

Abbildung 2.22. Auswahl gültiger Fehllesungen

und Zwei, entstehen.[37] Da die Anzahl der Balken zwischen dem erkannten Start- und dem Endsymbol durch fünf teilbar sein muss, muss das Startsymbol am Ende eines Barcodezeichens vorkommen. Im Code 2/5 erfüllt dies nur das Barcodesymbol für die Null.
2. Die rechte Seite des Barcodes ist nicht vollständig erkannt, die linke Seite ist komplett gelesen. Dann kann es zu einer gültigen Lesung analog zu Fall 1 kommen, wenn die letzte erkannte Balkensequenz das Endsymbol darstellt und gleichzeitig der Anfang eines Barcodezeichens ist. Im Code 2/5 erfüllt dies nur das Barcodezeichen der Ziffer Fünf.
3. Sowohl die linke als auch die rechte Seite des Barcodes sind unvollständig erkannt. Es bietet sich die Möglichkeit der Zurückführung auf die Fälle 1 und 2. Eine Lesung beginnt an einer Stelle eines Symbols, das auf seiner rechten Seite das Startsymbol enthält, und endet an einer Stelle eines Symbols, das auf seiner linken Seite das Stoppsymbol enthält. Für den Fall der gültigen Fehllesung durch beidseitige Teilerfassung des Barcodes gibt es noch weitere Möglichkeiten, die beispielhaft durch Abbildung 2.23 dargestellt sind.

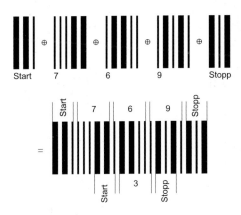

Abbildung 2.23. Ziffernfolge 769 im Code 2/5 ohne Prüfziffer

Die Wahrscheinlichkeit einer gültigen Fehllesung ist im Falle der Benutzung des Codes 2/5 interleaved höher als bei der Benutzung des Codes 2/5. Durch die Zusammenschiebung von je zwei Barcodezeichen des Codes 2/5 für

---

[37] Insgesamt findet sich das Startsymbol in der Hintereinanderschaltung der Symbole für die Ziffern Eins, Zwei, Vier oder Sieben mit einem der Barcodesymbole der Ziffern Zwei, Sechs oder Neun sowie der Hintereinanderschaltung der Barcodesymbole für die Ziffern Null, Acht oder Neun mit einem der Barcodesymbole der Ziffern Eins, Drei, Fünf oder Acht.

den Code 2/5 interleaved sind es in diesem entsprechend mehr Zeichen, die ein Startsymbol am Ende oder ein Stoppsymbol am Anfang enthalten.[38]

Während beim Code 2/5 eines von zehn Zeichen das Start oder das Stoppsymbol enthält und damit eine Wahrscheinlichkeit von 10% für das Auftreten des kritischen Zeichens für einen der beiden obigen Fälle 1 und 2 besteht, ist diese Wahrscheinlichkeit für den Code 2/5 interleaved mit 18% wesentlich höher, da 18 von 100 Zeichen das Start- oder das Stoppsymbol beinhalten können. Wird weiterhin berücksichtigt, dass das Startsymbol des Codes 2/5 interleaved mit einem schmalen Strich beginnt und das Stoppsymbol dieses Codes mit einem schmalen Strich endet und dass eine Fehllesung auf der Hälfte oder einem Drittel eines breiten Balkens beginnen oder enden kann, erhöht sich die Wahrscheinlichkeit für die Gültigkeit der Fehllesung beim Code 2/5 interleaved noch einmal erheblich.

Die Wahrscheinlichkeit einer gültigen Fehllesung kann bei der Benutzung von Code 2/5 oder 2/5 interleaved durch die Einführung einer Prüfziffer um 90% verringert werden, da die Wahrscheinlichkeit des prüfziffernbildenden Zeichens vor dem Stoppzeichen nur 10% ausmacht.[39] Eine weitere Reduzierung der Wahrscheinlichkeit einer Schräglesung ist neben der exakten Aufbringung des Barcodelabels und der genauen Ausrichtung der Lesegeräte auf diese Aufbringung durch die geeignete Wahl der Höhe des Barcodes möglich: Je höher dieser ist, um so geringer ist die Möglichkeit einer gültigen Fehllesung durch Schräglesung.

Ist die Anzahl der Ziffern der gelesenen Barcodes bekannt und gleichbleibend, sollte eine Software die Leseergebnisse daraufhin überprüfen. Sind weitere Kriterien bekannt, sollte die Software auch diese zur Überprüfung des Gelesenen heranziehen. Kriterien dieser Art können zum Beispiel eigene Prüfziffern oder Zeichen sein, die an vorgegebenen Stellen im Code vorhanden sein müssen.

2.4.6 Code 39

Im Jahre 1974 wurde der von der Firma Intermec entwickelte Code 39 vorgestellt. Der Code 39 ist ein alphanumerischer Zweibreitencode und kann neben den Ziffern Null bis Neun und den Großbuchstaben A bis Z sieben Sonderzeichen darstellen, hinzu kommt das identische Start- und Stoppsymbol. Insgesamt hat der Zeichenvorrat eine Größe von 43 Zeichen zuzüglich des Start-/Stoppsymbols (vgl. Tabelle 2.2).

Der Name Code 39 leitet sich von der Struktur ab: von den neun Elementen (Balken und Zwischenräumen), die ein Barcodezeichen ausmachen, müssen drei breit sein. Ein einzelnes Barcodezeichen besteht demnach aus

---

[38] Das kartesische Produkt $C = A \times B$ der beiden Mengen $A = \{3, 5, 6\}$ und $B = \{0, 3, 5, 6, 8, 9\}$ bildet alle möglichen Ziffernfolgen, die, als Barcode 2/5 interleaved dargestellt, auf der rechten Seite das Startsymbol enthalten. Das kartesische Produkt $D = E \times F$ der beiden Mengen $E = \{1, 5, 8\}$ und $F = \{0, 2, 4, 6, 7, 9\}$ lie-

Abbildung 2.24. Beispiel einer Code-39-Darstellung ohne Prüfziffer

fünf Balken und vier Zwischenräumen, die Trennlücke zwischen den einzelnen Zeichen wird nicht dem Zeichen zugerechnet. Die Tatsache, dass jedes Zeichen des Codes 39, wie auch beim Code 2/5 oder Code 2/5 interleaved, aus einer festen Anzahl von schmalen und breiten Zeichen besteht, macht den Code 39 zum *selbstüberprüfenden* Code.

Ein Barcode wie der Code 39, bei dem jedes Zeichen mit einem Balken beginnt und mit einem Balken endet, bei dem also die Trennlücke nicht zum einzelnen Zeichen dazugehört, wird als *diskreter Code* bezeichnet. Das Gegenstück zum diskreten Code ist der *fortlaufende Code*[40], der auch kontinuierlicher Code genannt wird.

Das Verhältnis von schmalen zu breiten Balken beträgt zwischen 1:2 bis 1:3. Sollte das Modul kleiner als 0,5 Millimeter sein, gilt ein Mindestverhältnis von 1:2,25. Bei einem Verhältnis von 1:3 vom schmalen zum breiten Balken hat damit jedes Barcodezeichen 15 Modulbreiten. Nimmt man eine Nominalbreite von 0,33 Millimetern pro Modul an, hat das einzelne Barcodezeichen eine Breite von fast fünf Millimetern. Die Höhe sollte mindestens 20 Millimeter betragen.

Zwischen den einzelnen Barcodezeichen steht eine Trennlücke, die eine Breite von einem Modul haben sollte, aber mit bis zu drei Modulbreiten noch akzeptiert werden muss. Dabei muss die Breite des Zwischenraumes zwischen den Barcodezeichen nicht konstant sein, sie darf von Trennlücke zu Trennlücke variieren. Der Grund für die variable Trennlücke besteht darin, dass der Code 39 auch mit mechanischen Nummerierwerken benutzt wurde, die unterschiedliche Zeiten für das Einstellen des nächsten korrekten Barcodesymbols benötigten.

---

fert die möglichen Zifferntupel, die als Code 2/5 interleaved das Stoppsymbol am Anfang haben. Die Kardinalität der Mengen C und D ist gleich, $|C| = |D| = 18$.

[39] Die Prüfziffer ist sowohl im Code 2/5 als auch im Code 2/5 interleaved eine Zahl zwischen Null und Neun, also genau ein Barcodesymbol des Codes 2/5 oder genau der „interleaved"-Anteil eines Zeichens des Codes 2/5 interleaved.

[40] Wie der Code 39 beginnt und endet auch der Code 2/5 mit einem schwarzen Balken, das heißt auch der Code 2/5 ist damit ein diskreter Code. Der Code 2/5 interleaved endet mit einem weißen Balken, da bei ihm die Zwischenräume Informationen enthalten. Code 2/5 interleaved ist also ein fortlaufender Code.

2. Automatische Identifikation

Zeichen	Pattern	Referenzzahl	Barcode	Zeichen	Pattern	Referenzzahl	Barcode
0	000110100	0		4	000110001	4	
1	100100001	1		5	100110000	5	
2	001100001	2		6	001110000	6	
3	101100000	3		7	000100101	7	
8	100100100	8		12	101001000	12	
9	001100100	9		13	000011001	13	
A	100001001	10		14	100011000	14	
B	001001001	11		15	001011000	15	
G	000001101	16		K	000110001	4	
H	100001100	17		L	100110000	5	
I	001001100	18		M	001110000	6	
J	000011100	19		N	000100101	7	
O	100010010	8		S	101001000	12	
P	001010010	9		T	000011001	13	
Q	000000111	10		U	100011000	14	
R	100000110	11		V	001011000	15	
W	010000101	32		–	010000101	36	
X	110000100	33		.	110000100	37	
Y	011000100	34		(Freizeichen)	011000100	38	
Z	010101000	35		$	010101000	39	
/	010100010	40					
+	010001010	41					
%	000101010	42					
?	010010100	–					

Tabelle 2.2. Code 39

Das Start- und das Stoppsymbol des Codes 39 sind identisch, beide werden durch das „*"–Zeichen repräsentiert. Dem „*"–Zeichen ist keine *Referenzzahl* entsprechend der Tabelle 2.2 zugeordnet. Da das „*"–Zeichen nicht symmetrisch ist, kann die Lage im Raum von einem einlesenden Barcodescanner sofort erkannt werden.

Es sollten nicht mehr als 20 Nutzzeichen pro Barcodedarstellung verwendet werden. Der Code 39 läßt Mehrfachlesung zu. Wenn zwei Codierungen im Code 39 erfasst werden und die zweite mit einem Leerzeichen (Space) beginnt, wird der Barcodeleser, sofern er Mehrfachlesung unterstützt, die beiden Barcodezeilen aneinander hängen und eine Ergebniszeile liefern. Das führende Leerzeichen des zweiten Barcodes, das diese Mehrfachlesung initiiert hat, wird dabei ignoriert, also vom Barcodeleser nicht weitergegeben.

Zur Bildung der Prüfziffer des Codes 39 werden die Referenzzahlen der verwendeten Zeichen aufsummiert und die Summe modulo 43 gerechnet. Das Ergebnis, das zwischen Null und 42 liegt, wird dem Code angehängt. Formal sieht die Bildung der Prüfziffer wie folgt aus:

Sei A der Zeichenvorrat des Codes 39, $B = \{0, 1, \ldots, 41, 42\}$ die Menge der Zahlen von Null bis 42, sei weiterhin $c = c_n \oplus c_{n-1} \oplus \ldots \oplus c_2 \oplus c_1$ ein Wort, das durch den Code 39 dargestellt werden soll und $c_i \in A$ mit $i \in \{1 \ldots n\}$ die Buchstaben des Wortes und sei $r : A \to B$ eine Abbildung, die jedem Zeichen $c_i \in A$ eine Referenzzahl zuordnet. Dann gilt für die Prüfziffer p:

$$p = (\sum_{i=1}^{n} r(c_i)) \bmod 43$$

Das gefundene p kann als $p = c_0$ an das Ende des Wortes c angehängt werden und erzeugt dadurch das Wort c_p, also das Wort c mit Prüfziffer. Der Code 39 kann in Ausnahmefällen ohne Prüfziffer benutzt werden.

2.4.7 PZN

Ein Code 39, bei dem hinter dem Startsymbol „*" direkt ein „−" steht, der also über das *doppelte Startsymbol* „*−" verfügt, der genau sechs Nutzziffern und keine Buchstaben oder Sonderzeichen trägt und mit einer speziell berechneten Prüfziffer endet, wird von geeigneten Lesegeräten sofort als Code *PZN* erkannt. Dabei steht PZN für *Pharma Zentral Nummer*.

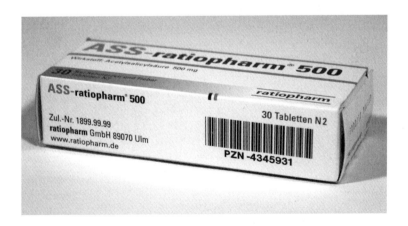

Abbildung 2.25. PZN

Der auf Arznei- und Verbandmitteln oder anderen in Apotheken erhältlichen Waren zu findende Barcode PZN ist ein deutschlandweit gültiger

Identifikationsschlüssel für Pharmaprodukte[41] und stellt eine Semantik über dem Code 39 dar. Beantragt werden kann eine PZN bei der IFA GmbH[42], der Informationsstelle für Arzneispezialitäten in Frankfurt/Main, gegen eine Grund- und eine Jahresgebühr.

Anders als beim Code 39 wird beim PZN die Prüfziffer wie folgt errechnet: Sei $c = c_1 \oplus c_2 \oplus \ldots \oplus c_6$ das zu codierende Wort aus sechs Ziffern, also $c_i \in \{0\ldots9\}$ und $i \in \{1\ldots6\}$, dann wird die Prüfziffer p mit der Formel

$$p = (\sum_{i=1}^{n} c_i * (i+1)) \bmod 11$$

gebildet. Es wird also von links beginnend die erste Ziffer mit zwei multipliziert, die zweite Ziffer mit drei multipliziert und so weiter bis zur sechsten Ziffer, die mit sieben multipliziert wird. Das Ergebnis wird aufsummiert und modulo 11 gerechnet.

Als Sonderregelung einer nach dem obigen Prüfziffernverfahren berechneten Prüfziffer p gilt für eine Zahl c: Beträgt der Wert der Prüfziffer $p = 10$, wird die Zahl c nicht als PZN vergeben.

2.4.8 EAN 13

Der EAN 13, ein fortlaufender Mehrbreitencode, der die Ziffern Null bis Neun darstellen kann, ist ein Barcode zur Kennzeichnung von Gütern und Artikeln gemäß den Regeln der EAN[43]. Seine Länge ist mit 13 Ziffern, die sich in zwölf Nutzziffern und eine Prüfziffer unterteilen, fest vorgegeben. Dabei werden für die Darstellung von 13 Ziffern durch Umschaltung der verwendeten Zeichensätze lediglich zwölf Barcodezeichen benötigt. Die Prüfziffer wird nach dem „Verfahren nach Modulo zehn mit Gewichtung drei" wie bei dem Code 2/5 oder bei dem Code 2/5 interleaved gebildet[44]. Da die Prüfziffer zum Code dazugehört, besteht beim EAN 13 *Prüfziffernpflicht*[45].

Jedes zifferndarstellende Zeichen des EAN 13 hat eine Breite von sieben Modulen und besteht aus zwei Balken und zwei Zwischenräumen. Balken und Zwischenräume können Breiten von einem, zwei, drei oder vier Modulen haben.

Die von der DIN-EN 797 abgelöste DIN 66236 normiert den EAN 13: Der Barcode hat eine linke Ruhezone von elf und eine rechte von nur sieben

---

[41] Der Code PZN ist nicht länderübergreifend. So werden beispielsweise in Italien Pharmaprodukte mit dem Code 32, einer komprimierten Variante des Codes 39 gekennzeichnet. In Belgien findet der MSI-Code für Pharmaerzeugnisse Verwendung.
[42] http://www.ifaffm.de
[43] Siehe EAN (Europäische Artikel Nummer) Abschnitt 2.5.2 Seite 61.
[44] Siehe Abschnitt 2.4.3 Seite 28.
[45] Die Prüfziffernpflicht bedeutet unter anderem, dass das Lesegerät schon beim Einlesen des Codes überprüft, ob der Code und die Prüfziffer zueinander gehören und gegebenenfalls einen Fehler meldet.

Abbildung 2.26. Beispiel für EAN 13

Modulbreiten. Das Start- und das Stoppsymbol sind identisch und bestehen aus einem schwarzen, einem weißen und einem schwarzen Balken mit jeweils einer Modulbreite. Zusätzlich hat der EAN 13 ein Mittensymbol, das aus fünf Balken zu jeweils einer Modulbreite besteht, die beiden äußeren und der mittlere Balken sind weiß, die anderen zwei Balken sind schwarz. Sowohl das Start- und das Stopp- als auch das Mittensymbol werden knapp 3 Millimeter weiter nach unten gezogen als die restlichen Barcodezeichen.

Die Nominalbreite eines Moduls beträgt 0,33 Millimeter, eine Skalierung ist möglich. Während die DIN 66236 noch zehn feste Skalierungsfaktoren für die Vergrößerung oder Verkleinerung des gesamten Codes vorgab, besagt die EN 797, dass ein beliebiger Skalierungsfaktor zwischen 0,8 und 2,0 gewählt werden kann. In der Nominalgröße errechnet sich eine Breite von

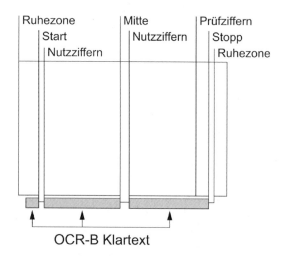

Abbildung 2.27. Aufbau des EAN 13

$0,33\,mm * (11 + 3 + 6 * 7 + 5 + 6 * 7 + 3 + 7) = 37,29\,mm$, was dem vorgeschriebenen Wert entspricht. Für die Höhe sind 26,26 Millimeter vorgegeben. Unterhalb des Barcodes steht in Klarschrift in der Schriftart OCR-B die codierte dreizehnstellige Zahl: Die erste Ziffer steht vor dem Code, die Ziffern zwei bis sieben unter der linken und die Ziffern acht bis dreizehn unter der rechten Seite. Abbildung 2.27 zeigt den Aufbau des EAN 13.

Start-ziffer	Zeichensatz-reihenfolge	Start-ziffer	Zeichensatz-reihenfolge
0	AAAAAA	5	ABBAAB
1	AABABB	6	ABBBAA
2	AABBAB	7	ABABAB
3	AABBBA	8	ABABBA
4	ABAABB	9	ABBABA

Tabelle 2.3. Die Zeichensatzreihenfolgen des EAN 13

Rechts neben dem EAN 13 Barcode kann noch ein weiterer Kurzbarcode aus entweder zwei oder fünf Zeichen stehen. Zwei zusätzliche Ziffern können etwa bei Zeitschriften für die Folgenummer und fünf zusätzliche Ziffern bei Büchern für die Preisangabe genutzt werden. Dieses so genannte EAN Add-on ist unabhängig vom links neben ihm stehenden EAN 13 Barcode und

Abbildung 2.28. EAN Addon

führt keine eigene Prüfziffer. Ein Beispiel für ein EAN Addon findet sich in Abbildung 2.28.

Der EAN 13 besteht aus den drei Zeichensätzen A, B und C. Die beiden letzten Zeichensätze B und C lassen sich auf den Zeichensatz A zurückführen: Während der Zeichensatz C die Invertierung des Zeichensatzes A darstellt, ist Zeichensatz B die Spiegelung von C. Tabelle 2.4 zeigt die drei Zeichensätze A, B und C auf. Die drei Zeichensätze sind nach festgelegten und nachfolgend beschriebenen Regeln anzuwenden:

Die erste Ziffer der dreizehnstelligen Zeichenfolge wird indirekt durch die Wahl der Zeichensätze der Positionen zwei bis sieben der gesamten Ziffernfolge dargestellt, die im Barcode die Positionen eins bis sechs einnehmen, also die gesamte linke Seite bis zum Mittensymbol. Die letzten sechs Ziffern (einschließlich Prüfziffer) werden immer durch Barcodezeichen des Zeichensatzes C repräsentiert. Die vorgeschriebene Wahl der Zeichensätze A und B für die linke Seite ist Tabelle 2.3 zu entnehmen.

Zwar sind beim Code EAN 13 das Start- und das Stoppsymbol identisch und diese beiden identischen Zeichen sind symmetrisch, dennoch kann das Lesegerät direkt nach dem Lesen des ersten Zeichens hinter dem Start- oder Stoppsymbol des Codes die Drehlage bestimmen und das Gelesene gegebenenfalls drehen. Tabelle 2.3 verdeutlicht, dass jede EAN 13 Codierung mit einem Zeichen aus Zeichensatz A beginnt. Da weiterhin jede Codierung mit einem Zeichen aus Zeichensatz C endet und sich kein Zeichen aus Zeichensatz A in einer gespiegelten Form in Zeichensatz C wiederfindet, kann die Software des Lesegerätes nach dem Lesen des ersten Zeichens beurteilen, ob es sich um ein Zeichen aus Zeichensatz A oder aus Zeichensatz C handelt und dadurch die Lage im Raum bestimmen.

Soll beispielsweise die zwölfstellige Ziffernfolge 978354044091 codiert werden, muss im ersten Schritt die Prüfziffer p nach dem „Verfahren nach Modulo zehn mit Gewichtung drei" berechnet werden:[46]
$\sum_{i=1}^{n} c_i * (1 + (i \bmod 2) * 2) \bmod 10 = p_1 = (3*1 + 1*9 + 3*0 + 1*4 + 3*4 + 1*0 + 3*4 + 1*5 + 3*3 + 1*8 + 3*7 + 1*9) \bmod 10 = 92 \bmod 10 = 2$;
da $p_1 \neq 10$ gilt $p = 10 - p_1 = 8$, die Prüfziffer ist also 8 und die gesamte darzustellende Ziffernfolge lautet: 9783540440918.

---

[46] Siehe Abschnitt 2.4.3 Seite 28.

2. Automatische Identifikation

Ziffer	Zeichensatz A Barcode	Zeichensatz A Muster	Zeichensatz B Barcode	Zeichensatz B Muster	Zeichensatz C Barcode	Zeichensatz C Muster
0		3211		1123		3211
1		2221		1222		2221
2		2122		2212		2122
3		1411		1141		1411
4		1132		2311		1132
5		1231		1321		1231
6		1114		4111		1114
7		1312		2131		1312
8		1213		3121		1213
9		3112		2113		3112

Tabelle 2.4. Die Zeichensätze des EAN 13

Die erste Ziffer der Folge liefert die Zeichensatzfolge der nachfolgenden sechs Ziffern gemäß Tabelle 2.3: Da die erste Ziffer eine 9 ist, müssen die nachfolgenden Ziffern 783540 in den Zeichensätzen ABBABA und die weiteren Ziffern 440918 im Zeichensatz C dargestellt werden.[47]

2.4.9 EAN 8

Eine Besonderheit stellt der EAN 8 dar, ein achtstelliger EAN-Code, der besonders für kleinvolumige Güter und Artikel gedacht ist. Da der Nummernkreis für diese besonders kurze EAN, die auch den Regeln der EAN-UCC-Präfixe folgt, beschränkt ist, muss die Existenz des entsprechenden Artikels bei der zuständigen EAN-Instanz nachgewiesen werden.

Der EAN 8 besteht aus sieben Nutzziffern und einer Prüfziffer. Er wird aus den beiden Zeichensätzen A und C des EAN 13, die in Tabelle 2.4 dargestellt sind, aufgebaut. Auch die Prüfziffernberechnung und die links/rechts-Aufteilung, die beim EAN 8 natürlich nur aus zwei mal vier Barcodezeichen besteht, das Start-, Stopp- und Mittensymbol und die Klarschriftzeile in der Schriftart OCR-B verhalten sich analog.

Die beiden Barcodes EAN 8 und EAN 13 weisen durch die festgelegte Stellenzahl von 13 beziehungsweise acht Ziffern, durch die Benutzung eines

---

[47] Beschreibungen zum EAN 13 und Übungen zum Umgang mit dem EAN 13 finden sich auf [14].

Abbildung 2.29. Beispiele für EAN 8

Mittensymbols und durch die Prüfziffernpflicht eine sehr hohe Sicherheit auf. Die Informationsdichte ist bezüglich des Platzbedarfes angemessen. Die Fehlertoleranz ist zwar nicht hoch, Fehler werden aber, durch die vorgehend beschriebenen Verfahren, sehr gut erkannt. Der Nachteil beider Codes liegt eher in der EAN-UCC Normierung, die eine generelle Verwendung unterbindet.

2.4.10 Code 128

Ein typischer und häufig verwendeter Mehrbreitencode ist der Code 128, der mit vier verschiedenen Breiten sowie drei Strichen und drei Lücken pro Zeichen arbeitet und damit den gesamten ASCII-Bereich[48] von Zeichen 0 bis 127 darstellen kann.

Die Summierung der unterschiedlichen Breiten der drei Striche und drei Lücken entspricht immer der Breite von elf Modulen. Die Anzahl der verwendeten Module zur Darstellung der Striche ist geradzahlig, die für die Lücken ungeradzahlig. Durch diese Vorgabe, die eine Fehlererkennung in vielen Fällen

---

[48] Damit sind neben den Ziffern, Groß- und Kleinbuchstaben, Punkt-, Komma- und sonstigen Satzzeichen auch Steuerzeichen wie Tabulator, Backspace, Enter und weitere Symbole zu verstehen. ASCII (American Standard Code for Information Interchange) ist ein weltweit genutzter Standard.

schon beim Lesen ermöglicht, wird der Code 128 als selbstüberprüfend klassifiziert. Nur das Stoppzeichen als 106. Zeichen des Codes bildet eine Ausnahme, da es als einziges Zeichen eine Breite von 13 Modulen hat, die sich in vier Balken und drei Zwischenräume aufteilen. Die zusätzliche Breite des Stoppzeichens ist darin begründet, dass ihm ein zwei Module breiter Begrenzungsstrich angehängt wird.

Code 128 wird, wie auch der Code 2/5, als fortlaufender Barcode bezeichnet, da die unterschiedlich breiten Trennlücken der verschiedenen Barcodezeichen Bestandteil des Codes sind. Der abbildbare Zeichenvorrat des Code 128 besteht neben den 128 ASCII-Zeichen aus 100 Zifferntupeln (von „00" bis „99"), vier Sonderzeichen, vier Steuerzeichen, drei verschiedenen Startzeichen sowie einem Stoppzeichen. Die Fähigkeit, mit 106 verschiedenen Strichcodierungen weit über 200 Zeichen abbilden zu können, verdankt der Code 128 seinen drei unterschiedlichen Zeichensätzen (Ebene A–C).

Wert	Ebene A	Ebene B	Ebene C	Pattern	Barcode
0	SP	SP	00	212222	
1	!	!	01	222122	
2	"	"	02	222221	
3	#	#	03	121223	
4	$	$	04	121322	
5	%	%	05	131222	
6	&	&	06	122213	
7	'	'	07	122312	
8	(	(	08	132212	
9	)	)	09	221213	
10	*	*	10	221213	
11	+	+	11	231212	
12	,	,	12	112232	
13	-	-	13	122132	
14	.	.	14	122231	
15	/	/	15	113222	
16	0	0	16	123122	
17	1	1	17	123221	
18	2	2	18	223211	
19	3	3	19	221132	

2.4 1D-Barcodes

Wert	Ebene A	Ebene B	Ebene C	Pattern	Barcode
20	4	4	20	221231	
21	5	5	21	213212	
22	6	6	22	223112	
23	7	7	23	312131	
24	8	8	24	311222	
25	9	9	25	321122	
26	:	:	26	321221	
27	;	;	27	312212	
28	<	<	28	322112	
29	=	=	29	322211	
30	>	>	30	212123	
31	?	?	31	212321	
32	§	§	32	232121	
33	A	A	33	111323	
34	B	B	34	131123	
35	C	C	35	131321	
36	D	D	36	112313	
37	E	E	37	132113	
38	F	F	38	132311	
39	G	G	39	211313	
40	H	H	40	231113	
41	I	I	41	231311	
42	J	J	42	112133	
43	K	K	43	112331	
44	L	L	44	132131	
45	M	M	45	113123	
46	N	N	46	113321	
47	O	O	47	133121	
48	P	P	48	313121	
49	Q	Q	49	211331	

2. Automatische Identifikation

Wert	Ebene A	Ebene B	Ebene C	Pattern	Barcode
50	R	R	50	231131	
51	S	S	51	213113	
52	T	T	52	213311	
53	U	U	53	213131	
54	V	V	54	311123	
55	W	W	55	311321	
56	X	X	56	331121	
57	Y	Y	57	312113	
58	Z	Z	58	312311	
59	[	[	59	332111	
60	\	\	60	314111	
61	]	]	61	221411	
62	^	?	62	431111	
63	-	-	63	111224	
64	NUL	'	64	111422	
65	SOH	a	65	121124	
66	STX	b	66	121421	
67	ETX	c	67	141122	
68	EOT	d	68	141221	
69	ENQ	e	69	112214	
70	ACK	f	70	112412	
71	BEL	g	71	122114	
72	BS	h	72	122411	
73	HT	i	73	142112	
74	LF	j	74	142211	
75	VT	k	75	241211	
76	FF	l	76	221114	
77	CR	m	77	413111	
78	SO	n	78	241112	
79	SI	o	79	134111	

Wert	Ebene A	Ebene B	Ebene C	Pattern	Barcode
80	DLE	p	80	111242	
81	DC1	q	81	121142	
82	DC2	r	82	121241	
83	DC3	s	83	114212	
84	DC4	t	84	124112	
85	NAK	u	85	124211	
86	SYN	v	86	411212	
87	ETB	w	87	421112	
88	CAN	x	88	421211	
89	EM	y	89	212141	
90	vSUB	z	90	214121	
91	ESC	{	91	412121	
92	FS			92	111143	
93	GS	}	93	131141	
94	RS	~	94	131141	
95	US	DEL	95	114113	
96	FNC3	FNC3	96	114311	
97	FNC2	FNC2	97	411113	
98	SHIFT	SHIFT	98	411311	
99	EBENE C	EBENE C	99	113141	
100	EBENE B	FNC4	EBENE B	114131	
101	FNC4	EBENE A	EBENE A	311141	
102	FNC1	FNC1	FNC1	411131	
103	Start EBENE A			211412	
104	Start EBENE B			211214	
105	Start EBENE C			211232	
106	Stopp			2331112	

Tabelle 2.5: Code 128

Eine Besonderheit des Codes 128 ist, dass dieser für Mehrfachlesung zeilenweise angeordnet werden kann. Dadurch können mit ihm Nutzzeichenfolgen codiert werden, die die maximale Scanbreite eines Lesegerätes überschreiten. Informationen können somit, wie es auch beim Code 39[49] möglich ist, auf mehrere Barcodezeilen verteilt werden.

---

[49] Siehe Abschnitt 2.4.6.

2.4.11 Prüfziffernberechnung Code 128

Auch Code 128 hat eine Prüfziffer p als letztes Zeichen vor dem Stoppsymbol, die fester Bestandteil des Codes ist.[50] Die Prüfziffer errechnet sich für die n-elementige Zeichenfolge z und $z = c_n \oplus c_{n-1} \oplus \ldots \oplus c_1$ nach der Formel:

$$p = \left(s + \sum_{i=1}^{n} w(c_i) * i\right) \bmod 103$$

Dabei ist w eine Abbildung, die einem Zeichen einen Wert entsprechend Tabelle 2.5[51] zuordnet. So gilt beispielsweise: $w(a) = 65$ oder $w(b) = 66$.

Als Beispiel sei die Zeichensequenz „sinus" zu codieren. Da dieses Wort nur aus Kleinbuchstaben besteht, wird der Zeichensatz der Ebene B gewählt. Die Wahl des Zeichensatzes erfolgt durch ein Zeichen im Code, in diesem Beispiel durch das Zeichen mit dem Wert 104 (siehe Tabelle 2.5). Aus obiger Formel wird die Prüfziffer gebildet $p = (s + 1 * w(„s") + 2 * w(„i") + 3 * w(„n") + 4 * w(„u") + 5 * w(„s")) \bmod 103$.

Die Funktion w ermittelt aus Tabelle 2.5 die Werte zu den einzelnen alphanumerischen Zeichen, es folgt $p = (104 + 1 * 83 + 2 * 73 + 3 * 78 + 4 * 85 + 5 * 83) \bmod 103$. Die Prüfziffer für die Zeichensequenz „sinus" beträgt (bei Wahl des Startzeichens für den Zeichensatz Ebene B) $p = 1322 \bmod 103 = 86$ und muss als Zeichen ‚v' (s. Tabelle 2.5) als abschließendes Zeichen hinter die Folge „sinus" angehängt werden.

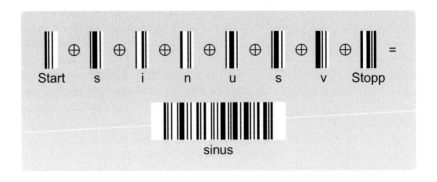

Abbildung 2.30. Zeichensequenz „sinus" im Code 128 mit Prüfziffer

2.4.12 Die Zeichensätze des Code 128

Der Code 128 unterteilt sich in drei unterschiedliche Zeichensätze, die als Ebene A, Ebene B und Ebene C bezeichnet werden. Direkt mit dem Startzeichen

---

[50] Bei Code 128 besteht Prüfziffernpflicht.
[51] Die Ziffernfolgen in der Spalte *Pattern* der Tabelle 2.5 stehen für die Modulbreiten der aufeinander folgenden schwarzen und weißen Balken.

wird angegeben, um welche der drei Ebenen es sich bei der nachfolgenden Barcodedarstellung handelt. Die Startsymbole und Einleiter der drei Ebenen A, B und C sind in Abbildung 2.31 zu sehen.

Abbildung 2.31. Startsymbole des Code 128

Ebene A enthält neben den Großbuchstaben, Ziffern und Interpunktionszeichen auch die ASCII-Steuerzeichen 0 bis 31, die hier auf den Wertigkeitsstufen 64 bis 95 abgelegt sind. Auf der Ebene B hingegen liegen in diesem Bereich die Kleinbuchstaben ‚a' bis ‚z'[52]. Ebene C unterscheidet sich gänzlich von den Codes der Ebenen A und B. Ebene C stellt mit den Wertigkeiten 0 bis 99 die Ziffernpärchen ‚00' bis ‚99' dar, je zwei Ziffern können also über die Balkensequenz für ein Zeichen codiert werden.

Abbildung 2.32. Ziffernfolge „4465" mit Prüfziffer im Code 128 Ebene A

Nachfolgendes Beispiel verdeutlicht das Beschriebene, codiert wird die Ziffernfolge „4465" in allen drei Zeichensätzen.

Im Zeichensatz der Ebene A werden neben den vier Zeichen der Ziffernfolge „4465" das Start- und das Stoppsymbol sowie die Prüfziffer benötigt, also

---

[52] Umlaute können dargestellt werden, indem der ISO-Zeichensatz am verarbeitenden Rechner entsprechend angepasst wird. Dann könnte das Zeichen ‚{' dem ‚ä' oder das Zeichen ‚|' dem ‚ö' entsprechen. Aus Gründen der Kompatibilität ist für Anwendungen im Bereich der Lagersysteme ein Verzicht auf Sonderzeichen vorteilhaft.

insgesamt sieben Balkenzeichen. Da jedes Zeichen bis auf das Stoppzeichen, das 13 Modulbreiten besitzt, genau elf Module breit ist, kann der benötigte Platz mit $6*11+13 = 79$ Modulbreiten ermittelt werden. Die Prüfziffer entspricht dem Zeichen mit der Wertigkeit 4, also dem Zeichen ‚$‘. Abbildung 2.32 verdeutlicht das Beschriebene.

Die Darstellung der gleichen Ziffernfolge „4465" in der Ebene B unterscheidet sich durch das andere Startsymbol für die Zeichensatzfolge der Ebene B. Da die Wertigkeit (vgl. Tabelle 2.5) des Zeichens für Ebene B genau um eins größer ist als die des Zeichens für Code A, gibt es eine weitere Unterscheidung in der um eins größeren Prüfziffer, dem Zeichen mit der Wertigkeit 5, also dem %–Zeichen. Abbildung 2.33 zeigt die Darstellung der Ziffernfolge „4465" in der Ebene B des Code 128.

Abbildung 2.33. Ziffernfolge „4465" mit Prüfziffer im Code 128 Ebene B

Werden nur Ziffern dargestellt, erfolgt eine drastische Steigerung der Informationsdichte durch die Umschaltung in den Zeichensatz der Ebene C. Die Zifferntupel „44" und „65" werden auf Ebene C jeweils durch ein Barcodezeichen dargestellt, wie Abbildung 2.34 zeigt. Die mit Ebene C gewählte Repräsentation ist hierbei um zwei Zeichen oder $2*11 = 22$ Modulbreiten geringer, als die Darstellung der Ebenen A oder B.

Auf die reinen Nutzzeichen bezogen kann in Ebene C im Vergleich mit den Ebenen A und B für die numerische Darstellung von doppelter Dichte (double density) gesprochen werden [28].

Da eine Codierung im Zeichensatz der Ebene C immer eine geradzahlige Anzahl von Ziffern benötigt, ist zu überlegen, wie ungeradzahlige Ziffernmengen darstellbar sind. Das Auffüllen mit einer Null an der ersten Stelle kann hier eine Möglichkeit darstellen.

2.4.13 Vermischte Zeichensätze im Code 128 und Optimierung

Der Code 128 erlaubt, die drei Zeichensätze zu mischen und verschiedene Kombinationen aus den über 200 Zeichen zu benutzen. Werden innerhalb

2.4 1D-Barcodes

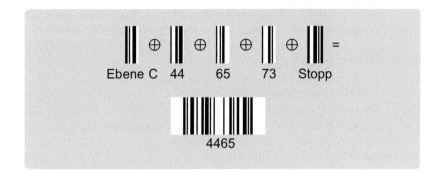

Abbildung 2.34. Ziffernfolge „4465" mit Prüfziffer im Code 128 Ebene C

einer Zeichensequenz Groß- und Kleinbuchstaben und verschiedene Steuerzeichen benötigt, ist eine Umschaltung zwischen den Ebenen A, B und C möglich. Die Umschaltung erfolgt durch Eintragen des Codestartzeichens (103 – 105) an der Wechselstelle. Ab dieser Position gilt dann der Zeichensatz der anderen Ebene so lange, bis entweder das Stoppsymbol oder der Wechsel in eine andere Ebene folgt.

Zusätzlich kann durch das <SHIFT>-Symbol (Zeichen 98) von Ebene A in Ebene B und umgekehrt gewechselt werden. Das dem <SHIFT>-Symbol folgende Zeichen (und nur das eine) wird in dem Zeichensatz der entsprechend anderen Ebene dargestellt. Eine Umschaltung in Ebene C ist nur über die explizite Angabe des Zeichens mit der Wertigkeit 105 (Ebene C) möglich, genauso wie aus Ebene C nur über die explizite Angabe von Ebene A oder Ebene B in diese gewechselt werden kann.

Eine geschickte Nutzung der Zeichensätze der drei verschiedenen Ebenen stellt eine erhebliche Optimierung dar. Eine sinnvolle Optimierung und eine damit verbundene Steigerung der Informationsdichte ist allerdings ohne vorherige Analyse der zu codierenden Zeichensequenz nicht möglich. Ab vier hintereinander stehenden Ziffern bewirkt eine Umschaltung in Ebene C eine Reduktion des benötigten Platzes für den Barcode.

Bereits bei zwei aufeinanderfolgenden Ziffern am Beginn einer Zeichensequenz ist es irrelevant, ob mit einer Darstellung der Zeichensätze der beiden Ebenen A oder B oder mit einer Darstellung des Zeichensatzes der Ebene C begonnen wird. Die Einschaltung des Zeichensatzes der Ebene C, die Darstellung des Zifferntupels und die Umschaltung in entweder Ebene A oder Ebene B benötigt drei Zeichen und damit $3 * 11 = 33$ Module, die initiale Einschaltung des Zeichensatzes der Ebene A oder B und die Codierung von zwei Ziffern besitzt die gleiche Länge.

Anders verhält es sich dagegen, wenn das Ziffernpärchen nicht am Anfang der zu codierenden Zeichenfolge steht. Dann muss von einem der Codes A oder B in Code C geschaltet, das Zeichenpärchen dargestellt und danach zurückgewechselt werden. In Ebene A oder B benötigt die Darstellung drei

Zeichen. Wird dagegen in Ebene A oder B verblieben, bedarf die Darstellung der zwei Ziffern nur zweier Zeichen, der Platzbedarf ist elf Modulbreiten geringer.

Bei einem Auftreten von vier und mehr Ziffern hintereinander ist eine Umschaltung in den Zeichensatz der Ebene C die effizienteste Methode.

Ist die Anzahl der hintereinander folgenden Ziffern ungeradzahlig und größer als vier, ist zu überlegen, wann die Umschaltung in einen der anderen Codes erfolgen soll. Steht die zu codierende Ziffernfolge am Anfang einer Zeichenkette, sollte mit dem Ziel der Optimierung des Platzbedarfs mit dem Zeichensatz der Ebene C begonnen werden. Steht die ungeradzahlige Ziffernfolge innerhalb oder am Ende einer Zeichenkette, so ist erst nach der ersten Ziffer in Ebene C zu wechseln.

Auch der Wechsel von Ebene A in Ebene B und umgekehrt bedarf hinsichtlich der Platzoptimierung einer weiteren Betrachtung: Zwar ist der Wechsel von Ebene A in Ebene B jederzeit möglich; ob er allerdings über ein <SHIFT> für das einzelne nachfolgende Zeichen oder durch das entsprechende Ebenen-Symbol für eine längere Zeichensequenz geschehen soll, hängt wieder vom Einzelfall ab. Ist ein einzelnes Zeichen durch den Zeichensatz der anderen Ebene darzustellen, ist mit einem <SHIFT> der bessere Weg gewählt. Bei zwei Zeichen spielt es keine Rolle, ob umgeschaltet oder zweifach umgeschaltet wird, bei drei und mehr hintereinanderfolgenden Zeichen ist der Wechsel des Zeichensatzes durch Ebenenumschaltung der günstigere Weg.

Stehen zwei Zeichen einer anderen Ebene am Ende einer Zeichenkette, ist die Benutzung des <SHIFT>-Zeichens für diese zwei Zeichen im Ergebnis elf Module länger als die Ebenenumschaltung.

Insgesamt lässt sich feststellen, dass die optimale Wahl der Zeichensätze innerhalb des Code 128 nicht trivial ist. Optimierungen sind gut möglich, die falsche Wahl einer Umschaltung kann die Darstellung drastisch verlängern.

Die Zeichen <FNC3> und <FNC4> sind im Code 128 vorhanden, aber für spezielle oder spätere Anwendungen reserviert. FNC steht hierbei für „Function Code".

Das Zeichen <FNC2> veranlasst das Lesegerät, in den Mehrzeilenmodus zu wechseln, das bisher Gelesene zwischenzuspeichern und nach der nächsten Lesung an den Anfang der neuen Sequenz zu stellen. Da <FNC2> mehrfach auftreten darf, können hiermit recht lange Barcodefolgen gelesen werden, sofern der verwendete Barcodeleser dies unterstützt.

Das letzte zu betrachtende Zeichen <FNC1> dient in Kombination mit einem der drei Startsymbole – quasi als *doppeltes Startzeichen* – als Einleitung einer *EAN-128*-Codierung[53].

Heute sind über 200 verschiedene 1D-Barcodes bekannt. Zum Studium weiterer Codes sei auf die vertiefende Literatur [28, 40] verwiesen.

---

[53] Siehe Abschnitt 2.5.

2.4.14 Codegrößen, Toleranzen und Lesedistanzen

Für jeden Barcode existieren Größenempfehlungen für den Druck der Modulbreiten. Auch stehen für jeden Barcode Toleranzangaben zur Verfügung, die akzeptable Abweichungen in der Strichdicke bestimmen (vgl. [20]). Spätestens beim Erstellen der Barcode-Label mit den verschiedensten Drucktechnologien ist eine Auseinandersetzung mit diesen Toleranzen wichtig und kann sich als ein Kriterium für oder gegen die Auswahl eines Barcodes erweisen.

Für den Code 2/5 gilt bei einem Verhältnis vom schmalen zum breiten Strich von 1:3 und einem Verhältnis vom schmalen Strich zur Trennlücke von 1:2 eine Toleranz von 20%. Diese recht hohe Toleranz ist möglich aufgrund der Tatsache, dass die Lücken zwischen den Balken keine Information tragen. Damit ist Code 2/5 prädestiniert für den einfachen Ausdruck auf Nadel- oder Tintenstrahldruckern.

Für den Code 2/5 interleaved gilt eine wesentlich geringere Toleranz, die sich in Abhängigkeit vom Verhältnis zwischen schmalem und breitem Element v (zwischen 1:2 und 1:3) und der gewählten Modulbreite m_b berechnen lässt. So gilt für die Toleranz t des Code 2/5 interleaved: $t = \pm((18v - 21)/80) \, m_b$ (vgl. [28]).

Sei beispielsweise das Verhältnis zwischen schmalem und breitem Element $v = 3$ und die gewählte Modulbreite $m_b = 0,33$ mm, dann gilt für die Toleranz (gerundet) $t = \pm((18*3 - 21)/80)*0,33$ mm $= 0,136$ mm. Die Toleranz t darf somit beim Code 2/5 interleaved und der Wahl des Verhältnisses zwischen schmalem und breitem Element von $v = 1 : 3$ ein Drittel der Modulbreite kaum überschreiten. Sinkt der Wert für das Verhältnis, nimmt automatisch auch die Toleranz ab. So beträgt sie bei einem Verhältnis von $v = 2$ nur noch $0,062$ Millimeter.

Durch diese geringere Toleranz des Code 2/5 interleaved im Vergleich zum Code 2/5 ist auch beim Ausdruck des Strichmusters auf ein Etikett eine höhere Qualität und damit zumeist auch ein teureres Verfahren erforderlich.

Die akzeptablen Toleranzen sind für die jeweilige Barcodesymbologie spezifiziert. So werden beim Code 128 drei verschiedene Toleranzen b, e und p differenziert, die in Abhängigkeit von der Modulbreite m_b zu bestimmen sind:

- $b = \pm \, 0{,}33 \, m_b$ die Toleranz der Striche und Lücken,
- $e = \pm \, 0{,}2 \, m_b$ die Toleranz der Balkenkanten innerhalb eines Zeichens und
- $p = \pm \, 0{,}2 \, m_b$ die Toleranz zwischen dem ersten Balken eines Zeichens und dem ersten Balken des nächsten Zeichens (vgl. [53]).

Diese geringe Toleranz ist verständlich, da der Code 128 ein Mehrbreitencode mit informationstragenden Zwischenraumbreiten ist.

Hinsichtlich der Modulbreiten der einzelnen Codes gibt es unterschiedliche Empfehlungen, es finden sich Werte von 0,3 bis 0,35 Millimeter, im Allgemeinen 0,33 Millimeter (vgl. [28][40][53]) für den Vergrößerungsfaktor 1,0 des Barcodes. Zwar bringt ein Vergrößerungsfaktor größer 1,0 (etwa 1,35 oder

1,5) auch eine größere Lesesicherheit, nachteilig macht sich aber der erhöhte Platzbedarf bemerkbar.

Der Leseabstand, also die Distanz des Scanners zu einem Barcode, bei dem ein fehlerfreies Lesen garantiert werden kann, ist unter anderem abhängig vom Lesegerät und dem gewählten Vergrößerungsfaktor der Balkendarstellung. Die Lesedistanz wird vom Hersteller des Barcodelesers entweder als maximale Distanz (zum Beispiel 100 Millimeter) oder als Bereich (zum Beispiel 100 − −500 Millimeter) angegeben.

Viele in der Praxis auftretenden Fehler[54] resultieren aus der Nichteinhaltung der Lesedistanz. Je nach Gerät kann die Distanz zwischen 0 Millimetern (Touchreader, vgl. Abschnitt 2.8.2) und mehreren Metern (stationärer Industriescanner oder Kamerasystem, vgl. Abschnitt 2.8.3) liegen. Auch das zur Verfügung stehende Licht ist ein wichtiges Kriterium für den Leseabstand, da nicht alle Barcodescanner über eine eigene Lichtquelle verfügen (zum Beispiel Kameras).

Weiterhin sind für ein einwandfreies Lesen der Neigungswinkel (pitch) und der Drehwinkel (skew) des Lesegerätes zum Barcode sowie der Druckkontrast des gedruckten Strichcodes (pcs, print contrast signal) ausschlaggebend.

2.4.15 1D-Codes im Vergleich

Ein einfacher Vergleich verschiedener 1D-Barcodes ist nicht möglich, da die einzelnen Codes für unterschiedliche Anforderungen und Anwendungen entwickelt wurden. Zum Beispiel können mit einem der ersten Codes, dem Code 2/5, nur Ziffern codiert werden. Im Gegensatz dazu wurde der Code 39 für die Codierung von Ziffern und Großbuchstaben entwickelt. Tabelle 2.6 zeigt einige mögliche Vergleichskriterien der bisher vorgestellten Codes.

In der Regel geht eine Steigerung der Informationsdichte mit einem Verlust an Fehlertoleranz einher, wie in der Tabelle 2.6[55] am Beispiel der beiden Codes 2/5 und 2/5 interleaved zu sehen ist.

---

[54] Unter Fehlern seien hier besonders die „NoReads", die Nichtlesungen, verstanden.

[55] In der Tabelle 2.6 steht das Symbol ↗ für *gut* oder *hoch*, das Symbol → für *normal* oder *durchschnittlich* und das Symbol ↘ für *gering* oder *schlecht*. Das Symbol ✓ bedeutet Ja und ein - steht für *Nein*.
Für die Spalte „Länge einer 13-Zeichen-Codierung" der Tabelle 2.6 gilt: Es wird eine Codierung von zwölf Ziffern zuzüglich Prüfziffer vorgenommen. Die Modulbreite wird mit 0,33 Millimeter angenommen. Es wird eine minimale Ruhezone von jeweils zehn Modulbreiten, beim EAN 13 eine beidseitige Ruhezone von zusammen 18 Modulbreiten hinzugegeben. Beim Code 2/5 interleaved wird mit einer führenden Null aufgefüllt.
Desweiteren gilt für die Spalte „Länge einer 6-Zeichen-Codierung": Es werden fünf Ziffern und eine Prüfziffer codiert. Der Rest ist wie bei der 13er Codierung, jedoch werden beim EAN 13 die fehlenden acht Stellen mit Nullen angefüllt. Beim Code 128 Ebene C musste ebenfalls mit einer führenden Null aufgefüllt werden.

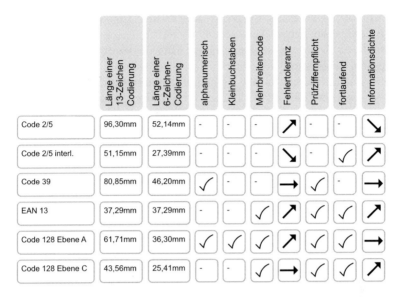

Tabelle 2.6. 1D-Barcodes im Vergleich

2.5 Semantik im Code

Während der Code 128 eine Möglichkeit zur Codierung von Daten auf Barcode-Ebene darstellt, definiert der EAN 128-Code eine Sprache für die unternehmensübergreifende Kommunikation. Die Definition der Barcodesymbologie Code 128 spezifiziert alle rein technischen Basismerkmale eines Codes; der organisatorische Umgang in der Verwendung des Barcodes ist allerdings nicht festgelegt. Insofern kann die Definition des Code 128 als *Basislayer* einer Codierungstechnik angesehen werden, die noch keine Vorschriften für eine spätere praktische Anwendung liefert. Genau diese Vorschriften sind durch den EAN-128-Code festgeschrieben.

Bei Verwendung der EAN 128-Codierung ist zum Beispiel jeder Lagerbetreiber mit einfachen Mitteln in der Lage, die diversen Objekte, die für den Betrieb seines Lagers nötig sind, wie Artikel und deren Verpackungs- und Versandeinheiten sowie andere Objekte, wie etwa Ladehilfsmittel und Lagerplätze für die logistischen Prozesse, zu definieren und mittels Barcodes zu kennzeichnen. Eine solche Kennzeichnung ist für Zwecke der automatisierten Identifikation unerlässlich. Innerhalb unternehmensinterner Kreisläufe, solange also die Grenzen des Unternehmens nicht überschritten werden, reicht eine interne Norm für die Benennung und Codierung der Objekte im Materialfluss aus. Natürlich ist hierfür eine Systematik empfehlenswert, wie beispielsweise die Rückcodierbarkeit oder die Eindeutigkeit der vergebenen Nummern.

Spätestens aber bei unternehmensübergreifender Kommunikation müsste in bilateraler Absprache eine Verschlüsselung der Benennungen gefunden werden, um eine „gemeinsame Sprache" zu sprechen. Eine solche Absprache bedeutet einen erheblichen Aufwand, der sich immer dann wiederholt, wenn sich der Kreis der Partner, die an einem Handel oder einer Kommunikation teilnehmen, vergrößert.

Eine andere Möglichkeit ist die Nutzung einer branchenweiten Norm, wie beispielsweise des EAN-128-Code. Im Jahr 1977 entstand in Deutschland die CCG, die „Centrale für Coorganisation GmbH–Gesellschaft zur Rationalisierung des Informationsaustausches zwischen Handel und Industrie". Im Jahr 2004 benannte sich die CCG in GS1 Germany um und schloss sich Anfang Dezember 2004 mit 24 anderen EU-Ländern und der Schweiz zur GS1 Europe zusammen. Die GS1 Germany ist die Stellvertreterin für die „International Article Numbering Association" (Dachgesellschaft mit Sitz in Brüssel). Beide sehen die Weiterentwicklung des EAN-Systems, das

> „inzwischen ein Weltstandard für Identifikationsverfahren schlechthin geworden ist, oder besser, der einzige Standard für wirklich grenzüberschreitende Anwendungen"(vgl. [9])

als eine ihrer vordringlichsten Aufgaben. Fundamentaler Bestandteil des EAN-Systems sind drei Nummern- oder Codiersysteme, die ILN (Internationale Lokationsnummer, international geläufig als GLN, Global Location Number), die darauf aufbauende EAN (Internationale Artikelnummer)[56] sowie die NVE (Nummer der Versandeinheit, international gebräuchlicher als SSCC, Serial Shipping Container Code). Diese drei Codiersysteme sind im EAN 128-Code enthalten. Der EAN-128-Code wiederum kann in der Barcodesymbologie des Code 128 dargestellt werden.

2.5.1 Internationale Lokationsnummer (ILN)

Die ILN dient zur Benennung der physischen Adressen von Unternehmen und Unternehmensteilen bzw. -abteilungen. Sie ist ein zu dem GLN-Konzept der EAN-Gemeinschaft kompatibles System und ist weltweit gültig. Eine ILN wird genau einmal verteilt, und ein so gekennzeichneter Artikel kann eindeutig bis zum Hersteller rückverfolgt werden.

Bei der ILN sind Typ 1 und Typ 2 zu unterscheiden, die zueinander kompatibel sind. Internationale Lokationsnummern vom Typ 1 sind dazu bestimmt, eine Organisation eindeutig zu identifizieren, sie sind dagegen nicht zur Nummerierung von Artikeln oder Versandeinheiten geeignet. Die ILN vom Typ 1 besteht aus zwölf Ziffern und einer Prüfziffer. In Deutschland wird diese Nummer als fortlaufende Nummer durch die zuständige EAN-Kommission, die GS1 Germany, erteilt.

Die Internationale Lokationsnummer vom Typ 2 ist ebenfalls 13-stellig (zwölf Ziffern plus eine Prüfziffer). Hier wird jedoch nur eine siebenstellige Basisnummer von den entsprechenden EAN-Gremien vergeben, die fünf

---

[56] Ursprünglich stand EAN für European Article Numbering (Europäische Artikel-Nummerierung).

ergänzenden Ziffern sowie die Prüfziffer sind der eigenen Benutzung des ILN-Inhabers vorbehalten und dürfen nicht anderweitig vergeben worden sein. ILNs dieses Typs werden zur Bildung von weitergehenden Lokationsnummern für eigene Unternehmensteile wie etwa Produktionsstraßen, Läger, Abteilungen oder andere Standorte und zur Bildung von Artikelnummern benutzt. Insgesamt können durch die Möglichkeit der Belegung der fünf ergänzenden Ziffern bis zu 100 000 Unternehmensteile oder -lokationen frei bestimmt werden.

Ziffernfolge	zugehörige Organisation	Ziffernfolge	zugehörige Organisation
00 bis 09	USA und Kanada	729	Israel
30 bis 37	GENCODE EAN France (Frankreich)	76	EAN (Schweiz, Suisse, Svizzera)
400 bis 440	CCG (Deutschland)	80 bis 83	Italien
45 bis 49	Japan	859	EAN Czech (Tschechische Republik)
528	Libanon	869	Türkei
54	ICODIF/EAN Belgien und Luxemburg	87	EAN Nederland (Niederlande)
57	EAN Danmark (Dänemark)	90 bis 91 978, 979	EAN Austria (Österreich) Bücher und Zeitschriften
590	Poland (Polen)	981 bis 99	Couponnummern

Tabelle 2.7. Beispiele für EAN-UCC Präfixe

Die ersten zwei oder drei Ziffern (siehe Tabelle 2.7) der ILN stehen für den EAN-UCC-Präfix, in der Regel ein Ländercode. Beim Ländercode ist zu beachten, dass er nicht das Herkunftsland eines Produktes oder den Firmensitz angibt, sondern das Land, in dem diese Lokationsnummer vergeben wurde. So besagten beispielsweise die Allgemeinen Geschäftsbedingungen der GS1 Austria, ehemals EAN Austria: „Teilnahmeberechtigt sind alle in Österreich am Waren- und Dienstleistungsverkehr beteiligten Unternehmen."[57] Eine Firma mit Stammsitz außerhalbs eines Landes kann somit dennoch in diesem Land, wie aber auch in fast allen anderen Ländern der Erde, eine ILN besitzen. Die ILN ist ein Unternehmenscode, aber kein Herkunftscode. Tabelle 2.7 zeigt beispielhaft verschiedene EAN-UCC-Präfixe.

---

[57] Siehe http://www.ean.co.at.

Eine Firma hat beispielsweise die ILN 40 12345 zugeteilt bekommen, sie verfügt über Büroräume in Berlin, über ein Lager in Bochum mit 4800 Lagerplätzen und über eine Produktionsstätte in Bremen. Mit der ILN kann diese Firma ihren drei Niederlassungen jeweils eigene Lokationsnummern zuteilen. Da diese Nummern fünfstellig sein sollen, könnten hier die entsprechenden Postleitzahlen, etwa 10713 für die Büroräume in Berlin, 44791 für das Lager in Bochum und 28777 für die Produktionsstätte in Bremen genutzt werden.

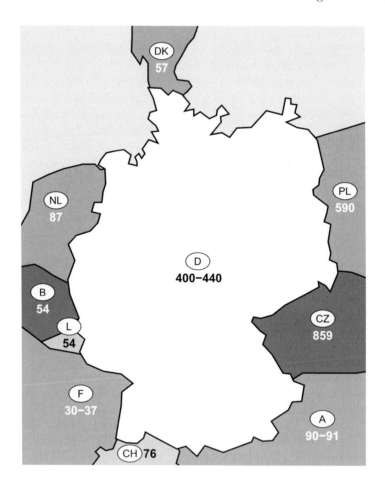

Abbildung 2.35. EAN-UCC Präfixe Deutschlands und seiner Nachbarländer

Mit den entsprechenden Prüfziffern wären die Bildungen der gültigen dreizehnstelligen ILNs 4012345107135, 4012345447910 sowie 4012345287776 möglich. Es ist jedoch sinnvoller, den einzelnen Lokationen Nummernkreise zuzuordnen, etwa für das Lager in Bochum den Bereich von 40000 bis 49999, und diese Zuordnungen nun entsprechend zu verfeinern; so könnten etwa die

Lagerplätze einzeln von 40000 bis 44799, der Wareneingang mit 44800, das Meisterbüro mit 44801 usw. benannt werden. Verfügt eine Firma über eine ILN vom Typ 2, ist es ihr freigestellt, eigene Systeme zu erstellen und die Vergabe der fünf Lokationsziffern selbst zu gestalten.

2.5.2 Internationale Artikelnummer (EAN)

Die EAN gewährleistet eine international eindeutige Identifikation des einzelnen Artikels. In Form eines maschinenlesbaren Strichcodes wird hiermit die Grundlage für den Einsatz der *Scanner-Technologie*[58] an automatischen Kassen geschaffen.

Jedes Unternehmen mit einer Internationalen Lokationsnummer vom Typ 2 ist berechtigt, eigene EANs zu bilden. Hierzu werden wieder die ersten sieben Ziffern der ILN (Typ 2), also die Basisnummer, herangezogen. Wie auch bei der Bildung von Unterlokationen können danach fünf Stellen mit eigenen Ziffern belegt werden, was 100 000 verschiedenen Artikeln entspricht. Die letzte Stelle ist wiederum reserviert für die Prüfziffer. Damit ist eine 13-stellige EAN korrekt gebildet. Sollten diese 100 000 Möglichkeiten nicht ausreichen, führt ein Unternehmen also mehr als 100 000 verschiedene Artikel, kann eine weitere ILN beantragt werden.

Spätestens an dieser Stelle wird ersichtlich, dass die ILN und die EAN sehr ähnlich sind und verwechselt werden können. Nach Ansicht der GS1 Germany geht jedoch aus dem entsprechenden Kontext, in dem die ILN oder die EAN benutzt wird, eindeutig hervor, um welche der beiden Nummern es sich handelt; eine Verwechslung in der Praxis sei daher auszuschließen.

Eine Firma hat beispielsweise die ILN 40 12345 zugeteilt bekommen und hat fünf Artikel in ihrem Sortiment. Dann kann die Firma eine eigene Nummerierung ihrer fünf Artikel durchführen, etwa 00001 für den ersten, 00002 für den zweiten usw. Unter Berücksichtigung der Prüfziffernbildung ergäbe das die EANs 4012345000016, 4012345000023 usw. Ob eine Klassifizierung der Artikel in Artikelgruppen und eine nachfolgende Segmentierung sinnvoll ist, soll hier nicht weiter diskutiert werden, weil die Erfahrung aus der Praxis zeigt, dass so genannte *sprechende Nummernkreise* spätestens bei der Überschreitung der gebildeten Systemgrenzen zu extremen Problemen führen.

Jede am EAN-System teilnehmende Firma ist angehalten, auf die Eindeutigkeit der Vergabe von Nummern zu achten und diese Nummern, wenn der zugehörige Artikel im Sortiment nicht mehr verfügbar ist, eine gewisse Zeit zu blockieren. Nur dadurch kann gewährleistet werden, dass zum Beispiel in einem SB-Markt die Zuordnung der Artikel möglich ist.

2.5.3 Nummer der Versandeinheit (NVE)

Die Basisnummer der ILN stellt auch den Schlüssel bei der Bildung der NVE dar. Der Begriff der *Versandeinheit* ist an dieser Stelle als eine logistische

---
[58] Siehe Abschnitt 2.8.

Einheit zu verstehen, das heißt eine physisch zusammenhängende Einheit, beispielsweise Packstücke wie Kartons, die ohne Weiteres nicht zu trennen sind.

Der Empfänger eines Packstückes, der zugleich auch wieder Versender sein kann (Spediteur), kann die NVE der erhaltenen Versandeinheit weiterverwenden, solange er diese Versandeinheit nicht aufbricht. Er kann in seinem Avis dem nächsten Empfänger eine Sendung, benannt durch die erhaltene NVE, ankündigen.

Die NVE ist eine 18-stellige Ziffernfolge, die sich wie folgt aufgliedert: Die erste Stelle der NVE nimmt die Reserveziffer ein, in der Regel die Ziffer 3. In den USA und Kanada hatte die UCC[59] diese Reserveziffer der SSCC[60] zur erklärenden Angabe über die Art der Versandeinheit (wie etwa Karton, Palette, Kiste oder Paket) genutzt. Bei der NVE entspricht die Ziffer 3 einer „Undefinerten Versandeinheit". Allerdings wurden im Rahmen der Systemangleichung der beiden Systeme EAN und UCC am 1.1.2001 als Reserveziffern die Ziffern 0 bis 9 erlaubt und für den Anwender frei definierbar. Direkt nach der Reserveziffer folgt die Basisnummer[61] der ILN des Versenders; damit ist eine eindeutige Zuordnung zum Versender ähnlich der EAN hergestellt.

Nachfolgend steht eine neunstellige fortlaufende Nummer, die vom Anwender selbst zu vergeben und gegebenenfalls mit führenden Nullen aufzufüllen ist. Einer Empfehlung der GS1 Germany folgend sei an dieser Stelle angemerkt, dass es sinnvoll ist, diese Nummer nach Vergabe eine bestimmte Zeit lang – angegeben ist die Dauer eines Jahres – nicht nochmals zu benutzen, um die Eindeutigkeit der NVE zu gewährleisten. Sollten die neun Stellen nicht ausreichen – werden also im Rahmen eines Zeitraums, in dem die Nummern noch nicht wiederverwertet werden können, mehr als eine Milliarde Versandeinheiten gebildet – kann bei dem zuständigen EAN-Gremium eine zusätzliche ILN zur Bildung weiterer NVEs beantragt werden. Die letzte Stelle der 18-stelligen Nummer der Versandeinheit bildet die Prüfziffer. Diese wird nach dem Verfahren der Prüfziffernbildung wie bei dem Code 2/5 mit der von rechts beginnenden Gewichtung mit den Faktoren 3, 1, 3, 1, ... und der zugehörigen Modulo-Operation berechnet.[62]

Eine Firma hat beispielsweise die ILN 40 12345 zugeteilt bekommen, die fortlaufende Nummer der Versandeinheit sei 987654321 und es errechnet sich die Prüfziffer (nach der Formel für die Berechnung der Prüfziffer des Codes 2/5) als 5. Für diese Versandeinheit lautet unter Zuhilfenahme der führenden Reserveziffer 3 die NVE: 3 40 12345 987654321 5.

---

[59] UCC steht für United Code Council, eine Organisation, die die gleiche Zielsetzung wie die EAN verfolgt.
[60] SSCC, der Serial Shipping Container Code, ist gleichbedeutend der NVE
[61] Seit 1.1.2001 stellt die ehemalige CCG auch acht- und neunstellige Basisnummern zur Verfügung, die Gesamtlänge des NVE-Labels darf dennoch die Länge von 18 Ziffern nicht überschreiten.
[62] Auch die Prüfziffern für ILN und die EAN werden nach genau dieser Art ermittelt.

Vorausgesetzt, die NVE ist korrekt, eindeutig und entsprechend dokumentiert, bietet sie die Möglichkeit der länderübergreifenden Identifikation von Transporteinheiten. Durch die Verwendung der Basisnummer der ILN und die Vereinheitlichung von EAN und UCC ist zudem jede Versandeinheit direkt einem Unternehmen zugeordnet. Dies ist die Basis einer offenen und weltweiten Sendungs- und Warenverfolgung. Leistungen wie etwa Tracking und Tracing, die früher zusätzlich angeboten wurden, sind heute ein unverzichtbares Leistungsmerkmal und werden durch Mechanismen wie die NVE stark vereinfacht.

2.5.4 Merkmale des EAN 128-Codes

Der EAN-128-Code lässt sich aus dem Code 128 durch Einfügen des Zeichens <FNC1> hinter dem Startzeichen (Startcodesymbol) erzeugen.

Mit dem EAN-128-Code werden unterschiedliche Daten wie etwa die NVE, die ILN oder die EAN, aber auch eine Reihe anderer Informationen transportiert. Diese verschiedenen Informationen werden mittels qualifizierender *Datenbezeichner* zusammengefasst und können in Strichcodierung dargestellt werden. Eine Formatfestsetzung der Datenbezeichner zu ihren Dateninhalten stellt sicher, dass verschiedene Datenbezeichner und die zugehörigen Dateninhalte hintereinandergeschrieben werden können. Es ist sowohl zwischen zwei-, drei- und vierstelligen Datenbezeichnern als auch zwischen festen und variablen Längen der Datenfeldinhalte zu unterscheiden. Dabei sind bei manchen Datenfeldern neben numerischen auch alphanumerische Inhalte möglich. Werden verschiedene Datenfelder miteinander kombiniert in der gleichen Strichcodierung dargestellt, sollten die Felder fixer Länge am Anfang stehen, während Datenfelder variabler Länge, die durch ein zusätzliches <FNC1> jeweils voneinander zu trennen sind, nach hinten gestellt werden.

Abbildung 2.36. Startzeichen Ebene B und <FNC1>, das doppelte Startzeichen

Die Datenbezeichner sind unter anderem in [9] hinterlegt. Hieraus geht hervor, ob es sich bei einem Datenfeld um ein variables oder festes Feld handelt, wie viele Stellen der Bezeichner und wie viel Stellen für den Dateninhalt vorgesehen sind. Da alle Datenbezeichner numerisch aufgebaut sind, liegt es nahe, auf alphanumerische Darstellungen weitestgehend zu verzichten und statt dessen für solche Felder entsprechende Codierungen zu überdenken; eine komplett numerische Darstellung erlaubt es, durchgehend in Code

128 Zeichensatz Ebene C zu arbeiten und durch diese Kompression fast 50% Platz zu sparen[63] (vgl. Abschnitt 2.4.13).

DB	Dateninhalt	Länge	Besonderheit
00	Nummer der Versandeinheit	2+18	
01	EAN der Handelseinheit	2+14	
02	EAN der enthaltenen Einheit	2+14	
13	Packdatum jjmmtt	2+6	tt ∈ {00..31}
15	Mindesthaltbarkeitsdatum jjmmtt	2+6	tt ∈ {00..31}
37	Anzahl der enthaltenen Einheit	2+n	n ≤ 8 (FNC1 am Ende)
410	ILN des Warenempfängers	3+13	
412	ILN des Lieferanten	3+13	
99	bilateral vereinbarte Texte	2+n	n ≤ 30 (FNC1 am Ende)

Tabelle 2.8. Beispiele für Datenbezeichner (DB) und -inhalte

Tabelle 2.8 zeigt beispielhaft einige Datenbezeichner und -inhalte sowie deren Platzbedarf. Bei den Datumsangaben der Datenbezeichner 13 und 15 muss eine sechsstellige Angabe erfolgen. Bei fehlender Tagesangabe ist hier mit 00 aufzufüllen. Der Datenbezeichner 99 steht als ein Beispiel für variable Länge, die folgende Angabe kann bis zu 30 Zeichen lang sein (im Zeichensatz der Ebene C damit bis 60 Ziffern). Folgt dem Bezeichner 99 ein weiterer Datenbezeichner, muss das Trennzeichen <FNC1> an das Ende des Feldes gestellt werden, um den Neubeginn des nächsten Feldes zu kennzeichnen. Hieraus geht hervor, dass das <FNC1>-Symbol nie als Textzeichen vorkommen darf.

Der Datenbezeichner für die Nummer der Versandeinheit ist 00 (vgl. Tabelle 2.8). Dieser Datenbezeichner und die 18-stellige NVE nehmen zusammen

---

[63] abgesehen vom Start-, End- und <FNC1>-Symbol sowie der zugehörigen Prüfziffer, die sich natürlich nicht komprimieren lassen

20 Ziffern Platz ein. Soll beispielsweise ein Barcode vom Typ EAN 128 mit der NVE 3 40 12345 987654321 5 aus obigem Beispiel gebildet werden, so sieht dies wie folgt aus:

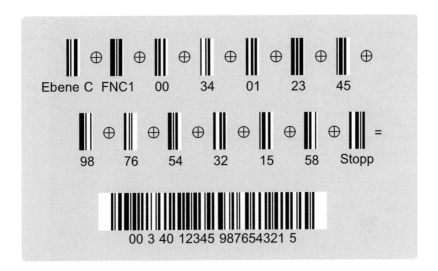

Abbildung 2.37. Korrekt gebildete NVE als Barcode

Die gemäß der Abbildung 2.37 gebildete Nummer der Versandeinheit kann direkt für die Aufbringung auf ein Transportetikett genutzt und entsprechend gedruckt werden. Bei der Erstellung von Transportetiketten reicht die NVE aus, um eine Versandeinheit zu beschreiben; auf weitere Angaben soll verzichtet werden.

Der Grund hierfür wird spätestens bei der Betrachtung von Mischpaletten ersichtlich: Zwar sind die Datenbezeichner 02[64] für die Angabe der EAN der enthaltenen Handelseinheit und Datenbezeichner 37[65] für die Menge der enthaltenen Einheiten definiert, es könnten daher die einzelnen Inhalte und Mengen bestimmt werden. Da es allerdings keine Absprache über die Reihenfolge der Angaben für Handelseinheiten und deren Mengen gibt (etwa ein Meta-Datenbezeichner, der die Bezeichner 37 und 02 beinhaltet), sind hier leicht Irritationen möglich. Bei einer Mischpalette wären mindestens zweimal die Bezeichner für jeweils EAN und Menge nötig. Im Zeitalter elektronischer Kommunikationsmöglichkeiten kann zum Beispiel im Rahmen eines Avis via

---

[64] Die Längenangaben (vgl. Tabelle 2.8) der Inhalte „Handelseinheit" und „Einheit" (der Datenbezeichner 01 und 02) sind 14-stellig, es handelt sich um eine Erweiterung der EAN um eine Stelle. Siehe hierzu Abschnitt 2.5.7.
[65] Datenbezeichner 37 hat nach Tabelle 2.8 eine variable Länge. Steht er nicht am Ende eines Barcodes, muss sein Inhalt vom nächsten Datenbezeichner mit dem <FNC1>-Begrenzer getrennt werden.

Abbildung 2.38. Beispiel eines Transportetikettes

Fax oder *EDI* (Electronic Data Interchange) der Inhalt und die jeweilige Menge zu einer NVE angegeben werden. Neue erfolgversprechende Methoden hierzu, wie etwa *AS2* (Applicability Statement 2) von IBM oder *BPEL4WS* (Business Process Execution Language for Web Services) von IBM, Microsoft und BEA existieren in ersten Applikationen.

Die Abbildung 2.37 zeigt eine NVE zusammengesetzt als Code 128 mit Zeichensatz Ebene C. Durch die Zusammenfassung von je zwei Ziffern wird eine Darstellung mit $14*11+2$ Modulbreiten für die Ziffernfolge 00 34 01 23 45 98 76 54 32 15 möglich.

Natürlich ist es genauso möglich, die NVE obiger Ziffernfolge im Code 128 über die Zeichensätze der Ebene A oder Ebene B darzustellen, wie Abbildung 2.39 zeigt. Dabei werden nun allerdings $23*11+2$ Module und damit

2.5 Semantik im Code   67

Abbildung 2.39. NVE im unkomprimierten Code A

99 Modulbreiten mehr benötigt als in der platzsparenderen Darstellung von Ebene C. Bei einer Modulbreite von 0,33 Millimetern errechnet sich für die Darstellung mit dem Zeichensatz der Ebene A eine Breite von 84,15 Millimetern und mit dem Zeichensatz der Ebene C eine Breite von 51,48 Millimetern (vgl. Abbildung 2.40).

Abbildung 2.40. Längenvergleich Zeichensatz Ebene A und C, gleicher Informationsgehalt

Handelsübliche und in der Praxis vielfach verbreitete Barcodeleser in Form des Touchreader-Handgeräts mit einer Lesebreite von 60 bis 80 Millimetern wären damit schon nicht mehr in der Lage, die Darstellung in der unkomprimierten Form der Zeichensätze der Ebene A oder Ebene B zu lesen.

2.5.5 UPC

Der Vollständigkeit halber wird auch der *UPC*, der *Universal Product Code*, an dieser Stelle kurz beleuchtet. Der UPC wird in den USA und Kanada in den nächsten Jahren durch den EAN 13 abgelöst, der seit dem 1. Januar 2005 auch in diesen Ländern Gültigkeit hat.

Der UPC wurde im April 1973 in den USA und in Kanada zur Kennzeichnung von Gebrauchs- und Verbrauchsgütern als Industriestandard eingeführt. Im Jahre 1976 wurde er um einen Zusatzcode erweitert, mit dem es möglich ist, das Ausgabedatum und die Folgenummer von Zeitschriften und Büchern zu codieren[66]. Es wurden fünf unterschiedliche *UPC-Codes* entwickelt, die Codes UPC-A bis UPC-E, wovon sich aber nur UPC-A und UPC-E durchsetzten.

Der UPC-A ist im Aufbau dem EAN 13 ähnlich; er besteht aus einem Barcode, der die Ziffern 0...9 transportiert, und einer Klarschriftzeile in der Schriftart OCR-B. Im Gegensatz zum dreizehnstelligen EAN 13 ist der UPC-A inklusive Prüfziffer zwölfstellig.

Der UPC-A teilt sich auf in definierte Bereiche; diese Bereiche und deren Längen sind wie folgt festgelegt:

- NSC (Number System Character): Eine einziffrige Möglichkeit der Klassifikation des Produktes:
  2: Produkt soll gewogen werden
  3: Medikamente und andere Pharmaartikel, sofern der Hersteller den National Drug Code and National Health Related Items Code als seinen UPC verwendet
  4: Interne und ohne offizielle Formatvorschrift erstellte Codes
  5: Coupons
  0, 6 und 7: Allgemeiner Produktcode, so steht die 0 für den Beginn eines UPC-E
  1, 8 und 9: Werden nicht verwendet
- Herstellercode: Eine aus fünf Ziffern bestehende Codierung. Der Herstellercode wird in den USA von der UCC und in Kanada von der ECCC, der Electronic Commerce Council of Canada vergeben.
- Produktnummer: Weitere fünf Ziffern und vom Hersteller eindeutig vergeben
- Prüfziffer

In der Regel kann der UPC-A von allen Lesegeräten gelesen werden, die auch den EAN 13 lesen können, die Umkehrung gilt allerdings nicht immer.

Der achtstellige UPC-E entsteht durch die Unterdrückung von Nullen im UPC-A. Ein UPC-E kann von einem UPC-A-Inhaber erzeugt werden, wenn er das NSC auf Null setzt. Endet die Herstellernummer nicht mit einer Null, können genau fünf UPC-E-Nummern erzeugt werden. Endet die Herstellernummer mit genau einer Null, können zehn UPC-E-Codes erzeugt werden,

---

[66] Siehe EAN Addon in Abschnitt 2.4.8.

bei einem Ende der Herstellernummer mit mehr als einer Null sind es verschieden viele UPC-E-Nummern, was abhängig von der dritten Ziffer der Herstellernummer ist und durch die Tabelle 2.9 aufgezeigt wird.

Ref.-Zahl	UPC-E	Einfügesequenz	Einfügeposition	UPC-A
0	0ABabc0P	00000	4	0AB00000abcP
1	0ABabc1P	10000	4	0AB10000abcP
2	0ABabc2P	20000	4	0AB20000abcP
3	0ABCab3P	00000	5	0ABC30000abP
4	0ABCDa4P	00000	6	0ABCD00000aP
5	0ABCDE5P	00000	7	0ABCDE00005P
6	0ABCDE6P	00000	7	0ABCDE00006P
7	0ABCDE7P	00000	7	0ABCDE00007P
8	0ABCDE8P	00000	7	0ABCDE00008P
9	0ABCDE9P	00000	7	0ABCDE00009P

Tabelle 2.9. UPC-E-Codierungen

In der Tabelle 2.9 sind die ersten Ziffern der Herstellernummer mit Großbuchstaben angegeben, die Produktnummer besteht aus Kleinbuchstaben, P stellt die Prüfziffer dar.

Hat ein Hersteller beispielsweise die Herstellernummer 11200 und vergibt seinem Produkt die Produktnummer 311, so könnte er eine zwölfstellige UPC-A-Nummer bilden, die ein führendes NSC N hat, dahinter die Ziffernsequenz 1120000311, gefolgt von einer Prüfziffer P, die nach dem „Verfahren nach Modulo zehn mit Gewichtung drei"[67] gebildet wird. Die UPC-Zahl kann nach UPC-E konvertiert werden nach Tabelle 2.9. Da der Hersteller als letzte drei

---
[67] Siehe Abschnitt 2.4.3.

70 2. Automatische Identifikation

Ziffern die 200 in seiner Herstellernummer trägt, hat er nach der Spalte mit der Referenzzahl 2 vorzugehen und erhält die UPC-E Nummer 0 11 331 2 P gemäß 0ABabc2P laut obiger Tabelle. Die Prüfziffer muss identisch mit der Prüfziffer des UPC-A sein, wobei bei diesem zur Berechnung schon die NSC=0 eingetragen sein muss. Für obiges Beispiel lautet die komplette UPC-E demnach 01133121.

2.5.6 Odette und GTL

Die nicht gewinnorientierte Organisation *Odette*, die *Organisation for Data Exchange by Teletransmission in Europe*, ist ein Zusammenschluss von Automobilherstellern und deren Zulieferern mit Sitz in Großbritannien. Die Odette sieht ihre Aufgabe in der Schaffung von Standards in den Bereichen Logistik, EDI und dem Austausch von Konstruktionsdaten. Das *OTL*, das *Odette Transport Label*, ist ein einheitliches Transportetikett der Automobilindustrie.

Abbildung 2.41. Beispiel eines OTL

Auf einem normalerweise DIN-A5 großen Warenanhänger, der sich in zwei Kategorien unterteilt, sind Versand- und Herstellungsinformationen in Klarschrift und in Strichcodierung mit Code 39 untergebracht, die sich in weitere Felder unterteilen, wie es das Beispiel für ein Materialetikett nach VDA 4902 für Warenanhänger aufzeigt:

- Warenempfänger
- Abladestelle
- Lieferscheinnummer

- Lieferantenanschrift
- Gewicht (netto)
- Gewicht (brutto)
- Anzahl Packstücke
- Sachnummer Kunde
- Füllmenge
- Einheit
- Bezeichnung Lieferung
- Sachnummer Lieferant
- Lieferantennummer
- Datum
- Änderungsstand Konstruktion
- Packstücknummer
- Chargennummer

Abbildung 2.41 zeigt beispielhaft ein Odette Transport Label OTL.

Das OTL wurde inzwischen durch das Global Transport Label GTL abgelöst, da sich durch die Globalisierung die Partnerorganisationen in den USA[68] und in Japan[69] auf ein einheitliches Label einigen mussten. Wie auch das OTL ist das GTL ein Etikett, das in verschiedene Bereiche mit festgelegter Nutzung unterteilt ist, innerhalb der Bereiche existieren variable Belegoptionen. Als Barcode werden beim GTL ebenso der Code 39, aber auch der Code 128 sowie der Stacked Code PDF417 und der Matrixcode Datamatrix ECC 200 verwendet.

2.5.7 EPC

Der *EPC*, der *Electronic Product Code*, ist auf dem Weg, der Code für die nächste Generation der Produktidentifikation zu werden. Die Entwicklung des EPC geht auf eine 1999 gegründete Kooperation des Massachusetts Institute of Technology (MIT) und verschiedener amerikanischer Handelsunternehmen zurück, die das Ziel einer übergreifenden Standardisierung verfolgen und damit die Verbreitung des EPC fördern wollen.

Neben der Artikelnummer ist es mit dem EPC auch möglich, eine Seriennummer zu vergeben und damit eine eindeutige Artikelkennzeichnung zu erreichen. Der EPC ist in vier Segmente unterteilt:

- Am Anfang steht eine einstellige Versionsnummer.
- Hinter der Versionsnummer steht die EPC Manager Number, die dem EAN-UCC-Präfix (Länderpräfix) und der Teilnehmernummer, also der Basisnummer des EAN entspricht.

---

[68] AIAG, Automotive Industie Action Group
[69] JAMA, Japan Automobil Manufacturers Association und JAPIA, Japan Automotive Parts Industries Association

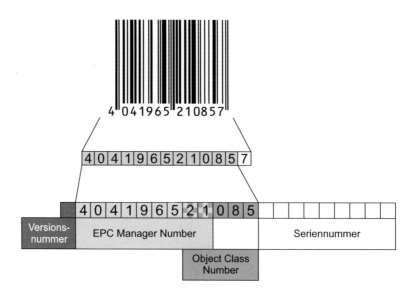

Abbildung 2.42. Aufbau des EPC

- An dritter Position kommt die Object Class Number, also der Produkttyp oder die Artikelnummer der EAN-Nummer. Die zweite und die dritte Position entsprechen damit der EAN (EAN 13 ohne die Prüfziffer), haben also eine Länge von zwölf Ziffern.
- Abschließend kommt an vierter Position eine auch vom Hersteller eines Produktes zu vergebende neunstellige Seriennummer.

Die Erweiterung der EAN/*GTIN*[70] um vorne eine und hinten neun Stellen ermöglicht es, weltweit jeden einzelnen Artikel zu identifizieren.

Der EPC wird physisch auf Transpondern, vorwiegend im UHF-Bereich, implementiert. Der folgende Abschnitt beschreibt den Einsatz des EPC in der Praxis.

2.5.8 Das EPC-Netzwerk

Das EPC-Netzwerk ist eine auf globalen Standards basierende Technologie, die Radio-Frequenz-Identifikationstechnik, vorhandene IT-Netzwerkinfrastrukturen und den Electronic Product Code (EPC) miteinander verbindet. In verschiedenen Anwendungsbereichen wie Warenlager, Verteilzentren

---

[70] Global Trade Item Number, GTIN ist ein Sammelbegriff für die Code-Schemata der Barcode-Kennzeichen der EAN, UCC und EPC. Es wird differenziert zwischen der GTIN-8, die dem EAN 8 entspricht, der GTIN-12, die den UPC repräsentiert, der GTIN-13, die mit dem EAN 13 gleichzusetzen ist und der GTIN-14, die dem EAN 13 mit einer vorangestellten Null entspricht.

2.5 Semantik im Code 73

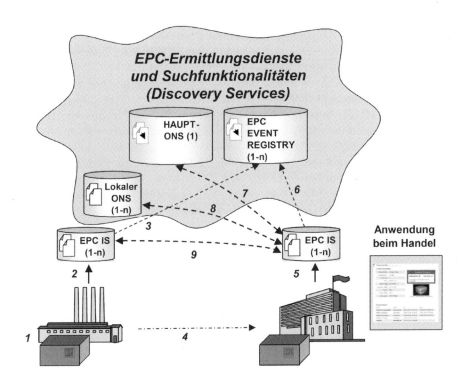

Abbildung 2.43. EPC-Ermittlungsdienste

und Einzelhandelsmärkten soll durch den Einsatz des Netzwerkes über Effizienzsteigerungen in Herstellungs-, Distributions- und Vertriebsprozessen wesentlicher Mehrwert – beispielsweise durch eindeutige Identifikation des einzelnen Warenstücks und nahtloses Tracking und Tracing von Verpackungs- und Transporteinheiten – geschaffen werden.

Das EPC-Netzwerk-Konzept basiert auf zentraler Datenhaltung[71] wobei der am Produkt oder Ladungsträger mitgeführte EPC als Schlüssel zu den hinterlegten Informationen innerhalb einer Datenbank angesehen werden kann.

Alle Informationen, die sich auf einem Tag befinden, werden im EPC-Netzwerk über einen zentral organisierten *EPC Information Service* erfasst. Hierbei werden neben dem (im Tag gespeicherten) EPC der aktuelle Ort (Ressource), an dem sich der Tag befindet und die Folge von Ereignissen

---

[71] Der Begriff „zentral" ist an dieser Stelle u. U. irreführend, aber dennoch gebräuchlich. Die physische Datenspeicherung kann bei „zentraler Datenhaltung" in diesem Sinne sehr wohl auf verteilten Systemen bzw. im Internet stattfinden. Die Dienste zum Zugriff auf die Daten sind jedoch ebenso wie der EPC zentral organisiert (ebenso wie die Adressen unter denen Informationen zu finden sind).

(Events), zu dem betreffenden Tag gespeichert. Ereignisse sind im Allgemeinen mit dem Lesen der Daten des Tag an einem definierten Ort verbunden und erlauben in Summe die Rückverfolgbarkeit des jeweiligen Gutes.

Diese Informationen werden nach der Vorstellung von EPCglobal in Datenbanken gespeichert, die häufig auch als Data Warehouses bezeichnet werden. Als Auszeichnungssprache ist der XML-Dialekt *PML* (Physical Markup Language) des MIT Auto-ID Center vorgesehen. Wie im Internet werden die Orte, unter denen die Informationen zu finden sind, in Verzeichnissen – den so genannten *Object Name Servern* festgehalten. Hier findet man die Adressen, an denen die Informationen zum jeweiligen Tag, bzw. zur jeweiligen EPC-Nummer abgelegt wurden.

Zur Suche werden *EPC Discovery Services* zur Verfügung stehen, die den Nutzer durch die Fülle von Informationen leiten.

Die Datensicherheit wird durch Zertifikate, Authentifizierung und Verschlüsselung der Daten sichergestellt. Auch hier geht man ähnliche Wege wie im Internet. Die *EPC Security Services* verwenden Secure Sockets Layer (SSL), wie sie auch in der Client/Server-Kommunikation heute üblich sind.

Als Dienstleistungs- und Kompetenzzentrum für unternehmensübergreifende Geschäftsabläufe in der deutschen Konsumgüterwirtschaft ist GS1 Germany maßgeblich an der Entwicklung des EPC-Netzwerkes und einem global gültigen Standard für RFID-Systeme beteiligt. Die Hauptaufgaben liegen im Bereich der Administration der EPC-Nummern sowie die Weiterentwicklung und Implementierung des EPC-Systems in Deutschland. GS1 beschreibt den Ablauf (siehe Abbildung 2.43) in dem Dokument „Internet der Dinge"[72] vom Februar 2005 wie folgt:

1. Der Lebenszyklus einer EPC-Nummer beginnt mit der Kennzeichnung des Produktes/Objektes beim Hersteller (Anbringung des EPC-Etiketts).
2. Der Hersteller nimmt die Produktinformationen für die entsprechende EPC-Nummer (z. B. Fertigungsdatum, Verfallsdatum, Ort) in den EPC-Informationsdienst (EPC IS) auf.
3. Der EPC-Informationsdienst meldet dem Netzwerk das „EPC-Wissen" mit Hilfe der EPC-Ermittlungsdienste (EPC Discovery Services). Der EPC Event Registry Dienst „merkt" sich den Ort dieser EPC IS-Server.
4. Das mit der EPC-Nummer gekennzeichnete Produkt (Objekt) wird an den Warenempfänger (Handel) versendet.
5. Der Händler zeichnet den „Empfang" des Produktes/Objektes bzw. der entsprechenden EPC-Nummer in seinem EPC-Informationsdienst (EPC IS) auf.
6. Der EPC-Informationsdienst des Händlers meldet dem Netzwerk ein Ereignis (Event). Über die EPC Event Registry-Dienste wird das neue „EPC-Wissen" registriert.
7. Falls der Händler Produktinformationen benötigt, wird er den Haupt-ONS nach dem Ort des lokalen ONS des Herstellers „fragen".

---

[72] siehe `www.gs1-germany.de`

8. Der lokale ONS-Dienst des Herstellers „findet" den EPC-Informationsdienst-Server für die gegebene EPC-Nummer.
9. Der Händler kann dann die gewünschten Produktinformationen (z. B. Fertigungsdatum, Mindesthaltbarkeitsdatum) abfragen. EPC-Sicherheitsdienste steuern die Zugangsrechte zum EPCglobal-Netzwerk (Authentifizierung und Zugangsberechtigung).

2.6 2D-Codes

Neben den 1D-Codes, vergleichsweise einfach linear und meist horizontal zu lesende Barcodes, werden zur Erhöhung des Informationsgehaltes optische Codierungen eingesetzt, die auch die 2. Dimension, die *vertikale* Komponente, zum Informationstransfer nutzen. Im einfachsten Fall werden zu diesem Zweck herkömmliche Barcodes übereinandergesetzt, also mehrreihig aufgebaut. Komplexere Verfahren reduzieren den Strich auf einen Punkt und werden als *Matrix-* oder *Dot-Codes* bezeichnet.

Der 1D-Barcode ist als eine Referenz auf eine Information zu verstehen. Mit einer 2D-Symbologie mit höherer Informationsdichte kann dagegen die tatsächliche Information transportiert werden.

2.6.1 Gestapelte Barcodes

Im Jahre 1987 wurde bei der Firma Intermec als erster gestapelter Barcode (oder auch *Stacked Barcode*) der Code 49 für Anwendungen in der Raumfahrt entwickelt. Abbildung 2.44 zeigt eine beispielhafte Code-49-Darstellung. Es können maximal 81 Ziffern oder 49 alphanumerische Zeichen transportiert werden. Diese Zeichen sind in bis zu acht Reihen codiert. Der Grundgedanke war, den Platz eines Barcodes für Daten besser zu nutzen und die Redundanz der in die Höhe gezogenen Striche dadurch zu minimieren, dass die Codes mehrzeilig dargestellt werden. Zwar reduziert sich dadurch die Strichhöhe des einzelnen Barcodes deutlich, proportional zu dieser Strichhöhenverminderung hatten sich Lesegeräte und Drucktechniken zu dieser Zeit aber bereits entsprechend verbessert. Probleme der Fehllesung durch Schräglesung können bei einigen Geräten sogar fast ausgeschlossen werden.

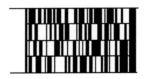

Abbildung 2.44. Beispiel für einen Code 49

Ein Jahr später wurde in Deutschland mit der Entwicklung des Codablock-Barcode begonnen. Es handelt sich ebenfalls um einen gestapelten Barcode, der beispielhaft in Abbildung 2.45 dargestellt ist. Beim Codablock wird eine Balkencode-Zeile so lange fortgesetzt, bis sie voll ist und dann in die nächste Zeile umgebrochen. Dabei können in der Variante Codablock F, die auf dem Code 128 aufbaut, in bis zu 44 Zeilen je zwischen vier und 62 Zeichen codiert werden, was einer Gesamtkapazität von maximal 2728 Zeichen entspricht.

Abbildung 2.45. Beispiel für einen Codablock-Barcode

Neben der Variante F existieren noch die ebenfalls auf Code 128 basierende Variante 256 und die auf Code 39 basierende Variante A. Codablock ist heutzutage sehr stark im Gesundheitswesen vertreten; so werden beispielsweise Blutkonserven über diese Symbologie gekennzeichnet.

Ein weit verbreiteter gestapelter Barcode ist der im Jahre 1988 von Symbol Technologies in den USA entwickelte PDF 417-Barcode (Portable Data File). Ein Beispiel für eine PDF 417 Repräsentation ist in Abbildung 2.46 zu sehen. Jedes einzelne Zeichen wird in ein Codewort mit einer Breite von 17 Modulen codiert, das jeweils aus vier verschieden breiten Balken und vier verschieden breiten Zwischenräumen besteht.

Abbildung 2.46. Beispiel für einen PDF 417

Pro Zeile können zwischen einem und 30 Zeichen dargestellt werden. Dabei können auf maximal 90 Zeilen über 2700 Ziffern oder 1850 ASCII-Zeichen gespeichert werden. Ein typischer PDF-417-Ausdruck erzielt eine Datendichte von 100 bis 300 Bytes pro Quadratzoll.

Natürlich ist zum Lesen von 2D-Codes auch eine andere Technologie erforderlich. Es werden Geräte benötigt, die mehr als nur die Strichlinie scannen. Zum Einsatz kommen hier neben Kamerasystemen auch *Fächerscanner*[73].

2.6.2 RSS-14 und CC

Um den gewachsenen Anforderungen an automatische Identifikation und dezentrale Informationshaltung gerecht zu werden, wurde als Ergänzung zu den Barcodedarstellungen des EAN im Jahre 1996 die Reduced Space Symbology (RSS–14) entwickelt, eine Familie linearer Strichcodesymbole, die neue Möglichkeiten der Produktidentifikation bieten.

Abbildung 2.47. Beispiel für einen RSS-14 Stacked

Die wichtigsten Anforderungen an dieses System waren neben der Datenkomprimierung, also der Möglichkeit, mehr Daten auf gleichem Raum unterzubringen

- omnidirektionales (lageunabhängiges) Lesen, um zum Beispiel das Lesen an der Kasse zu beschleunigen,
- gute Lesemöglichkeit auf kleinster Fläche, um Kleinstprodukte auszeichnen zu können, und
- Kompatibilität zu den bestehenden Systemen des EAN, um den EAN 8 und den EAN 13 auch zukünftig benutzen zu können.

Durch die Benutzung der Codierungsmöglichkeiten des EAN 128 wurde weiterhin die Möglichkeit geschaffen, zusätzliche Informationen, wie zum Beispiel Preis, Verfallsdatum oder Chargennummer, zu erfassen.

Die Grundstruktur sieht eine Breite von 94 Modulen aufgeteilt in 46 Elemente vor, der einzelne Balken kann zwischen einem und acht Modulen breit sein. Die Balkenrepräsentation benötigt keine Ruhezone, da sie über zwei *Suchsymbole* verfügt, die auch jeweils eine Prüfziffer aufnehmen. Über die 94 Module lassen sich Zahlen zwischen Null und über 20 Billionen codieren und damit auf einer Breite von 94 Modulen alle möglichen Werte des EAN 13 zuzüglich einer führenden Null oder Eins darstellen.[74] Da die nominelle Modulbreite mit 0,25 Millimetern angegeben ist, hat der gesamte Code eine Breite von 23,5 Millimetern, was zu der Repräsentation einer GTIN in Form

---

[73] Beim Fächerscanner wird durch einen Schwingspiegel eine Ablenkung des Lichtstrahles erreicht, wodurch mehrere untereinander stehende Strichcodes abgelesen werden können.
[74] 20 Billionen $= 20 * 10^{12} = 2 * 10^{13}$

78   2. Automatische Identifikation

des EAN 13, der mit 37,29 Millimetern angegeben ist, eine Reduktion um über 30% darstellt.

In den gestapelten Versionen wird der RSS-14 auf zwei übereinander liegenden Ebenen dargestellt und dadurch die Breite weiter reduziert.

Abbildung 2.48. Beispiel für RSS-14 gestapelt und omnidirektional lesbar

Die Familie der Reduced Space Symbology umfasst sieben Barcodevarianten:

- RSS-14
- RSS-14 truncated (höhenreduziert)
- RSS-14 stacked (gestapelt und höhenreduziert)
- RSS-14 stacked omnidirectional
- RSS-14 limited
- RSS-14 expanded
- RSS-14 expanded omnidirectional

Der in Abbildung 2.47 dargestellte *RSS-14 stacked* ist eine gestapelte, zweireihige und in der Höhe reduzierte Version des RSS-14, der besonders für kleinvolumige Einheiten entwickelt wurde. Der in Abbildung 2.48 beispielhaft aufgezeigte *RSS-14 stacked omnidirectional* unterscheidet sich vom Vorigen in der Höhe. Durch die größere Darstellung wird das omnidirektionale Lesen ermöglicht.

Abbildung 2.49. Beispiel für einen RSS-14 mit 2D-Anteil

Jede der sieben Barcodevarianten verfügt über die Möglichkeit, über die Zuschaltung eines *Verknüpfungsflags* [29] in den Modus des *Composite Codes* zu wechseln. Wenn das Verknüpfungsflag gesetzt ist, muss zusätzlich zum RSS-Code auch noch der 2D-Code der Darstellung gelesen und ausgewertet werden. Abbildung 2.51 zeigt beispielhaft einen RSS-14-Code mit zugeschaltetem Verknüpfungsflag und einer 2D-Repräsentation.

Auf den Internetseiten der GS1 Germany findet sich die Aussage [17]:

„Mit dem 01.01.2010 wird die Strichcodesymbologie Reduced Space Symbology (RSS) zum offenen globalen Standard für die Artikelidentifikation am Point of Sale (POS). Die globale GS1-Organisation, die mit dem EAN-Strichcode bereits weltweite Zeichen der Standardisierung setzt, hat dieses Datum jetzt für Industrie und Handel bekannt gegeben. Der RSS ergänzt die EAN/UPC-Symbologie bei einem Platzbedarf von weniger als 50% eines EAN-13-Codes und eignet sich so zur Kennzeichnung sehr kleiner Einheiten wie z. B. Kosmetik- oder Schmuckartikel."

2.6.3 RM4SCC

Unter den Poststrichcodes ist der *RM4SCC*, der manchmal auch nur *4SCC* genannt wird, ein besonders interessanter Vertreter. An einen Postcode wird die Anforderung gestellt, dass er in der Briefsortieranlage bei sehr hohen Geschwindigkeiten von 3,5 m/s und mehr auf das Beförderungsgut – in der Regel der Brief – gedruckt und später auch wieder gelesen werden können muss.

Ursprünglich von der Royal Mail (RM) in Großbritannien entwickelt, ist er inzwischen auch in anderen Ländern, wie zum Beispiel in Australien, Dänemark, Österreich oder auch in der Schweiz im Einsatz. Allerdings werden in einigen Ländern teilweise die Zeichen an anderen Positionen gefunden. Der RM4SCC hat einen Zeichenvorrat von 36 Zeichen, die sich aus zehn Ziffern und 26 Buchstaben zusammensetzen. Tabelle 2.10 zeigt den Zeichensatz.

Abbildung 2.50. Eine Zeichensequenz in der Codierung RM4SCC

Zwischen Start- und Stoppzeichen, die aus jeweils einem unterschiedlich langen Strich bestehen, wird die Codierung geschrieben, die in der Mitte eine horizontale Taktlinie besitzt. Diese Taktlinie gilt beim Lesen als Referenzlinie und erlaubt einen unterschiedlichen Abstand der Striche zueinander. Jeder Strich besteht zumindest aus dem Strich für die Taktlinie, kann aber nach oben und/oder nach unten verlängert worden sein. Somit verschlüsselt jeder Strich zwei Bit und kann damit vier Zustände (*engl.* states) annehmen, was

Zeichen	Symbol	$r_o(x)$ $r_u(x)$	Zeichen	Symbol	$r_o(x)$ $r_u(x)$	Zeichen	Symbol	$r_o(x)$ $r_u(x)$
0	‖‖	1 1	1	‖‖	1 2	2	‖‖	1 3
3	‖‖	1 4	4	‖‖	1 5	5	‖‖	1 6
6	‖‖	2 1	7	‖‖	2 2	8	‖‖	2 3
9	‖‖	2 4	A	‖‖	2 5	B	‖‖	2 6
C	‖‖	3 1	D	‖‖	3 2	E	‖‖	3 3
F	‖‖	3 4	G	‖‖	3 5	H	‖‖	3 6
I	‖‖	4 1	J	‖‖	4 2	K	‖‖	4 3
L	‖‖	4 4	M	‖‖	4 5	N	‖‖	4 6
O	‖‖	5 1	P	‖‖	5 2	Q	‖‖	5 3
R	‖‖	5 4	S	‖‖	5 5	T	‖‖	5 6
U	‖‖	6 1	V	‖‖	6 2	W	‖‖	6 3
X	‖‖	6 4	Y	‖‖	6 5	Z	‖‖	6 6
Start	∣		Stopp	∣				

Tabelle 2.10. Der Zeichenvorrat des RM4SCC

dem RM4SCC seinen Namen verleiht: *Royal Mail 4 State Customer Code*. Abbildung 2.50 zeigt eine gültige Beispielsequenz in der Repräsentation des RM4SCC.

Mit Ausnahme des Start- und des Stoppsymbols besteht jedes Zeichen des RM4SCC aus vier Strichen. Von diesen vier Strichen müssen zwei nach oben und zwei nach unten verlängert sein, der Code ist dadurch selbstüberprüfend. Zum Code gehört eine Prüfziffer.

Die Berechnung des Prüfzeichens erfolgt nach einem einfachen Muster: Von jedem Zeichen des Codes, mit Ausnahme des Start- und des Stoppzeichens, wird eine obere und eine untere Referenzzahl r_o und r_u gebildet. Dazu wird von links nach rechts jedes Zeichen betrachtet und die Striche, die nach oben oder unten verlängert sind, mit vier, zwei oder eins gewichtet. Die Ergebnisse dieses Verfahrens zu jedem Zeichen können in Tabelle 2.10

2.6 2D-Codes

Prüfziffer oben (p_o)

		1	2	3	4	5	0
Prüf- ziffer un- ten (p_u)	1	0	6	C	I	O	U
	2	1	7	D	J	P	V
	3	2	8	E	K	Q	W
	4	3	9	F	L	R	X
	5	4	A	G	M	S	Y
	0	5	B	H	N	T	Z

Tabelle 2.11. Matrix zur Ermittlung der Prüfziffer

abgelesen werden. Danach werden diese Werte summiert und jeweils modulo 6 gerechnet, woraus sich die zwei Prüfziffern p_o und p_u ergeben. Zu diesen zwei Prüfziffern kann aus Tabelle 2.11 das Prüfzeichen direkt abgelesen werden. p_o gibt dabei die Spalte und p_u die Zeile an, in der das gesuchte Element steht.

Formal sieht das Finden des Prüfzeichens für den RM4SCC wie folgt aus: Sei $A = \{A, B, \ldots, Y, Z\}$ die Menge der Großbuchstaben und $N = \{0, 1, \ldots, 9\}$ die Menge der Ziffern und sei $Z = A \cup N$ die Vereinigung dieser beiden Mengen und sei $X = x_1 \oplus x_2 \oplus \ldots \oplus x_n$ ein Wort über Z^n mit $x_s \in Z$ und $s \in \{1 \ldots n\}$ und einem $n \in \mathbb{N}$. Sei $S = \{1, \ldots, 6\} \subset \mathbb{N}$ die Menge der Natürlichen Zahlen von 1 bis 6 und seien $r_o : Z \to S$ und $r_u : Z \to S$ zwei Abbildungen, die einem Element aus Z einen Referenzwert gemäß Tabelle 2.10 zuordnen. Sei nun weiterhin

$$M = \begin{pmatrix} 0 & 6 & C & I & O & U \\ 1 & 7 & D & J & P & V \\ 2 & 8 & E & K & Q & W \\ 3 & 9 & F & L & R & X \\ 4 & A & G & M & S & Y \\ 5 & B & H & N & T & Z \end{pmatrix} \in Z^{6,6}$$

eine Matrix, die den gesamten Zeichenvorrat des RM4SCC gemäß Tabelle 2.11 beinhaltet und sei m_{ij} mit $i, j \in \{1 \ldots 6\}$ das Element aus der i-ten Zeile und j-ten Spalte von M. Dann ist m_{ij} das Prüfzeichen einer RM4SCC-Codierung, wenn gilt:

$$i = ((\sum_{a=1}^{n} r_u(x_a)) \bmod 6) + 1$$

und

$$j = ((\sum_{c=1}^{n} r_o(x_c)) \bmod 6) + 1.$$

82   2. Automatische Identifikation

Abbildung 2.51 zeigt den Ausschnitt einer durch die hohe Fördergeschwindigkeit während des Druckes verformten RM4SCC Darstellung, die dank der Taktzeile problemlos gelesen werden kann.

Abbildung 2.51. Beispiel für einen RM4SCC

Sollte der Fehler auftreten, dass ein oberer oder ein unterer Strich während einer Lesung nicht oder fehlerhaft erkannt wird, würde das System das defekte RM4SCC-Symbol, das aus vier Strichen besteht, direkt erkennen und als fehlerhaft klassifizieren. Das Prüfzeichen schafft nun aber die Möglichkeit des Nachvollziehens, welcher Strich zu kurz oder zu lang ist. Dadurch ist der RM4SCC nicht nur als fehlererkennend, sondern auch als bedingt fehlerkorrigierend zu klassifizieren.

2.6.4 Matrixcodes

Von der Vielzahl entwickelter Matrixcodes erlangten nur Wenige bis heute eine weitere Verbreitung. Etablierte Matrixcodes sind

- Aztec
- QR-Code
- MaxiCode
- Data Matrix Code
- Dot Code A

Im Jahre 1995 wurde der in den USA entwickelte Aztec Matrixcode vorgestellt, der als *Suchsymbol* mehrere verschachtelte Quadrate in der Mitte enthält. Das Suchsymbol oder auch Suchelement dient der Bildverarbeitungssoftware als Referenzpunkt. Abbildung 2.53 zeigt eine Darstellung des Aztec Codes.

Abbildung 2.52. Beispiel für einen Aztec Code

Es können zwischen zwölf und 3000 Zeichen codiert werden. Durch eine Fehlerkorrektur ist der Code sogar noch lesbar, wenn bis zu 25% der Datenfläche beschädigt sind.

Neben Anwendungen in der Logistik findet sich der Aztec Code auch auf Onlinetickets.

Der 1994 von der japanischen Firma Nippondenso entwickelte quadratische Matrixcode *QR-Code* (Quick Response Code), der in einer Größe von $21*21$ bis $177*177$ Feldern (Punkten) angetroffen wird, kann bis zu 1817 japanische Kanjizeichen transportieren. Alternativ können aber auch 7089 Ziffern oder 4296 alphanumerische Zeichen mit ihm codiert werden.

Abbildung 2.53. Der Aztec Code auf einem Bundesbahnticket

Der QR-Code besitzt in drei Ecken verteilte und ineinander geschachtelte Quadrate, die als Suchelemente dienen. Auch dieser Code ist quadratisch aufgebaut. Eine Fehlerkorrektur erlaubt beim QR-Code eine sinnvolle Rekonstruktion, selbst wenn bis zu 30% der Datenfläche zerstört sind.

Abbildung 2.54. Beispiel für einen QR-Code

Im Paketversand gelangt der MaxiCode zum Einsatz, der auf einer fest vorgegebenen Fläche von einem Quadratzoll (25,4 mm * 25,4 mm) 93 ASCII-Zeichen oder 138 Ziffern codiert. Der MaxiCode besitzt ein Suchmuster aus drei konzentrischen Kreisen. Um dieses Suchmuster sind 866 Sechsecke in

33 Reihen angeordnet, die schwarz oder weiß ausgefüllt sind. Der Maxi-Code verfügt über eine Fehlerkorrektur, mit der Daten bei einer gesamten Zerstörung von bis zu 25% rekonstruiert werden können.

Abbildung 2.55. Data Matrix Code Beispiel

Der in der zweiten Hälfte der 1980er Jahre in den USA entwickelte Data Matrix Code, der beispielhaft in Abbildung 2.55 zu sehen ist, kann in einer Größe von $10 * 10$ bis $144 * 144$ Feldern vorkommen, kann aber auch in nicht-quadratischen Formen (etwa $8 * 18$ Felder) gedruckt werden. Auch im Druck müssen die einzelnen Elemente nicht quadratisch sein, eine Verzerrung ist erlaubt, weil die beiden horizontalen und vertikalen „Taktlinien" die Größe eines Elements beschreiben und dadurch die Lesbarkeit wieder ermöglichen.

Ein von links oben nach rechts unten nicht unterbrochener Rahmen, der als Suchelement fungiert und dem Lesegerät die Lage im Raum verrät, umschließt den *Data Matrix Code* zur Hälfte. Die beiden anderen Seiten werden von einem alternierenden Schwarz-Weiß-Muster umgeben, das als „Takt" dient und die Codegröße schnell abzählbar macht.

Abbildung 2.56. Data Matrix Code als Briefmarke

Durch Anwendung der Reed-Solomon-Fehlerkorrektur[75] (ECC200) enthält der Data Matrix Code zwar Redundanzen, dadurch können aber bei Beschädigungen von bis zu 25% des gedruckten Codes die zerstörten Informationen rekonstruiert werden. Auf seiner Maximalgröße kann dieser Matrixcode 1558 erweiterte ASCII-Zeichen (acht Bit), 2335 ASCII-Zeichen (sieben Bit) oder 3116 Ziffern transportieren.

Der Data Matrix Code, der anfänglich in der Elektroindustriezur Leiterplattenkennzeichnung und in der Chip-Produktion zu finden war und sich auch in der Automobilindustrie durchsetzen konnte, hat inzwischen allgemeine Bekanntheit als digitale Briefmarke erfahren, wie Abbildung 2.56 zeigt.

---
[75] Siehe hierzu Abschnitt 2.7.

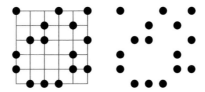

Abbildung 2.57. Dot Code A Beispiel

Der *Dot Code A* besteht aus einer quadratischen Anordnung von 6 × 6 bis 12 × 12 Punkten (dots). Hiermit können bis zu 42 Milliarden Objekte unterschieden werden. Er besitzt Suchpunkte (Suchelemente) und kann daher omnidirektional und aus großem Abstand zuverlässig gelesen werden.

Anwendungen existieren in der Kennzeichnung von Halbzeugen, Chips und Platinen, in der Identifikation von Laborgläsern und in der Markierung von Wäsche in Wäschereien, aber auch in der Verarbeitung von Alurohlingen und Achsen (auf der Stirnseite) mit eingeschlagenen Dot Codes (vgl. [29]). Da der Dot Code in den meisten Fällen direkt auf das Objekt aufgetragen wird, wird er weniger häufig gedruckt, sondern viel öfter gebohrt, geätzt, gefräst oder eingeschlagen.

Schließlich seien noch die so genannten *3D-Codes* erwähnt, die auf den 2D-Codes aufbauen und farbliche Komponenten als dritte Dimension benutzen.

2.7 Fehlerkorrektur

Bei selbstüberprüfenden Barcodes, wie etwa beim Code 2/5, erkennt das Lesegerät durch die integrierte Software in vielen Fällen einen Fehler im Barcode dadurch, dass eine erwartete Struktur nicht eingehalten wurde. So muss beim Code 2/5 beispielsweise ein Barcodezeichen, das aus fünf Balken besteht, zwei breite und drei schmale Balken enthalten. Ein selbstüberprüfender Code wird auch *EDC* oder *Error Detecting Code* genannt.

2.7.1 Zwei aus Drei

Während die Methoden des EDC Fehler aufzeigen können, kann mit *ECC*, den *Error Checking and Correction Algorithms*, der Fehler nach dem Auffinden gleich korrigiert werden. ECC-Verfahren basieren auf Redundanz. Das zu codierende Worte wird erweitert und nicht selten wird es auch verändert. Ein bekanntes und sehr einfaches ECC besteht im „Zwei aus Drei"-Verfahren, bei dem das Wort ω dreifach geschrieben wird: $3 * \omega = \omega_1 \oplus \omega_2 \oplus \omega_3$ mit $\omega_i = \omega_j$ für $i, j \in \{1, 2, 3\}$. Beim Lesen können dann die drei folgenden Fälle eintreten:

- $\omega_i = \omega_j$ für $i, j \in \{1, 2, 3\}$, das heißt dass alle drei Wörter sind gleich. In diesem Fall ist kein Fehler aufgetreten.[76]
- $\omega_i \neq \omega_j = \omega_k$ für $i, j, k \in \{1, 2, 3\}$ und $i \neq j \neq k \neq i$, was bedeutet, dass zwei Wörter gleich sind und sich vom verbleibenden dritten Wort unterscheiden. In diesem Fall findet die Korrektur dadurch statt, dass den zwei gleichen Wörtern vertraut und das ungleiche verworfen wird.
- $\omega_i \neq \omega_j \neq \omega_k$ für $i, j, k \in \{1, 2, 3\}$ und $i \neq j \neq k \neq i$. In diesem Fall, in dem alle Wörter verschieden sind, ist eine Korrektur nicht möglich und der Fehler muss geeignet behandelt werden.

Das „Zwei aus Drei"-Verfahren ist zwar in der Fehlerkorrektur ein durchaus probates Mittel, dennoch kann die Effizienz durch andere Verfahren deutlich gesteigert werden, die mehr Wert auf ein ausgeglichenes Verhältnis zwischen hoher Fehlertoleranz und geringerer Redundanz legen. Das „Zwei aus Drei"-Verfahren bildet allerdings die Basis zum Beispiel für die im folgenden Abschnitt aufgezeigten RS-Codes. Das „Zwei aus Drei"-Verfahren kann auch als „n aus m"-Verfahren zur Anwendung kommen.

2.7.2 RS-Codes

Die *Reed-Solomon-Codes*, auch *RS-Codes* genannt, sind Codierungsverfahren, die ein Erkennen *und* Korrigieren von Lesefehlern möglich machen. Neben 2D-Codes, wie zum Beispiel dem Data Matrix Code, finden RS-Codierungen auch bei der DVD und der CD zur Korrektur von Lesefehlern Anwendung. Die RS-Codes wurden von Irving S. Reed und Gustave Solomon im Jahre 1960 vorgestellt [34].

Die RS-Codes arbeiten nach der Methode, die Elemente a_i (mit $i \in \{1 \ldots n\}$) der n–stelligen Nachrichtenwörter $\omega = a_n \oplus a_{n-1} \oplus \ldots \oplus a_1$ in Koeffizienten eines Polynoms $p(x)$ vom Grad $n - 1$ umzuwandeln:

$$p(x) = a_n x^{n-1} + a_{n-1} x^{n-2} + \ldots + a_2 x^1 + a_1$$

Danach werden zu m (mit $m \geq n$) festgelegten und paarweise verschiedenen Stützstellen $s_1 \ldots s_m$ die Funktionswerte von $p(s_1) \ldots p(s_m)$ ermittelt. Diese Daten stellen die RS-Codierung der Ursprungsmenge dar und werden abgebildet. Über *Polynominterpolation*, hier insbesondere über die *Lagrange-Interpolation*, lässt sich aus n der paarweise verschiedenen Tupel $(s_j, p(s_j))$, $j \in \{1 \ldots m\}$ genau ein Polynom p vom Grade $n - 1$ bestimmen.

An m wurde die Bedingung $m \geq n$ gestellt; würde m mit $m = n$ gewählt, ließe sich das Polynom p aus den m Tupeln $(s_j, p(s_j))$ auf genau eine Art berechnen. Würde dagegen $m > n$ gewählt, gäbe es mehrere Möglichkeiten zur Bildung des *einen* Polynoms p, was bei Ausfällen von einem oder mehreren Werten (je nach Wahl von m) eine Rekonstruktion des Polynoms und damit

---

[76] Oder es ist dreimal der gleiche Fehler aufgetreten, was allerdings recht unwahrscheinlich ist.

der das Nachrichtenwort ω bildenden Koeffizienten $a_1 \ldots a_n$ des Polynoms p immer noch gestattet. Wurden einzelne Werte der Tupel $(s_j, p(s_j))$, hier insbesondere Werte von $p(s_j)$, verändert, kann das durch mindestens zweifache Bildung des Polynoms p mit unterschiedlichen $p(s_j)$ aufgezeigt werden. Der fehlerhafte Wert kann bei dreifacher Bildung des Polynoms p durch das „Zwei aus Drei"-Verfahren[77] identifiziert und korrigiert werden.

2.7.3 Hamming-Codes

Während bei RS-Codes die Fehlertoleranz über Parameter verbessert und in gleichem Maße die Redundanz verschlechtert werden kann[78], sie aber zugleich sehr komplex und zeitaufwändig in der Berechnung sind[79], existieren andere Verfahren, die mit geringer Fehlertoleranz einfacher berechnet werden können. Ein solches ECC-Verfahren nach Hamming[80] funktioniert mit binären Codes.

Ein *Hamming-Code* ist ein binärer Code mit einem *Hamming-Abstand* von mindestens 3. Der Hamming-Abstand ist das *Hamming-Gewicht* des Ergebnisses der *XOR*-Verknüpfung zweier binärer Zahlen. Das Hamming-Gewicht ist die Zahl, die sich bei der Auszählung der Einsen in einer binären Codierung ergibt. Sei beispielsweise $z_0 = 110_{10} = 01101110_2$ eine Zahl, dann hat sie das Hamming-Gewicht von 5, weil sie in ihrer binären Darstellung genau fünf Einsen besitzt.

Der Hamming-Abstand zweier Zahlen kann damit auch einfacher als die Anzahl der Stellen bezeichnet werden, an denen sich die beiden Zahlen in ihrer binären Darstellung unterscheiden, denn genau das entspricht der Anzahl der Einsen der XOR-Verknüpfung der beiden Zahlen. Sei beispielsweise $z_1 = 42_{10} = 101010_2$ und $z_2 = 24_{10} = 11000_2$, dann ist das Ergebnis der XOR-Verknüpfung:

$$
\begin{array}{rl}
 & 101010_2 \\
\text{XOR} & \underline{011000_2} \\
= & 110010_2
\end{array}
$$

Der Hamming-Abstand der beiden Zahlen $z_1 = 42$ und $z_2 = 24$ entspricht damit dem Wert 3. Würde ein binärer Code nun aus genau diesen beiden Zahlen (Wörtern) bestehen, wäre er ein Hamming-Code. Der Hamming-Abstand eines Codes C mit n Codewörtern ω_i, $i \in \{1 \ldots n\}$ entspricht dem minimalen

---

[77] Siehe Abschnitt 2.7.1.
[78] Das Erhöhen der festgelegten Stützstellen erhöht zwar die Redundanz, schafft aber größere Sicherheit.
[79] RS-Codes arbeiten auf endlichen Körpern, die oftmals eine aufwändige eigene Arithmetik besitzen.
[80] Richard Wesley Hamming, *1915 †1998. Gedanken zur Hammingcodierung finden sich in „Error-detecting and error-correcting codes"[19], der Artikel ist im Internet verfügbar [18].

Hamming-Abstand des paarweisen Vergleiches aller Wörter ω_i und ω_j (mit $i, j \in \{1\ldots n\}$ und $i \neq j$) des Codes.

Ein (n, m)-Code mit $n > m \geq 3$ ist ein Hamming-Code mit einer Länge von n Bit und einem Hamming-Abstand von mindestens m von einem beliebigen Wort des Codes zu einem anderen, also mit einem Hamming-Abstand des binären Codes von m.

Hamming-Codes, die binäre Zahlen codieren, lassen sich auf verschiedene Arten erzeugen. Nach der Festlegung auf einen Algorithmus kann für ein gelesenes Wort überprüft werden, ob es ein Element des Hamming-Codes ist, der durch den Algorithmus erzeugt wurde.[81] Falls es kein Element des Hamming-Codes ist, könnte es bei einer Aufnahme in den Code den Hamming-Abstand des gesamten Codes senken. Durch die Änderung von genau einem Bit in einem Wort würde der Hamming-Abstand des geänderten Wortes zu seinem Original den Wert eins haben und damit der Hamming-Abstand des gesamten Codes auf eins sinken. Zugleich würde aber der Hamming-Abstand des fehlerhaften Wortes zu den anderen Wörtern des Codes immer noch einen Hamming-Abstand von mindestens zwei haben. Bei einem Hamming-Abstand von Eins kann das fehlerhafte Wort und die Fehlerposition angegeben werden. Bei einer Senkung des Hamming-Abstandes um einen anderen Wert würde, je nach Verhältnis von n zu m des (n, m)-Codes, eine Fehlerposition noch gefunden oder der Fehler wenigstens entdeckt werden können.

Wird ein Hamming-Code mit einem höheren Hamming-Abstand gewählt, können wesentlich mehr Fehler gefunden und korrigiert werden, allerdings wird durch diese Redundanzerhöhung auch die Datenmenge drastisch ansteigen.

Sei beispielsweise $A = \{0, \ldots, 7\}$ und $H = \{000000_2, 110001_2, 100110_2, 010111_2, 011100_2, 101101_2, 111010_2, 001011_2\}$ ein $(6, 3)$-Hamming-Code mit einem Hamming-Abstand von drei und sei

$$h : A \to H$$

eine Abbildung mit

$$h(x) = \begin{cases} 000000_2 & \text{falls x} = 0 \\ 110001_2 & \text{falls x} = 1 \\ 100110_2 & \text{falls x} = 2 \\ 010111_2 & \text{falls x} = 3 \\ 011100_2 & \text{falls x} = 4 \\ 101101_2 & \text{falls x} = 5 \\ 111010_2 & \text{falls x} = 6 \\ 001011_2 & \text{falls x} = 7 \end{cases},$$

---

[81] Es können in einem Wort mehrere Bit-Drehungen auftreten, so dass ein verändertes Wort wieder gültig werden würde. Bei einem Hamming-Code mit Hamming-Abstand von 3 könnte das mit drei sinnvollen Bit-Veränderungen geschehen. Auch könnten mehrere Veränderungen eine Ähnlichkeit zu einem anderen Wort größer machen als zu seinem Original. Solche Fälle müssen mit geeigneten, vielleicht kontextsensitiven Verfahren aufgefangen werden.

2.7 Fehlerkorrektur

dann kann für ein binäres Wort mit der Länge 6 durch Vergleich überprüft werden, ob es ein Element des Codes H ist. Würde nun das Wort $\omega = 111010_2$ gelesen, würde der direkte Vergleich zeigen, dass es ein Wort des Hamming-Codes ist, in diesem Fall das, welches mit der Abbildung von $h(6)$ erzeugt würde. Würde in ω ein Bit fehlerhaft erkannt werden und würde durch diesen Fehler zum Beispiel aus ω das Wort $\omega_f = 111110_2$ werden, hätte es zu allen Wörtern aus H einen Hamming-Abstand von mindestens zwei, zu dem Wort $h(6)$ aber nur einen Abstand von eins und könnte korrigiert werden.

Würde ein zweites Bit falsch gelesen, würde etwa aus ω_f das Wort $\omega_{f_2} = 111111_2$, hätte es zu allen Wörtern einen Hamming-Abstand von mindestens zwei und könnte nicht mehr korrigiert werden. Allerdings hätten auch zwei andere Bit fehlerhaft gelesen werden können.

Formal sieht die Bildung des obigen Beispielcodes H wie folgt aus: Auf sechs durchnummerierten Bit-Positionen

$$\overline{1}\ \overline{2}\ \overline{3}\ \overline{4}\ \overline{5}\ \overline{6}$$

werden die Binärdarstellungen der Zahlen $0,\ldots,7$ so verteilt, dass die Positionen eins, zwei und vier frei bleiben.

$$
\begin{aligned}
000_2 &\to \_\_0\_00_2 \\
001_2 &\to \_\_0\_01_2 \\
010_2 &\to \_\_0\_10_2 \\
011_2 &\to \_\_0\_11_2 \\
100_2 &\to \_\_1\_00_2 \\
101_2 &\to \_\_1\_01_2 \\
110_2 &\to \_\_1\_10_2 \\
111_2 &\to \_\_1\_11_2
\end{aligned}
$$

Dann werden für jede Zahl die Positionen ermittelt, an denen eine 1 steht, und diese Positionen der einzelnen Wörter werden XOR-verknüpft:

$$
\begin{aligned}
000_2 &\to \_\_0\_00_2\ ;\ 0 = 000_2 \\
001_2 &\to \_\_0\_01_2\ ;\ 6 = 110_2 \\
010_2 &\to \_\_0\_10_2\ ;\ 5 = 101_2 \\
011_2 &\to \_\_0\_11_2\ ;\ 5\ \text{XOR}\ 6 = 011_2 \\
100_2 &\to \_\_1\_00_2\ ;\ 3 = 011_2 \\
101_2 &\to \_\_1\_01_2\ ;\ 3\ \text{XOR}\ 6 = 101_2 \\
110_2 &\to \_\_1\_10_2\ ;\ 3\ \text{XOR}\ 5 = 110_2 \\
111_2 &\to \_\_1\_11_2\ ;\ 3\ \text{XOR}\ 5\ \text{XOR}\ 6 = 000_2
\end{aligned}
$$

Im letzten Schritt werden die Ergebnisse der XOR-Verknüpfung nun auf die freien Plätze übertragen. Es ergibt sich der oben dargestellte Hamming-Code

H mit

$$\begin{aligned} 000_2 &\rightarrow \mathbf{000000_2} \\ 001_2 &\rightarrow \mathbf{110001_2} \\ 010_2 &\rightarrow \mathbf{100110_2} \\ 011_2 &\rightarrow \mathbf{010111_2} \\ 100_2 &\rightarrow \mathbf{011100_2} \\ 101_2 &\rightarrow \mathbf{101101_2} \\ 110_2 &\rightarrow \mathbf{111010_2} \\ 111_2 &\rightarrow \mathbf{001011_2} \end{aligned}$$

Wird ein Hamming-Code als Matrix dargestellt, kann über die Spalten permutiert werden und es entsteht wieder ein Hamming-Code mit gleichem Hamming-Abstand wie der Vorherige.

Wird beispielsweise der obige Hamming-Code als Matrix H_O geschrieben mit

$$H_O = \begin{pmatrix} 0 & 0 & 0 & 0 & 0 & 0 \\ 1 & 1 & 0 & 0 & 0 & 1 \\ 1 & 0 & 0 & 1 & 1 & 0 \\ 0 & 1 & 0 & 1 & 1 & 1 \\ 0 & 1 & 1 & 1 & 0 & 0 \\ 1 & 0 & 1 & 1 & 0 & 1 \\ 1 & 1 & 1 & 0 & 1 & 0 \\ 0 & 0 & 1 & 0 & 1 & 1 \end{pmatrix},$$

dann erzeugt ein Vertauschen der ersten mit der sechsten Spalte den Hamming-Code $H_{1,6}$ mit

$$H_{1,6} = \begin{pmatrix} 0 & 0 & 0 & 0 & 0 & 0 \\ 1 & 1 & 0 & 0 & 0 & 1 \\ 0 & 0 & 0 & 1 & 1 & 1 \\ 1 & 1 & 0 & 1 & 1 & 0 \\ 0 & 1 & 1 & 1 & 0 & 0 \\ 1 & 0 & 1 & 1 & 0 & 1 \\ 0 & 1 & 1 & 0 & 1 & 1 \\ 1 & 0 & 1 & 0 & 1 & 0 \end{pmatrix},$$

wobei $H_{1,6}$ wieder ein Hamming-Code mit gleichem Hamming-Abstand wie H_O ist.

Zwar erreichen Hamming-Codes nicht die Sicherheit der Reed-Solomon-Codes, sie sind aber wesentlich einfacher und schneller zu berechnen und in vielen Fällen ausreichend.

2.8 Technologie der Barcodeleser

Die Wahl der geeigneten Barcodesymbologie für eine Anwendung, das Erzeugen des Codes und die Anbringung auf einem Objekt ist *eine* Aufgabe. Das

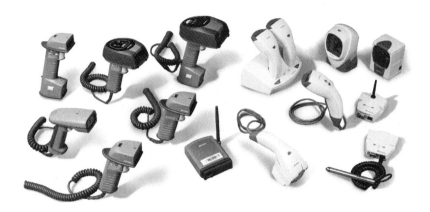

Abbildung 2.58. Diverse Barcodescanner [Fa. Intermec Technologies]

Abtasten, Erkennen und Verarbeiten des Barcodes eine andere, die in diesem Abschnitt betrachtet werden soll.

Beim Lesen eines Barcodes muss die optische Darstellung in Form von hellen, dunklen und verschieden breiten Strichen von einem Gerät aufgenommen, digitalisiert, erkannt und in einem maschinenverständlichen Datenstrom an einer Schnittstelle zur Verfügung gestellt werden. Das leistet der Barcodeleser.

2.8.1 Barcodeleser

Scanner und Decoder[82] bilden das Kernstück eines Lesegeräts. Der Scanner erfasst wahlweise mit einer einzelnen Photodiode, einem Array aus Photodioden, einem Phototransistor oder einem *CCD* (Charge Coupled Device) die reflektierten Signale der Balken und Zwischenräume eines Barcodes.

Voraussetzung hierfür ist, dass der Barcode entsprechend beleuchtet wird und dass das Strichmuster über ausreichenden Druckkontrast[83] verfügt.

Das vom Barcode reflektierte Licht wird vom Scanner über einen A/D-Umsetzer[84] digitalisiert und an den Decoder weitergegeben. Früher waren

---

[82] Der Begriff *Scanner* wird meist als Oberbegriff für die Kombination aus Scanner und Decoder verwendet.
[83] Siehe Print Contrast Signal Abschnitt 2.10.3.
[84] A/D: analog/digital.

2. Automatische Identifikation

Scanner und Decoder getrennte Systeme, heute bilden sie eine Einheit und sind in einem Gehäuse zusammengefasst. Der Decoder übersetzt die ihm gelieferten digitalen Daten in ASCII-Code und liefert die Dekodierung der Ziffernfolge oder der Zeichensequenz.

Bei der Betrachtung der verschiedenen Barcodeleser ist eine erste Unterteilung in portable und stationäre Geräte hilfreich.

2.8.2 Handscanner

Die ersten am Markt angebotenen und auch heute noch vereinzelt anzutreffenden Barcodeleser sind die Barcodelesestifte, die mit gleichbleibender Geschwindigkeit ohne Abstand direkt über eine Balkenformation gezogen werden müssen. Sie verfügen über einen einfachen Aufbau. Ein durch eine Linse gebündelter Lichtstrahl oder das Licht einer Laserdiode, werden auf einen Punkt am lichtoffenen Ende des Lesestifts geschickt (vgl. Abbildung 2.59).

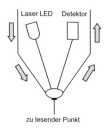
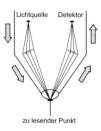

Abbildung 2.59. Lesestift

Dieses offene Ende wird dabei über den Barcode geführt, der das Licht stärker (helle Fläche) oder schwächer (dunkle Fläche) reflektiert. Eine Photodiode wandelt das reflektierte Licht in Spannung um. Ein Glätten der Spannungsflanken (Schmitt-Triggerprinzip) und ein Messen der Zeit ermöglichen jetzt die Erzeugung eines digitalen Signals und damit die Erkennung der Balken, der Zwischenräume und deren jeweilige Breite.

Leistungsfähiger als die Lesestifte sind CCD-Handscanner oder Scanner mit beweglichem Strahl (s. Abbildung 2.60). Der CCD-Handscanner, der meist in Form des Touch-Readers[85] anzutreffen ist, verfügt über ein Array aus sehr kleinen Photodioden, das den Balkencode als Gesamtbild aufnehmen kann. Die Beleuchtung erfolgt bei diesen Scannern über eine LED-Zeile, die rotes oder infrarotes und in selteneren Fällen blaues oder weißes Licht ausstrahlt. Zwar sind diese handlichen, leichten und robusten Geräte sehr

---

[85] Touch *engl.* abtasten, berühren. Der Touch-Reader wird auf das bedruckte Medium aufgesetzt und berührt den Barcode.

2.8 Technologie der Barcodeleser

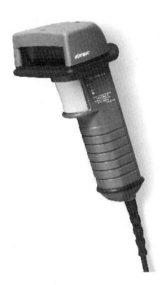

Abbildung 2.60. Handscanner [Fa. Intermec Technologies]

gut an Kommissionierplätzen, in Kassenbereichen sowie an anderen Handarbeitsplätzen einsetzbar, nachteilig ist aber der durch das CCD-Array begrenzte Abtastbereich. Auch ist es mit CCD-Scannern nicht möglich, eine Distanz zum Barcode aufzubauen, das Gerät muss ohne Abstand auf den Strichcode gehalten werden.

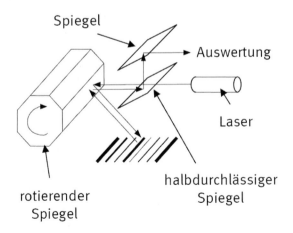

Abbildung 2.61. Prinzip des Barcodescanners mit rotierendem Polygonspiegel

Der portable Scanner mit beweglichem Strahl schickt ein Lichtsignal, das über eine Halbleiterlaserdiode erzeugt wird, über einen mit 30 bis 50 Hertz oszillierenden Spiegel oder einen rotierenden Polygonspiegel auf den Balkencode, wie Abbildung 2.61 zeigt. Die Reflexion der angeleuchteten Stelle wird über Photodetektoren erfasst. Zwar ist bei diesem Gerät eine längere Scanlinie und damit ein langer Barcode lesbar, nachteilig ist aber seine durch die Mechanik bedingte größere Bauart. Die Mechanik ist störanfällig und empfindlich gegen Stoß oder Fall des Gerätes. Allerdings können mit Barcodelesern mit beweglichem Laserstrahl größere Distanzen zum Barcode überbrückt werden: Abstände von über einem Meter sind die Regel, in Extremfällen und bei reflektierendem Barcodedruck können bis zu zehn Metern erreicht werden, was den Einsatzbereich dieser Geräte erheblich erweitert.

Komfortablere Handscanner verfügen durch die Integration von Prozessoren über mehrzeilige Minidisplays und Blocktastaturen. Teilweise stellen sie Terminalfunktionalität zur Verfügung oder bieten die Möglichkeiten einer eigenen Vorverarbeitung der Daten.

Handgeräte verfügen in der Regel mindestens über eine RS232-Schnittstelle. Vor allem bei den kleineren Handscannern findet sich auch die Möglichkeit der *Tastatureinschleifung*, also die Möglichkeit des Anschlusses des Gerätes zwischen die Tastatur und den Rechner. Der Barcodeleser arbeitet dann transparent, das heißt, aus Sicht des Rechners verhält er sich genauso wie die Tastatur.

2.8.3 Stationäre Scanner

Neben Handgeräten existieren stationäre Barcodelesesysteme, die in Aufbau und Funktionsweise ähnlich den Handgeräten sind. Hier bilden nur die Kamerasysteme eine Ausnahme, sie arbeiten nicht zeilenweise, sondern verarbeiten das gesamte Bild. Eine verbreitete Version des stationären Scanners ist der PoS-Scanner (Point of Sale), der, in Kassentischen eingebaut, zur Erfassung von Strichcodierungen auf Konsumgütern entwickelt wurde.

Stationäre Scanner werden im Bereich der Stückgutidentifizierung an Förderstrecken eingesetzt, an denen mit relativ gleichbleibenden Lesebedingungen gerechnet werden kann und daher eine automatische Lesung möglich ist und eine manuelle Scannung, beispielsweise aus Durchsatzgründen, nicht funktionieren würde. An Förderstrecken vor Weichen erfassen sie Daten für Transportwegentscheidungen und dahinter solche zu Kontrollzwecken.

Ein signifikanter Unterschied zwischen den Handgeräten und den stationären Barcodelesern ist die Art des Datentransfers. Während die meisten Handscanner ihre Daten über den Tastaturport oder RS232 kommunizieren, werden viele stationäre Barcodeleser über diverse Feldbussysteme mit einer RS485-Schnittstelle angeschlossen. Der Vorteil hierbei ist, dass Daten mit relativ hoher Geschwindigkeit über wesentlich größere Distanzen übertragen werden können.

2.9 Druckverfahren und Druckqualität

Die Nutzung des Barcodes zur Erzeugung eines Objektidentifikationslabels erfordert die Erzeugung und Aufbringung des Codes vor der Identifikation. Aus der Vielzahl der möglichen Druck- und Kennzeichnungsverfahren muss für den jeweiligen Anwendungsfall das Optimale ausgewählt werden.

2.9.1 Kennzeichnungstechnologien

Im Prinzip sind alle Druckverfahren geeignet, die in ausreichender Qualität und Genauigkeit auf dem gewünschten Untergrund eine Kennzeichnung erzeugen. Grundsätzlich sind zwei verschiedene Wege der Kennzeichnung zu unterscheiden, die direkte und die indirekte Kennzeichnung:

direkte Kennzeichnung	indirekte Kennzeichnung
• Tintenstrahldirektdruck • Laserdirektkennzeichnung • Gravieren • Nadeln	• Nadeldruck • Tintenstrahldruck • Laserdruck • Thermotransferdruck • Thermodirektdruck • Photosatz/Offsetdruck • Siebdruck

Tabelle 2.12. Kennzeichnungstechnologien

Bei der direkten Kennzeichnung wird das Objekt unter Verzicht auf einen zusätzlichen Code-Träger direkt bedruckt oder gekennzeichnet. Tintenstrahlsysteme werden häufig bei Kartonagen eingesetzt. Bei anderen Materialien (Kunststoff, Glas, Metall) eignet sich die Laserbeschriftung oder die mechanische Gravur. Die erzielbaren Qualitäten der Verfahren sind stark von den verwendeten Materialien abhängig und nur unter absolut gleichbleibenden Bedingungen verlässlich. Trotz der meist geringeren Qualität der direkten Kennzeichnung existieren einige Vorteile:

- Kosteneinsparung (keine Etiketten oder Applikatoren zur Anbringung erforderlich)
- Gute Automatisierbarkeit der Code-Erstellung
- Code direkt und untrennbar am Objekt
- Möglichkeit einer variablen Codierung und Klarschriftkennzeichnung
- Entfernbarkeit der Tintenkennzeichnung bei geeigneten Untergünden und Neukennzeichnung in automatischen Kreisläufen

Die indirekten Kennzeichnungsverfahren finden weitaus häufiger Anwendung, insbesondere in Logistiksystemen. Hierbei handelt es sich um Kennzeichnungsverfahren, bei denen zunächst ein Etikett oder ein ähnlicher Co-

Abbildung 2.62. Barcodelabeldrucker [Fa. Intermec Technologies]

deträger gekennzeichnet und danach mit dem eigentlichen Objekt verknüpft wird. Diese Verknüpfung kann zeitversetzt erfolgen.

2.9.2 Qualitative Anforderungen

Der Barcode-Druck muss in einer Qualität erfolgen, die es den eingesetzten Lesegeräten ermöglicht, den Code problemlos, schnell und vor allem fehlerfrei zu erkennen. Insbesondere in hochautomatisierten Lägern stellt jedes nicht identifizierte Objekt eine Systemstörung und damit einen hohen Kostenfaktor dar. Dabei ist mangelhafte Qualität der *AutoID-Label* eine Hauptursache für Fehler. Aufgrund der Geschwindigkeit der Förderstrecken in hochautomatisierten Lägern ist es wichtig, eine hohe Erstleserate zu erzielen, also den Code schon mit der ersten Scanlinie zu identifizieren. Wichtige Qualitätskriterien für den Druck von Barcodes sind (vgl. [27, 30, 38, 51])

- Kontrast zwischen Hell und Dunkel,[86]
- Maßhaltigkeit des Drucks,
- Kantenschärfe,
- Deckung der schwarzen Flächen,
- Auflösung (bei sehr kleinen Codes),
- UV-Beständigkeit,
- Kratz- und Wischfestigkeit,
- Wasser- und Lösungsmittelbeständigkeit.

---

[86] Siehe Print Contrast Signal Abschnitt 2.10.3.

Insbesondere zum Aspekt *Kontrast* sei erwähnt, dass dieser stark von der verwendeten Lichtquelle abhängt. Unter rotem Laserlicht beispielsweise ist ein roter Barcode auf weißem Hintergrund nicht lesbar (vgl. Abschnitt 2.8.1). Die bewährte Kombination stellt schwarz auf weiß dar [27].

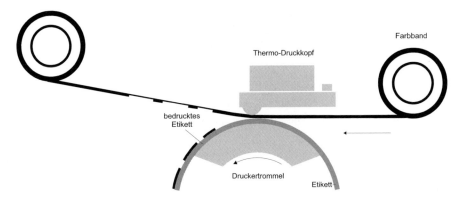

Abbildung 2.63. Arbeitsweise des Thermotransferdruckers

2.9.3 Auswahl des Druckverfahrens

Für die Auswahl des Druckverfahrens spielt die Barcodequalität eine wichtige Rolle, sie ist jedoch nicht das alleinige Kriterium. Im Zweifelsfall sprechen die geringeren Anschaffungs- bzw. Betriebskosten für oder gegen ein Verfahren. Vor der Entscheidung für ein bestimmtes Druckverfahren sind folgende Aspekte zu klären:

- Zeitliche Verfügbarkeit der zu codierenden Daten längerfristig oder mit geringem zeitlichen Vorlauf
- Veränderlichkeit des Dateninhalts
- Direkte oder indirekte Kennzeichnung (Druck auf einen Gegenstand wie ein Buch, eine Verpackung, ein Werkstück oder auf ein Etikett)
- Höhe der geforderten Druckgeschwindigkeit
- Verarbeitungsfähigkeit des Druckers (zum Beispiel Form, Stärke und Beschaffenheit des Etiketts)
- Einzusetzender Barcode
- Zur Verfügung stehender Platz für den Barcode
- Vorab-Bestimmbarkeit der Menge der benötigten Etiketten
- Höhe der Anschaffungskosten
- Geschätzte Kosten für Verbrauchsmaterialien wie Toner, Tinte oder Etiketten sowie für Wartung und Pflege der Anlage

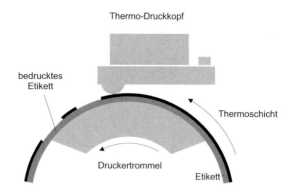

Abbildung 2.64. Arbeitsweise des Thermodirektdruckers

In jedem Fall ist die Umweltverträglichkeit der verwendeten Drucker und Materialien besonders zu berücksichtigen. Unter Umständen wird die Klärung der obigen Punkte auch zu der Entscheidung führen, die Labelerstellung an Fremdunternehmen zu vergeben.

Für den Etikettendruck im laufenden Betrieb stehen verschiedene Druckverfahren zur Verfügung: Während Nadel-, Tintenstrahl- und Laserdrucker auch im Bürobereich bekannt sind, werden Thermodirekt- und insbesondere Thermotransferdrucker überwiegend im Industriebereich eingesetzt. In den beiden letztgenannten Fällen wird das zu bedruckende Etikett an einem Druckkopf vorbeigeführt, an dem kleine keramische Elemente gezielt erhitzt werden können. Beim Thermodirektdruck erzeugt die Hitze auf dem Etikett eine chemische Reaktion, die das Etikett an dieser Stelle färbt. Voraussetzung dafür ist der Einsatz von thermosensitivem Etikettenpapier.

Beim Thermotransferdruck (vgl. Abbildung 2.63) wird zwischen dem Druckkopf und dem Etikett ein Farbband vorbeigeführt, das mit Wachs bzw. Harz beschichtet ist. Durch die Hitze lösen sich die Farbpartikel und werden auf das Etikett transferiert. Der Druck bedarf keiner weiteren Fixierung und ist praktisch sofort wischfest.

Thermodirektdrucker sind einfach und sehr kompakt aufgebaut (vgl. Abbildung 2.64). Der große Vorteil liegt darin, dass nur ein Verbrauchsmaterial (Spezialpapier) eingesetzt wird, was die Wartung erleichtert und niedrige Betriebskosten ermöglicht. Die Drucker sind einfach zu bedienen und liefern bei mittleren Druckgeschwindigkeiten eine gute Qualität. Thermodirektbedruckte Etiketten eignen sich nur bedingt für den langfristigen Einsatz, weil sich die chemische Reaktion im Etikett wieder zurückbilden kann und das Etikett empfindlich gegenüber Wärme ist. Die Empfindlichkeit gegenüber UV-Strahlung ist in den letzten Jahren im Bereich der industriellen Papierherstellung entschieden verbessert worden.

Thermotransferdrucker sind durch den höheren mechanischen Aufwand empfindlicher und verursachen im Allgemeinen höhere Betriebskosten. Die

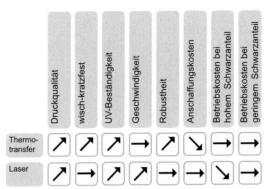

Tabelle 2.13. Eigenschaften von Laser- und Thermotransferdruckern

Druckkosten sind konstant, da pro Etikett immer eine feste Länge des Farbbandes verbraucht wird. Die Kosten liegen jedoch ab ca. 20% Schwarzdruck (vgl. Tabelle 2.13) unter denen eines Laserdruckers [38]. Das Druckergebnis ist von sehr guter Qualität, beständig gegenüber Abrieb, Hitze und UV-Strahlung sowie unempfindlich gegenüber Wasser, Alkohol und Fetten.

Die Entscheidung, ob anstelle der relativ teuren Thermotransferdrucker konventionelle Drucker wie Laser-, Tintenstrahl- oder Nadeldrucker genutzt werden können, lässt sich nur unter Berücksichtigung *aller* Einflussgrößen treffen. Insbesondere gilt es zu berücksichtigen, welche Ansprüche an die Druckqualität und Beständigkeit des Druckes gestellt werden. Sind diese Ansprüche hoch und soll der Etikettendruck gegen äußere Einflüsse beständig sein, so ist ein Thermotransferdrucker eine gute Lösung [38]. Für Büro- und leichte Industrieanwendungen sind Laser- und Matrixdrucker geeignete Alternativen.

2.10 Problemvermeidung

Bei der Erstellung und Aufbringung eines Barcodes auf ein Objekt gibt es eine Vielzahl von möglichen Fehlern, die begangen werden und die dem problemfreien Lesen der über den Barcode transportierten Informationen abträglich sein können. Die meisten der möglichen Fehlerquellen können leicht umgangen werden.

2.10.1 Codegrößen

Der Barcodescanner verhält sich wie das menschliche Auge: Je größer ein Code erstellt wurde, desto besser kann er gelesen werden. Bei *High Density Codes*, also Barcodes mit einer Modulgröße von unter 0,24 Millimetern, ist für ein fehlerfreies Lesen das Druckverfahren und damit die Druckqualität besonders ausschlaggebend: High Density Codes sollten im Fotosatz- oder Thermotransferverfahren erstellt werden, da nicht jeder Drucker die benötigte Druckauflösung garantieren kann. Ist der Druck jedoch zu groß erfolgt, kann die Symbologie unter Umständen nicht mehr von jedem Lesegerät, wie zum Beispiel einem Touchreader, erfasst werden.

Abbildung 2.65. Verschiedene Skalierungen eines EAN 13

Es empfiehlt sich, die Nominalgrößen für die Modulbreiten, die in der Regel um 0,33 Millimeter liegen, einzuhalten oder sich wenigstens im Bereich der für jede Barcodesymbologie genormten Skalierungsfaktoren zu bewegen.

Bei der Reduzierung der Barcodehöhe ist besonders bei automatisierter Verarbeitung zu beachten, dass die Lageabhängigkeit sehr stark beeinflusst wird und es zu Fehllesungen durch Schräglesungen kommen kann. Deshalb ist bei Codehöhenreduzierung besonders auf geraden Druck und auf gerades Aufkleben des Labels zu achten.

2.10.2 Anbringungsorte

Bei der Aufbringung des Barcodes auf einem Gegenstand ist auf ausreichenden Platz und die Einhaltung der Ruhezonen zu achten. Weiterhin ist zu beachten, dass ausreichend Platz zu den Kanten des zu kennzeichnenden Objektes gelassen wird. Die GS1 Austria empfiehlt in [16]:

> „Andere Grafiken/Schriften dürfen nicht in den Bereich des Strichcodes hineinragen. Ein Strichcode soll – unter Einhaltung der entsprechenden Hellzonen (Ruhezonen) für das Symbol und der Kantenregel – im rechten unteren Quadranten der Rückseite platziert werden.
> Kantenregel: Ein Strichcodesymbol darf nicht näher als 8 mm und nicht weiter als 102 mm von jeglichen Behälter- bzw. Packungskanten entfernt angebracht werden."

2.10 Problemvermeidung

Abbildung 2.66. Verschiedene falsche und richtige Anbringungsorte

Bei zylindrischen Gegenständen ist der Barcode leiter- und nicht zaunförmig anzubringen, weil bei stark gekrümmten Oberflächen Teile des Barcodes hinter der Krümmung verschwinden oder bei etwas weniger gekrümmten Oberflächen die äußeren Balken und Zwischenräume schmaler erkannt werden. Bei der leiterförmigen Anbringung eines Barcodes auf einem aufrecht stehenden zylindrischen Gegenstand liegen die Balken horizontal und sehen somit wie eine Leiter aus. Bei der zaunförmigen Aufbringung dagegen sind die Balken vertikal angeordnet. Abbildung 2.67 verdeutlicht die zaun- und leiterförmige Aufbringung eines Barcodes.

Abbildung 2.67. Zaun- und leiterförmige Anbringung eines Barcodes

Als Faustformel für die zaunförmige Aufbringung des Barcodes auf zylindrischen oder gewölbten Gegenständen gilt: Der Winkel zwischen der Tangente in der Mitte des gewölbten Symbols und den Tangenten der Randzeichen, also der Zeichen direkt vor den Ruhezonen, muss jeweils weniger als 30° betragen.

Der Barcodedruck muss auf glattem Untergrund erfolgen; dabei muss beachtet werden, dass der Barcode nicht von Falten, Perforierungen, Netzen, Folien, Heftklammern oder Nähten unterbrochen oder verdeckt wird.

Kommen Objekte in den Umlauf, die schon andernorts mit Barcodelabeln versehen wurden, muss sichergestellt sein, dass diese fremden Barcodes und die auf ihnen enthaltenen Identifikatoren nicht zu Problemen mit den eigenen Barcodes führen. Sollten die fremden Barcodes einer anderen Barcodefamilie angehören, kann durch Konfiguration des Barcodelesers ein Erfassen der fremden Labels unterdrückt werden. Gehören die fremden Barcodes jedoch der gleichen Barcodefamilie an wie die eigenen, sollten die fremden Barcodes entfernt oder überklebt werden.

2.10.3 PCS

Das *Print Contrast Signal PCS*, das auch *Druckkontrastsignal* genannt wird, ist ein Maß für das Verhältnis der Reflektivitätswerte der hellen Zwischenräume zu den dunklen Balken eines Barcodes. Für ein sicheres und schnelles Lesen wird für ältere Barcodelesegeräte ein PCS von mindestens 70% Druckkontrast gefordert; obwohl neuere Scanner mit etwa der Hälfte auskommen, gilt eine Forderung zur Einhaltung der 70%.

Der Druckkontrast d_k lässt sich berechnen aus der Reflektivität der Striche r_s und der der Lücken r_l mit der Formel

$$d_k = 100\% * \frac{r_l - r_s}{r_l}.$$

Wenn beispielsweise der Hintergrund eines Barcodes eine Reflektivität von 80% und der eigentliche dunkle Strich des Codes eine Reflektivität von 42% hat, dann folgt daraus ein Druckkontrast $d_k = 100\% * \frac{80\% - 42\%}{80\%} = 47,5\%$.

Wenn ein Barcode auf einem Medium und mit einer Farbe derart gedruckt wird, dass der Druckkontrast bei 47,5% liegt, kann nicht sichergestellt werden, dass die Strichcodierung von allen Lesegeräten verarbeitet werden kann. Sollen auch noch von älteren Barcodescannern die Symbologien erfasst und verarbeitet werden können, muss die Reflektivität der dunklen Striche r_s entsprechend berechnet ($70\% = 100 * \frac{80\% - r_l}{80\%} \Leftrightarrow r_l = 24\%$) und auf höchstens 24% gesenkt werden. In der Regel geschieht dies durch die Verwendung einer dunkleren Farbe oder die Verwendung eines helleren Hintergrundes.

Das Print Contrast Signal ist unter Berücksichtigung der Farbe des Lesegerätes zu ermitteln. Bedingt dadurch, dass die meisten Scanner mit rotem Licht arbeiten, gibt es Farbkombinationen für die Balken und die Zwischenräume (den Untergrund), die mehr oder weniger gut geeignet sind. Am unkritischsten ist der schwarze Balken auf weißem Untergrund.[87]

---

[87] Eine Übersicht über kritische und unkritische Zusammenstellungen von Balkenfarben zu Hintergründen für Rotlichtscanner ist in [14] und [16] zu finden.

Bei der Wahl der Farbe ist deren Deckungskraft zu beachten. So wird zum Beispiel für infrarotes Licht eine dringende Empfehlung für Farben auf Carbonbasis ausgesprochen. Um Streulichteinflüsse so gering wie möglich zu halten, ist ein matter Hintergrund geeigneter als ein glänzender. Hierdurch wird ein höheres PCS garantiert.

2.10.4 Holographie

Hologramme erhöhen die Fälschungssicherheit von Dokumenten und Gegenständen. So findet sich das Hologramm inzwischen auch auf vielen Geldscheinen, wie zum Beispiel den Euroscheinen.

Im Jahre 2001 führte die Bundesrepublik Deutschland das Identigramm[88] als zusätzliches Sicherheitsmerkmal auf der Vorderseite des Personalausweises ein. Das Identigramm ist ein spezielles Hologramm, das ausgewählte Teile des Personalausweises und des Reisepasses enthält:

- Den Bundesadler in 3D-Darstellung
- Das Lichtbild des Dokumentinhabers in stilisierter Form
- Maschinenlesbare Zeilen

Das holographische Portrait wird nach dem *HSP*-Verfahren, dem *Holographic Shadow Picture*-Verfahren erstellt.

Der Physiker Dennis Gabor entwickelte 1948 das physikalische Prinzip der Holographie. Für diese Erfindung erhielt er 1971 den Physik-Nobelpreis.

Holographie ist eine Methode, Objekte dreidimensional abzubilden. Die räumlichen Informationen über das Objekt werden auf speziellem Filmmaterial gespeichert. Zur Aufnahme eines Hologramms ist eine starke Lichtquelle notwendig. Mithilfe von Laserlicht wird das gesamte Wellenfeld des Objektes abgebildet. Damit enthält die holographische Bildplatte auch Informationen über Amplitude und Phase des vom Objekt erzeugten Wellenfeldes und damit die Rauminformation. Im Vergleich dazu wird bei einem normalen Foto nur die Intensität des Lichts, also die Amplitudenverteilung, gespeichert.

Bei normalen, zweidimensionalen Bildern entspricht ein Punkt auf dem Bild einem Punkt des fotografierten Objekts. Bei Hologrammen dagegen enthält ein einzelner Punkt Informationen über das gesamte Objekt. Damit kann man zum Beispiel ein Objekt in einem Hologramm je nach Blickwinkel auch dann betrachten, wenn das Hologramm in mehrere Teile geschnitten wird.

2.11 Radio Frequency Identification

Mit der Einführung automatisierter Identifikationstechnologien ist die Ablaufverfolgung in vielen Bereichen der Logistik auf vielfältige Weise un-

---
[88] Der Begriff Identigramm ist ein eingetragenes Warenzeichen der Bundesdruckerei GmbH.

104   2. Automatische Identifikation

terstützt oder überhaupt erst ermöglicht worden. Unter allen im Einsatz befindlichen Technologien machen Barcodesysteme aufgrund ihres vergleichsweise einfachen Aufbaus, weitreichender Standardisierungen und geringer Kosten den größten Anteil aus. Mittlerweile gewinnt aber die *Radio Frequency Identification* (RFID) zunehmend an Bedeutung.

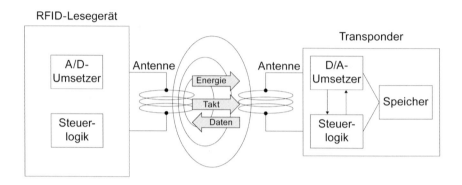

Abbildung 2.68. Arbeitsweise eines passiven RFID-Systems

2.11.1 Arbeitsweise

RFID ist eine Technologie zur berührungslosen Erfassung und Übertragung binär codierter Daten mittels induktiver oder elektromagnetischer Wellen [11]. Das System aus Schreib- und Lesestation und *Transponder*[89], das auch für widrige Umgebungen geeignet und unempfindlich gegen Verschmutzung ist, benötigt im Gegensatz zum Barcode keinen Sichtkontakt zwischen seinen Einheiten.

Der Transponder, der auch manchmal als *Tag* bezeichnet wird, besteht zumeist aus einem nichtbeschreibbaren Speicher *ROM*, dem Read Only Memory, in den irreversibel ein weltweit eindeutiger Identifikator geschrieben ist. Weiterhin kann ein Transponder einen beschreibbaren Speicher RAM^{90} besitzen und damit als „mobiler Datenträger" angesehen werden. Das RAM, sofern es vorhanden ist, hat normalerweise eine Größe zwischen einem Bit und mehreren Megabyte. Die 1-Bit-Transponder sind zur elektronischen Artikelsicherung *EAS*, beispielsweise in der Textilbranche, entwickelt worden.

---

[89] Der Begriff ist aus den Bestandteilen **trans**mit (*engl.* senden, übertragen) und res**pond** (*engl.* ansprechen, antworten) zusammengesetzt.

[90] Random Access Memory

Weitere unabdingbare Bestandteile des Transponders sind die Antenne und ein Mikrocontroller (μC), der eine Steuerlogik bereitstellt und den Speicher und die Antenne über einen A/D-Umsetzer wechselseitig mit Daten versorgt. Meist ist der Mikrocontroller mit seiner Steuerlogik zusammen mit dem A/D-Umsetzer auf einem Chip untergebracht, wie in Abbildung 2.68 zu sehen ist. Die Bauelemente befinden sich in Gehäusen der verschiedensten Bauformen. Dabei lassen sich die Formen der Gehäuse an die Anwendungsbedingungen anpassen, sind aber durch die Größe der Elektronik, gegebenenfalls durch die Größe der Batterie und insbesondere durch die Antennengröße und -bauform gebunden. Die Antenne eines Transponders ist, abhängig von der Bauform, als Drahtwicklung, gedruckte Spule oder als Dipol ausgeführt.

Durch Fortschritte in der Miniaturisierung können heute bestimmte Transponder auch in Etiketten einlaminiert werden.

RFID-Systeme sind in einer Vielzahl von Ausführungen erhältlich. Grundlegend unterschieden werden die Art der Energieversorgung, die Speichertechnik und der für die Datenübertragung genutzte Frequenzbereich.

2.11.2 Transpondertypen

Die Art der Energieversorgung bestimmt wesentlich Baugröße, Lebensdauer und das Einsatzspektrum eines Transponders. Danach sind zwei grundlegende Klassen von Transpondern zu unterscheiden:

- *Aktive* Transponder sind mit Batterien (Flach- oder Knopfzellen) für den Betrieb des Chips ausgerüstet und können selbstständig eine Datenübertraung initiieren. Durch die interne Energieversorgung kann eine Sendeleistung erzeugt werden, mit der auch größere Übertragungsdistanzen zu realisieren sind.
- *Passive* Transponder beziehen die Energie für den Transponderchip durch ein vom Lesegerät erzeugtes elektromagnetisches Feld. Während sich ein Transponder im Einflussbereich des Lesegerätes befindet, induziert das extern abgestrahlte Wechselfeld eine Spannung in die Antennenspule. Die Energieübertragung erlaubt allerdings nur kurze Übertragungsdistanzen bis zu wenigen Metern. Passive Transponder sind preisgünstiger und durch das Fehlen der Batterie kleiner und langlebiger.

Der Ablauf der Datenübertragung verläuft bei passiven Systemen in zwei Phasen: In der ersten Phase wird die Feldenergie zur Aufladung eines Speicherkondensators genutzt, der in der zweiten Phase den Chip und damit die Datenübertragung aktiviert. Dieser Vorgang wiederholt sich, bis der Transponder nicht mehr vom Sendefeld aktiviert wird. Bei aktiven Systemen entfällt die erste Phase, die Antwortzeit ist daher gegebenenfalls kürzer. Wiederbeschreibbare Transponder bedingen ein protokollbasiertes Übertragungsverfahren, bei dem vom Sender entweder das Lesen oder Schreiben des Transponders durch entsprechende Telegramme initiiert wird.

Eine Mischung zwischen aktiven und passiven Transpondern stellen die semiaktiven beziehungsweise semipassiven Transponder dar, bei denen die Batterie nur die Stomversorgung zur Pufferung des Datenspeichers gewährleistet; die erforderliche Energie zum Senden und Empfangen wird – wie auch bei passiven Systemen – weiterhin durch das Wechselfeld übertragen.

Aktive und semiaktive Transponder bieten manchmal nicht nur die Möglichkeit zur Speicherung von Informationen, sie können auch über geeignete Sensorik zur Datenerhebung verfügen. So können etwa Temperatur, Erschütterung, Druck und Feuchtigkeit gemessen und gespeichert werden.

2.11.3 Frequenzbereiche

Transpondersysteme, bestehend aus Tags und den Schreib-/Lesestationen, arbeiten als Funkanlagen, weil sie elektromagnetische Wellen erzeugen und abstrahlen. Sie lassen sich grob in vier Frequenzbereiche unterteilen: LF[91] (niedrige Frequenz), HF[92] (mittlere Frequenz), UHF[93] (hohe Frequenz) und Mikrowelle (sehr hohe Frequenz). Die genauen Frequenzbereiche unterliegen nationalen Bestimmungen.

	125 kHz	13,56 MHz	868 MHz	2,45 GHz
Wellenlänge	2400 m	22 m	35 cm	12 cm
Grenze zwischen Nah- und Fernfeld	382 m	3,5 m	6 cm	2 cm
Energieübertragung	induktive Kopplung Nahfeld	induktive Kopplung Nahfeld	elektromagn. Welle	elektromagn. Welle
Besonderheiten	auf Metall lesbar	durch Dielektrikum lesbar	Reflektion an Metalloberfl.	Reflektion an Metalloberfl.
Reichweite	1 m	3 m	10 m	> 10 m
Bandbreite (EU)	5 kHz	14 kHz	3 MHz	9 MHz

Tabelle 2.14. Vergleich der RFID-Frequenzen (Europa)

---

[91] Low Frequency
[92] High Frequency
[93] Ultra High Frequency

Tabelle 2.14[94] zeigt unter anderem die in Europa zugelassenen Frequenzen, Frequenzbänder und die möglichen Reichweiten[95]. Die Sendeleistungen für die Benutzung von Transpondern sind streng reglementiert. Die Übertragungsgeschwindigkeiten sind protokollabhängig.[96] Übliche Übertragungsgeschwindigkeiten sind

- 4 kbit/s für 125–135 kHz (LF) Transponder,
- 26 kBit/s für 13,56 MHz (HF) Transponder,
- 40 kBit/s für 433 und 868 MHz (UHF) Tags und
- 320 kBit/s für 2,45 GHz (Mikrowelle)Transponder.

Der in Europa zugelassene Frequenzbereich um 433 MHz für UHF-Transponder findet keine bedeutende Anwendung, da in diesem Frequenzband zu viele andere Anwendungen, etwa Kleinfunkgeräte, genutzt werden.

Die möglichen Frequenzbereiche und zulässigen Sendeleistungen für Transponderanwendungen in Deutschland und Europa sind in entsprechenden Zulassungsvorschriften[97] reglementiert, damit ein störungsfreier Betrieb mit den anderen Funkdiensten (Mobiltelefonie, Rundfunk) gewährleistet ist.

Allerdings sind die europaweit zulässigen Frequenzen nicht weltweit benutzbar. Abbildung 2.69 zeigt exemplarisch einige Regionen der Welt und ihre zulässigen Frequenzbereiche, die Tabelle 2.15 zeigt Unterschiede zwischen den Funkrichtlinien der EU und den USA.

2.11.4 125–135 kHz

Transponder aus dem LF-Bereich mit geringer Speicherkapazität haben manchmal neben der eindeutigen Identifikationsnummer ein RAM. Dieses kann, aufgeteilt in ein oder zwei Blöcke, etwa 100 Bit pro Block speichern. Da die Übertragungsgeschwindigkeit durch den Takt von 125–135 kHz bei maximal 4 kbit/s liegt, ist dieser Transponder für reine Identifikation und weit weniger zur Informationshaltung als mobiler Datenspeicher geeignet. Die Antenne einer Schreib-/Lesestation nutzt insbesondere für passive Transponder dieses Frequenzbereichs das Prinzip der magnetischen Induktion. Es wird ein

---

[94] Auf die Bandbreite wird in Tabelle 2.15 weitergehend eingegangen.
[95] Die unter Reichweite angegebenen Werte in der Tabelle 2.14 sind theoretisch. Die tatsächlichen Reichweiten sind stark abhängig von verschiedenen Faktoren, wie etwa Antennen-/Spulengröße, Sendeleistung, Störsignalen und Umfeld. In der Praxis sind im 125 kHz Bereich eher Reichweiten von einigen Zentimetern und im Frequenzbereich von 13,56 MHz Reichweiten von knapp einem Meter erreichbar.
[96] So erreichen zum Beispiel die 13,56-MHz-Transponder nach ISO 14443 (Proximity Coupling) bei einem Abstand vom Transponder zum Lesegerät von maximal 15 Zentimetern Übertragungsgeschwindigkeiten von 424 kBit/s, nach ISO 15693 (Vicinity Coupling) und einem Abstand zwischen Transponder und Lesegerät von mehr als einem Meter allerdings nur noch 26,48 kBit/s.
[97] Vgl. CEPT/ERC REC 70-03 174, für Deutschland EN 300 220-1, EN 300 220-2, EN 300 330 und EN 300 440.

2. Automatische Identifikation

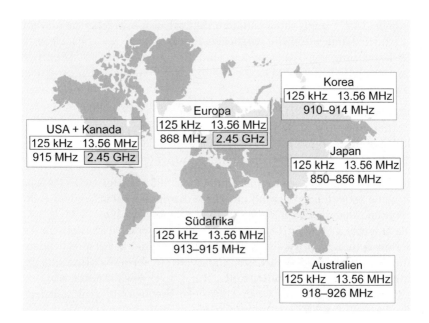

Abbildung 2.69. Frequenzbereiche für RFID-Systeme (weltweit)

	EU	USA
Frequenzbereich	865,6 - 868,6 MHz	902-928 MHz
Bandbreite	3 MHz	26 MHz
Kanalbreite	200 kHz	500 kHz
Art der Kanalbelegung	LBT	FHSS
Sendeleistung (ERP)(Dipol)	2 W	2,44 W
Sendeleistung (EIRP) (äquiv. isotrope Ausbreitung)	3,28 W	4 W
Regulierende Organisation	ETSI	FCC
Norm	ETSI EN 302 208	FCC 15.247
Max. Kanalbelegungszeit	4 Sekunden	0,4 Sekunden

Tabelle 2.15. Gegenüberstellung der Funkrichtlinien und Leistungen für UHF

Feld für eine Distanz von bis zu zehn Zentimetern zum Transponder aufgebaut. Abbildung 2.70 zeigt passive Transponder des Frequenzbereiches um 125 kHz.

Abbildung 2.70. Passive Transponder im Frequenzbereich 125 kHz

Seine Anwendung findet der LF-Transponder als Bestandteil einer Wegfahrsperre in Kfz oder auch in der Identifikation von Nutz- und Haustieren. Auch in logistischen Anlagen und Prozessen wird er benutzt.

Vorteilhaft am LF-Transpondersystem ist die Unempfindlichkeit gegen Feuchtigkeit und Nässe und die gute Durchdringung nichtmetallischer Gegenstände und die bedingte Durchdringung metallischer Oberflächen.[98] Nachteilig dagegen ist die geringe Speichergröße, die niedrige Auslese- und Schreibgeschwindigkeit und die Nichteignung im Bereich von Metall. So kann schon die Befestigung der Lese-/Schreibstation auf einem metallischen Untergrund die Antenne massiv stören. Auch können metallische Gegenstände in der Nähe des Transponders als Faradayscher Käfig wirken und das Auslesen der Daten verhindern. Die Möglichkeit der *Pulkerfassung*, der Vielfachlesung, bei der von einem Lesegerät zur gleichen Zeit mehrere Transponder erfasst werden, ist bei passiveb Transpondern nicht gegeben. Die Fähigkeit der Vielfachlesung wird auch *Multitagfähigkeit* genannt.

---

[98] Elektromagnetische Felder können in metallische Oberflächen eindringen, verlieren jedoch nach ihrem Eintritt exponentiell zur Eindringtiefe an Feldstärke. Eine erfolgreiche Lesung auf der anderen Seite der metallischen Fläche ist, je nach Feldstärke, nur bei extrem dünnen Metallschichten möglich.

2.11.5 13,56 MHz

Eine weite Verbreitung findet inzwischen der auch als selbstklebendes Smart Label (siehe Abbildung 2.71) bekannte 13,56-MHz-Transponder, der aber auch in unterschiedlichen anderen Bauformen anzutreffen ist. Anders als bei den LF-Transpondersystemen, die mit verschiedenen und teilweise proprietären Protokollen arbeiten, versucht die ISO 15693 erfolgreich eine Kompatibilität zwischen den verschiedenen Geräten und Tags im 13,56 MHz-Bereich herzustellen.

Abbildung 2.71. „Smart Label"-Transponder 13,56 MHz

Hierin ist festgelegt, dass ein Transponder eine eindeutige Kennung haben muss. Dabei handelt es sich um eine Identifikationsnummer, bestehend aus acht Byte, die mit festgelegten Befehlen auslesbar sein muss. Der Speicherbereich des Transponders ist in Blöcke aufgeteilt, und ein blockweise lesender und schreibender Zugriff ist nach ISO 15693 definiert. Damit Blöcke mit wichtigem Inhalt nicht überschrieben werden können, ist es möglich, einzelne Blöcke irreversibel für schreibende Zugriffe zu sperren und die in diesen Blöcken enthaltenen Daten dauerhaft zu fixieren.

Generell ist eine Lesereichweite von etwas mehr als einem Meter möglich, dabei ist die erzielbare Reichweite stark abhängig von den Antennen der Transponder und denen der Lesegeräte.

Vorteilhaft am HF-Transpondersystem ist neben den schon bei den Transpondern des Frequenzbereiches um 125 kHz genannten positiven Eigenschaften auch noch die Pulkfähigkeit zu sehen, die es einem RFID-Lesegerät erlaubt, mit mehreren Transpondern im Antennenbereich (quasi) gleichzeitig zu kommunizieren.

Die von den LF-Tags bekannten Nachteile des langsamen Speicherzugriffes und der daraus resultierenden geringen Speicherkapazität relativieren sich beim HF-Transponder, erreichen aber lange nicht die Werte der UHF-Systeme.

2.11.6 Identifikationsnummern der 13,56-MHz-Transponder

Gemäß ISO 15693 sind acht Byte der Identifikationsnummer des 13,56-MHz-Transponders wie folgt aufgebaut: An erster Stelle steht die hexadezimale Zahl „EO", dahinter folgt im zweiten Byte eine Zahl für den Hersteller des Chips. Jeder Hersteller sollte, wenn von ihm mehrere unterschiedliche Transpondertypen hergestellt werden, als drittes Byte eine den Tag identifizierende Nummer vergeben, andernfalls dieses Byte mit Null beschreiben.

Hersteller	ID-Beginn	Bytes pro Block	Anzahl Blöcke
ST Microelectronics	E0 02	4	16
Philips Semiconductor	E0 04 01	4	28
Siemens AG	E0 05 00	8	125
Siemens AG	E0 05 40	8	29
Texas Instruments	E0 07	4	64
EMarin Microelectronic	E0 16 04	8	36

Tabelle 2.16. Exemplarische Auswahl einiger Hersteller-IDs

Tabelle 2.16 zeigt beispielhaft den Beginn verschiedener IDs. Die Positionen vier bis acht, an denen $256^5 = 2^{40}$ verschiedene Zahlen geschrieben werden können, müssen von jedem Transponderhersteller eindeutig belegt werden. Kein Transponder eines Typs von einem Hersteller darf die gleiche Nummer wie ein anderer haben.

2.11.7 Pulkerfassung und Kollisionsvermeidung

Die ISO 15693 legt den Grundstein zur Pulkerfassung von Transpondern: Ein „Inventory"-Befehl eines Lesegerätes veranlasst alle in seinem Antennenbereich befindlichen Transponder, mit ihrer jeweiligen Identifikationsnummer zu antworten. Die Antworttelegramme der einzelnen Transponder müssen durch entsprechende Verfahren vom Lesegerät kollisionsfrei erfasst und verarbeitet werden.

Dieses Kollisionsproblem ist auch in der Netzwerktechnik sowohl bei Bussystemen als auch bei drahtlosen Netzen bekannt (siehe Abschnitt 3.5.4). Eine Lösung besteht in der Erkennung einer Kollision mit einer anschließenden Wiederholung. Eine andere Lösung besteht aus zeitversetztem Senden

112   2. Automatische Identifikation

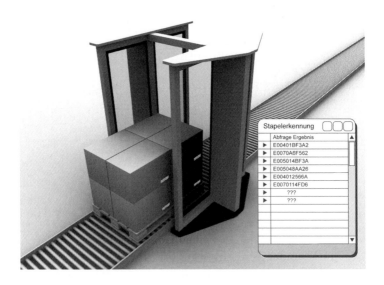

Abbildung 2.72. RFID-Gate

der Teilnehmer, auch Zeitmultiplex genannt.[99] Dieses zweite Verfahren kann in seiner reinen Form jedoch nicht angewendet werden, da auch in einem zeitlichen Bereich wieder Kollisionen auftreten können. Erschwerend kommt hinzu, dass Transponder wegen ihrer beschränkten technischen Möglichkeiten während ihrer Sendephase keine Kollision entdecken können. Als eine mögliche Umsetzung kann in Anlehnung an die aus dem Bereich der Computernetze und der *OSI-Schicht 2* bekannten *Kollisionsvermeidungsverfahren ALOHA*[100] eingesetzt werden:

ALOHA: Beim reinen ALOHA sendet jeder Teilnehmer zu einem beliebigen Zeitpunkt sein Datenpaket. Da bei einer Pulkerfassung in der Regel mehrere Teilnehmer gleichzeitig Pakete schicken, sind Kollisionen und damit Datenverstümmelungen zu erwarten. Die Teilnehmer müssen zu einem zufälligen, späteren Zeitpunkt eine erneute Übertragung versuchen. Da die Sendedauer eines Telegramms weitaus geringer als die Wiederholzeit bis zum Folgetelegramm ist und überdies alle Transponder mit einer bestimmbaren Wahrscheinlichkeit zu unterschiedlichen Zeiten senden, kann

---

[99] Andere Verfahren wie beispielsweise CDMA oder ein Frequenzmultiplex-Verfahren können aus technischen und organisatorischen Gründen nicht eingesetzt werden.

[100] ALOHA wurde Anfang der 1970er Jahre für das ALOHAnet entwickelt, um die vielen Inseln um Hawaii mit der Universität von Honolulu zu verbinden. Das ALOHA-Protokoll war ursprünglich nicht als Ethernet-Protokoll, sondern als ein reines Funknetz gedacht [46].

die Kollisionsrate und somit der durchschnittliche Zeitbedarf zum Auslesen aller Transponder abgeschätzt werden.

Unterteiltes ALOHA (Slotted ALOHA): Beim unterteilten ALOHA dürfen die Teilnehmer nicht mehr zu einem beliebigen Zeitpunkt ihre Datenpakete versenden, sondern sie müssen sich an fest vorgegebene Timeslots (Zeitscheiben) von der Länge eines Paketes halten. Bei einer Kollision können sich die Pakete jeweils nur voll überdecken. Unterteiltes ALOHA ist allerdings für das Sendegerät aufwändiger zu realisieren; für alle Transponder muss durch ein zyklisches Broadcasttelegramm eine Sendemöglichkeit vorgegeben werden.

Liegt dem Lesegerät aus einem Pulk eine Identifikationsnummer vor, kann es gezielt mit dem zugehörigen Transponder kommunizieren, da dieser ja nun beim „Namen" genannt werden kann. Speziell kann nach dem Auslesen und/oder Beschreiben der gewünschten Blöcke ein „Stay Quiet"-Befehl an diesen Transponder gesendet werden, der bewirkt, dass der auf weitere Anfragen nicht mehr antwortet, solange er den Antennenbereich nicht verlassen hat und wieder eingetreten ist. Danach kann durch das Lesegerät ein neuer „Inventory"-Befehl verschickt und die weiteren Transponder können erfasst werden. Unter optimalen Bedingungen lassen sich damit mehrere Hundert Transponder pro Sekunde identifizieren.

Kritisch ist es dagegen, wenn sich Transponder physisch überdecken. Durch Interferenzen der übereinanderliegenden Antennenspulen wird das Hochfrequenzsignal unter Umständen so stark geschwächt, dass die betreffenden Transponder nicht ansprechbar sind, was vom Gerät nicht als Fehler erkannt wird. Um Fehler dieser Art zu erkennen, muss die Anzahl der Transponder und damit die Anzahl der zu erwartenden Antworttelegramme bekannt sein.

2.11.8 UHF

Bis vor kurzem war, ähnlich wie für das LF-Transpondersystem, für UHF-Schreib-/Lesegeräte und die zugehörigen Transponder keine kompatibilitätsfördernde Vorschrift vorhanden, jeder Hersteller verwendete sein eigenes Protokoll.

Normen wie die ISO 18000-6c sind auf den Weg gekommen und eine Standardisierung steht unmitelbar bevor.

In seiner zweiten Generation, auch *Gen 2* genannt, hat der UHF-Transponder neben einem EPC[101], einer weltweit eindeutig zu vergebenden Produktbeschreibung, weitere 256 Bit für kunden- oder applikationsspezifische Daten, zum Beispiel die Speicherung des Haltbarkeitsdatums eines Produktes, erhalten.

Die Antennen der Transponder sind als Dipol ausgeführt und arbeiten nicht mehr über Induktion, sondern strahlen elektromagnetische Wellen ab.

---

[101] Siehe Abschnitt 2.5.7.

114   2. Automatische Identifikation

Abbildung 2.73. „Smart Label"-Transponder 868 MHz

Die Reichweiten der UHF-Geräte, die im Frequenzbereich von 868 MHz arbeiten, sind reglementiert und liegen in Deutschland zwischen vier bis sechs Metern.

2.11.9 Mikrowelle

Die im 2,45-GHz-Bereich arbeitenden Transpondersysteme des Mikrowellenbereiches[102] können Reichweiten von mehreren hundert Metern bis über einen Kilometer überbrücken. Die Transponder dieser Systeme sind aktiv, haben also eine Batterie. Eingesetzt werden Mikrowellensysteme unter anderem in der Containerverfolgung, etwa in Hafenanlagen, und bei der Mauterfassung.

Während LF- und HF-Transponder nicht direkt auf metallischen Gegenständen angebracht werden sollen, können UHF- und Mikrowellentransponder auf metallischen Hintergrund bedingt eingesetzt werden. Je nach Montageabstand und Isoliermaterial (Dielektrikum) zwischen Transponder und Metall können sich verstärkende oder abschwächende Effekte einstellen. Mikrowellensysteme sollten nicht in feuchten Umgebungen eingesetzt werden, weil sie sonst, wie jeder Mikrowellenofen, ihre Energie in der Erwärmung der Wasserdipole verlieren.

2.12 Anwendungsgebiete

Die unmittelbare automatische Erfassung und Verbuchung beispielsweise bei der Pulkerfassung zeigt Möglichkeiten zur lückenlosen Verfolgung der gesamten Lieferkette ohne manuelle Eingriffe auf.

---
[102] Der Mikrowellenbereich wird gelegentlich auch als *SHF*, als *Super High Frequency* bezeichnet, auch wenn allgemein mit SHF die Zentimeterwellen, also die Wellen mit einer Wellenlänge von einem bis zehn Zentimeter gemeint sind. Die Zentimeterwellen decken den Frequenzbereich von 3 bis 30 GHz ab.

Der Einsatz von Transpondern in der Logistik zur Kennzeichnung von Waren und Verpackungen im Konsumgüterbereich bietet ein hohes Optimierungspotenzial für ein Management der jeweiligen Lieferketten.

Prinzipiell können Transponder in allen Bereichen der automatischen Identifikation, Kontrolle, Steuerung und zum Teil auch in der Messwerterfassung[103] eingesetzt werden. Dies bietet sich insbesondere für Mehrwegverpackungen an, da Transponder hier sowohl die produktspezifischen Informationen als auch Informationen über Eigentümer, Nutzungszeiten und Umlaufzahlen enthalten können.

Weitere Vorteile sind der Originalitätsschutz von Produkten aufgrund der Fälschungssicherheit von Transpondern und die lückenlose Rückverfolgbarkeit von Produkten entlang der kompletten Produktions- und Lieferkette.

2.12.1 Einsatz von RFID

Der richtige Einsatz der RFID Technologie erfordert - wie jede Identifikationstechnologie - eine Analyse der spezifischen Gegebenheiten. In Analogie zur 6-R-Regel der Logistik, kann die 6-R-Regel der Radio-Frequenz-Identifikation Hilfestellung leisten.

Die „6 R" der RFID-Technologie:

1. Die richtigen Transponder (aktiv, passiv, UHF oder HF etc.)
2. am richtigen Ort (Case- oder Item-Tagging),
3. mit den richtigen Daten (EPC, EAN 128, Data on Tag oder nur Identifikation etc.),
4. an der richtigen Stelle im Prozess (Mehrwert durch Qualität und Produktivität in RFID-basierten Prozessen),
5. mit der richtigen Middleware (Einbindung der Materialflusssteuerung, sinnvolles Tracking etc.)
6. zu den richtigen Kosten.

In Summe ist immer zu beachten, dass umfangreiche, möglichst vollständige Prozessketten zu betrachten sind.

2.12.2 RFID und das Internet der Dinge

Der erste Grundsatz der Intralogistik gibt vor, die richtige Ware in der richtigen Menge zur richtigen Zeit bereitzustellen. So arbeiten Verkehrsträger nach einem vorgegebenen Fahrplan, der die Bereitstellung einer Sendung im Versand zu einer festgelegten Zeit erfordert. Das gleiche gilt für die Anlieferung der Ware und für die Bereitstellung zur Kommissionierung. Letzteres ließe sich durch große Pufferläger gewährleisten, in denen immer genügend

---

[103] zum Beispiel Smart-Label zur Erfassung der Temperatur während des Transports und entlang der Lieferkette. Solche Temperaturerfassung ist zum Beispiel bei Tiefkühlprodukten sinnvoll einsetzbar

Artikel bereitstehen. Dies würde jedoch den zweiten Grundsatz der Intralogistik verletzen, der besagt, dass Bestände und Ressourcen auf das notwendige Minimum zu begrenzen sind. Eine idealtypische Logistik käme hiernach ohne große Läger aus; alle Warenbewegungen wären so aufeinander abgestimmt, dass ein ununterbrochener Materialfluss entsteht.

Ein wesentlicher Teil der täglichen intralogistischen Arbeit besteht darin, diesen gordischen Knoten zwischen minimalem Bestand und maximaler Liefertreue zu lösen. Hierzu werden EDV-Systeme eingesetzt, die eine vorausschauende Planung und Steuerung des Materialflusses gewährleisten sollen. Mit Hilfe von Prognosen, Simulationen und Heuristiken werden Abläufe vorausberechnet und optimiert. Dies führt zum dritten Grundsatz der Intralogistik: Die Synchronisation von Informations- und Materialfluss. Es gilt, die virtuellen Bestände intralogistischer Datenbanken ständig mit der Realität abzugleichen. Jede Warenbewegung muss penibel gebucht werden, um Fehlbestände zu vermeiden. Hierzu werden die Waren immer wieder reserviert, avisiert und identifiziert. In größeren Distributionszentren laufen diese Vorgänge jede Stunde millionenfach ab. Es liegt in der Natur der Sache, dass es hierbei immer wieder zu Fehlbuchungen und Fehlbeständen kommt, die wiederum zur Verletzung der beiden ersten Grundsätze führen.

Der vierte Grundsatz der Intralogistik ist die permanente Planungsbereitschaft. Sie beschreibt die Reaktion auf die Volatilität von Auftragslast und Artikelspektrum, die eine permanente Neuplanung logistischer Abläufe unter stetig veränderten Rahmenbedingungen erfordert.

In Summe führt das Bestreben diese Grundsätze einzuhalten und damit die Logistik effizient und effektiv zu organisieren, zu dem Wunsch, alle Abläufe und Prozesse innerhalb eines Systems zu vereinheitlichen und zu standardisieren. Intralogistische Systeme sind jedoch applikationsspezifisch gestaltet und eine Übertragbarkeit auf andere Systeme ist selbst innerhalb der gleichen Branche nicht gegeben. So weist eine Untersuchung zur automobilen Ersatzteillogistik[104] nach, dass bei drei vergleichbaren Distributionszentren nur etwa die Hälfte der Prozesse in gleicher Weise gestaltet ist.

Internet der Dinge Das auf der RFID-Technologie basierte Internet der Dinge[105] ist ein Konzept zur Steuerung logistischer Systeme und Anlagen. Seine Anwendung begegnet den intralogistischen Herausforderungen in dreierlei Weise.

Real World Awareness Folgt man dem Konzept des Internet der Dinge werden zunächst die einzelnen logistischen Objekte, die Paletten, Behälter und Pakete, mit RFID Tags versehen. Auf die Tags werden die Informationen geschrieben, die zur Identifikation der Ladehilfsmittel und Artikel benötigt

---

[104] Promotion Dipl.-Ing. Olaf Figgener, Fraunhofer-Institut für Materialfluss und Logistik 2007.
[105] vgl. [8].

werden. Hierdurch wird der Konflikt zwischen virtueller Bestandsführung und echtzeitnaher Materialflusssteuerung gelöst. Vor Ort können Menschen und Maschinen die „Dinge" identifizieren, indem sie mit Hilfe eines Scanners alle notwendigen Informationen unmittelbar am Gut auslesen können. Dies wird dadurch ermöglicht, dass im Tag mehr Informationen gespeichert werden können. Zudem ist die Information veränderbar, so dass z. B. ein Kommissioniervorgang unverlierbar am Behälter gespeichert werden kann. Dies widerspricht nicht einem Konzept zentraler Datenhaltung, jedoch kann der Abgleich zwischen den gespeicherten Daten und der Realität nun direkt vor Ort erfolgen. Der echtzeitnahe Datenaustausch erfolgt damit vollständig dezentral, während Buchung, Warenverfolgung und Disposition - wie bisher - zentral erfolgen können. Dieser als „Real World Awarness[106]" bezeichnete Umstand, ermöglicht die folgerichtige Organisation intralogistischer Bestandsführung: Die Datenbank speichert ein Abbild der Realität zu einem definierten Zeitpunkt.

Dezentralisierung Um ein materialflusstechnisches System flexibel und wandelbar zu gestalten, ist es zunächst erforderlich, dieses zu modularisieren. Nur so können einzelne Komponenten, Elemente und Module zu neuen Architekturen arrangiert werden. Im maschinenbaulichen Bereich wird die Modularisierung fördertechnischer Elemente auch zur Vereinheitlichung und produktiven Gestaltung der Fertigung und Montage genutzt. Eine konsequente Dezentralisierung zur Erzielung von Wandelbarkeit und Flexibilität erfordert jedoch die Fähigkeit zur Entscheidungsfindung innerhalb einzelner Module. Nur auf diese Weise kann z. B. die Anordnung fördertechnischer Module wie Weichen, Zusammenführungen oder Staubahnen verändert werden, ohne zwingend die Materialflusssteuerung neu zu programmieren. Eine Entscheidung vor Ort kann jedoch nur auf Grundlage entsprechender Information getroffen werden. Diese wird von den Tags im Internet der Dinge mitgeführt. So ist lediglich eine Parametrierung des jeweiligen Moduls notwendig.

Selbstorganisation Durch die konsequente Dezentralisierung können einfache Regeln zur Steuerung des Materialflusses abgebildet werden. Hierzu werden den Tags und damit den logistischen Objekten Zielinformation und Prioritäten mitgegeben. Damit können einzelne materialflusstechnische Module einfache Entscheidungen vor Ort selbstständig treffen und die Dinge finden ihren Weg zum Ziel - unabhängig vom individuellen Layout, das wiederum den jeweiligen logistischen Anforderungen angepasst werden kann. Diese einfachste Form des Internet der Dinge erzeugt einen hohen Durchsatz, jedoch werden die Forderung nach Rechtzeitigkeit, Flexibilität und Adaptibilität noch nicht erfüllt. Hierzu bedarf es der Abstimmung der einzelnen intralogistischen Prozesse. Um dies zu erreichen, müssen weitere Informationen in den Tag geschrieben werden, die es ermöglichen, die Software vor Ort, in den ein-

---

[106] siehe [22].

zelnen Modulen in Echtzeit zu parametrieren. Das favorisierte informationstechnische Modell dies umzusetzen, basiert auf einer in den neunziger Jahren entwickelten Form künstlicher Intelligenz: dem Multiagentensystem[107]. Hierzu werden die Informationen aus dem Tag ausgelesen und ein Agent[108] wird in einheitlicher Weise in der dezentralen Steuerung des jeweiligen Moduls instanziiert. Diese Agenten kommunizieren mit ihrer Umgebung und mit benachbarten Agenten. Sie ermöglichen die Umsetzung einer Mission, die in den Tags gespeichert wird. So können Vorfahrtregeln, Reihenfolgebildungen oder Kommissionieraufträge initiiert und zwischen den Agenten ausgehandelt werden.

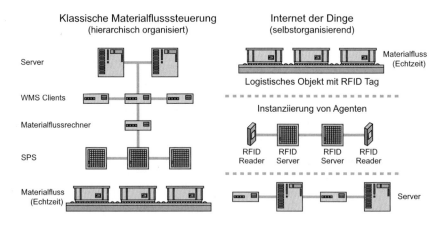

Abbildung 2.74. Von der klassischen Materialflusssteuerung zum Internet der Dinge

Die Einheit von logistischem Objekt und Agentensoftware verhält sich ähnlich wie eine Ameise im Ameisenstaat. Einfachster Datenaustausch und begrenzte Kommunikationstiefe führt zu einem emergenten Materialfluss.

---

[107] Ein Multiagentensystem stellt die Umgebung, innerhalb derer Agenten initiiert und instanziert werden können, und ermöglicht die Kommunikation der Agenten (s.u.) untereinander usw. [23]

[108] Ein Agent ist ein Programm, das folgenden Kriterien gerecht wird (nach Jennings und Wooldridge):
- Autonomie: Agenten operieren autonom, ohne Manipulation von außen.
- Soziales Interagieren: Agenten interagieren mit dem Anwender und mit anderen Agenten. Die Kommunikation erfolgt auf einer semantischen Ebene über die Ausführung eines Befehlsvorrats hinaus.
- Reaktivität: Agenten nehmen ihre Umwelt wahr und reagieren rechtzeitig und angepasst auf Veränderungen.
- Pro-aktives Handeln: Agenten reagieren nicht nur auf die Umwelt, sondern sind auch in der Lage, zielgerichtet und initiativ zu agieren.

Konsequent zu Ende gedacht, entsteht das Internet der Dinge indem sich die logistischen Objekte - ähnlich wie die Datenpakete im Internet der Daten - selbständig durch intralogistische Netzwerke bewegen.

Das Internet der Dinge ermöglicht die Standardisierung der Daten in den Tags und in der Folge die Vereinheitlichung der materialflusstechnischen Umgebungen, in denen sich die intelligenten logistischen Objekte bewegen. Durch die Umkehrung klassischer Steuerungsphilosophien wird es möglich, Informationen, Schnittstellen und in Teilen auch die Programme zu standardisieren. Diese wird möglich, da innerhalb des Internet der Dinge nicht eine vorgeplante Prozesskette durchlaufen wird, sondern der logistische Prozess erst während der Laufzeit entsteht. Hierdurch ist die Reaktion eines Steuerungssystems, das diesem Konzept folgt, nicht mehr exakt vorhersehbar (es ist nicht deterministisch). Auf der anderen Seite ist es in höchste Maße flexibel und - bei richtiger Anwendung - adaptiv. Es stellt sich auf veränderte Anforderungen flexibel und selbständig ein.

3. Automatisierungstechnik

Ziel dieses Kapitels ist die Vermittlung von allgemeinen Prinzipien und deren praktische Umsetzung – soweit sie für die Realisierung logistischer Systeme relevant sind. Es beginnt mit einem Überblick über die Entwicklung der Automatisierungstechnik von den Anfängen über den Stand der Technik bis zu einem Blick in die Zukunft. In den folgenden beiden Abschnitten werden die Prinzipien der Automatisierungstechnik, die auf der Steuerungs- und der Regelungstechnik basieren, vorgestellt. Im Abschnitt der Hardwarekomponenten werden Sensoren, Aktoren und typische Automatisierungsgeräte behandelt. Wegen der besonderen Bedeutung werden die Feldbussysteme in einem eigenen Abschnitt beschrieben. Es folgt eine Einführung in Programmiermethoden, die durch kleine Praxisbeispiele ergänzt werden. Im praktischen Betrieb kommen der Mensch-Maschine-Schnittstelle in Form der Visualisierung von Prozessen und der Bedienung von Anlagen besondere Bedeutung zu. Daher wird auch auf diesen Aspekt eingegangen. Abschließend werden automatisch arbeitende Anlagen aus der Systemsicht betrachtet.

3.1 Entwicklung der Automatisierungtechnik

3.1.1 Historie

Die moderne Automatisierungstechnik wurde besonders durch Erfindungen der Elektrotechnik und Elektronik geprägt. Einige der Meilensteine sind in Tabelle 3.1 aufgelistet.

Es ist erkennbar, welchen Einfluss die Datenverarbeitung durch Computer auf die moderne Automatisierungstechnik genommen hat. Bestimmend waren die Entwicklung des Mikroprozessors und die Einführung vereinheitlichter Rechnerarchitekturen. Fast jede digitale Steuerung, die heutzutage in der Materialflusstechnik eingesetzt wird, basiert auf diesen Prinzipien.

Durch die Weiterentwicklung von Prozessoren und Speicherelementen mit zunehmender Integrationsdichte der elektronischen Bauelemente sind mittlerweile Systeme im Einsatz, welche die Rechenleistung eines einfachen PC auf der Größe einer Briefmarke vereinen. Neben zentralen Prozessrechnern werden auch in der Logistik zunehmend mobile PC und Handgeräte eingesetzt.

1947	Shockley, Bardeen und Brattain erfinden den Transistor.
1958	Jack Kilby entwickelt bei Texas Instruments den ersten integrierten Schaltkreis.
1967	Das erste lochkartengesteuerte Hochregallager geht in Betrieb (erstes, noch manuell bedientes HRL 1962 bei Bertelsmann).
1969	Intel produziert den ersten serienmäßigen Mikroprozessor (Intel 4004), Markteinführung der ersten Speicherprogrammierbaren Steuerung (AEG Modicon 084).
1970-1980	In der Automobilindustrie werden leitliniengeführte Fahrerlose Transportsysteme eingeführt, Einsatz von Speicherprogrammierbaren Steuerungen für Hochregallager, breite Einführung des Barcodes.
1981	IBM stellt den ersten Personal-Computer vor.
ab 1985	Mobile elektronische Datenspeicher werden in der Industrie eingeführt.
ab 1990	Zunehmend werden Personal-Computer zur Leitung und Kontrolle automatisch arbeitender Systeme eingesetzt.

Tabelle 3.1. Meilensteine der Materialflussautomatisierung

3.1.2 Stand der Technik

Ein Unternehmen kann in Ebenen strukturiert werden. Abbildung 3.1 zeigt eine solche Stuktur am Beispiel eines Produktionsunternehmens. Die einzelnen Ebenen haben nach [31] folgende Aufgaben:

- Unternehmensleitebene
  - Plant das Unternehmen im Sinne der Investitions-, Personal- und Finanzplanung
  - Führt Kontrollfunktion aus
- Produktionsleitebene
  - Verwaltet Aufträge und wickelt die Aufträge ab
  - Disponiert Beschaffung und Bestände
  - Führt die Produktionsgrobplanung als Zielvorgabe für die Betriebsleitebene durch
- Betriebsleitebene
  - Führt die Produktionsfeinplanung (Disposition von Personal und Geräten) durch
  - Meldet nach erfolgter Produktion Vollzug an die Produktionsleitebene zurück
  - Sichert die Qualität der Produkte
  - Erzeugt Vorgaben für Sollwerte, Überwachungsgrenzen an die Prozessleitebene

3.1 Entwicklung der Automatisierungtechnik

- Prozessleitebene
  - Prozessnahe Verarbeitung der Informationen.
  - Beschafft Informationen und bereitet sie für den Menschen auf (Überwachen, Melden, Protokollieren, Trendaufzeichnung/-wiedergabe)
- Feldebene
  - Beeinflusst den Prozess über Aktoren
  - Beschafft Informationen aus dem Prozess über Sensoren
  - Koppelt den Prozess an die Feldebene
- Prozess
  - Führt die physischen Operationen aus. Auf dem hier betrachteten Gebiet der Logistik sind die physischen Operationen das Lagern und das Transportieren.[1]

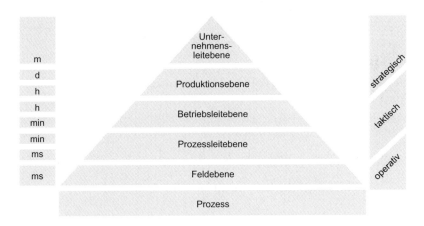

Abbildung 3.1. Einbettung der Automatisierungsebenen am Beispiel eines Produktionsbetriebes. Auf der linken Seite sind typische Reaktionszeiten dargestellt, die von Monaten bis zu Millisekunden betragen. Die Automatisierung betrifft die gesamte operative Ebene.

Mathematisch fundierte und rechnergestützte Methoden werden in allen hier genannten Ebenen eingesetzt. Dabei nimmt von oben nach unten die geforderte Reaktionsszeit stetig ab und erreicht auf der untersten Ebene den ms-Bereich. Eine spezielle Methodik wird jedoch in den operativen Ebenen, der Prozessleit- und der Feldebene angewendet. Diese Methoden und die zur ihrer Anwendung erforderlichen Geräte werden in den folgenden Abschnitten behandelt.

---

[1] Hier werden ausschließlich Stückgutprozesse betrachtet. Dennoch können viele der hier beschriebenen Basistechniken auch im Schüttgutbereich angewendet werden.

Moderne technische Produkte bestehen aus vier Hauptgruppen:

Grundsystem: Ein aus verschiedenen Komponenten aufgebautes *mechanisches Grundgerät* wie beispielsweise ein Regalbediengerät, ein Vertikalförderer, ein Handhabungsgerät oder ein Fahrerloses Transportfahrzeug.

Sensoren: Zur Erfassung der Zustände und der Zustandswechsel des mechanischen Gerätes werden Sensoren eingesetzt. Es können Kräfte, Wege, Temperaturen oder die Anwesenheit eines Gegenstandes erfasst werden. Diese – in der Regel – nicht in elektrischen Größen vorliegenden Werte werden in elektrische Größen umgewandelt.

Aktoren: Zur Ausgabe der von einem Automatisierungsgerät berechneten Stellgrößen wirken Aktoren auf das Grundsystem ein. Beispiele für Aktoren sind Elektromotoren und pneumatische oder hydraulische Zylinder.

Automatisierungsgeräte: Ein oder mehrere Automatisierungsgeräte verarbeiten die von den Sensoren erfassten Informationen und steuern oder regeln das Grundsystem so, dass der Prozess[2] eine vorgegebene Aufgabe erfüllt.

Die Automatisierung logistischer Anlagen basiert im Wesentlichen auf den Methoden, der *Mechatronik* (siehe [49]). Die Mechatronik ist eine Ingenieursdisziplin, die auf den Fachgebieten Maschinenbau, Elektrotechnik und Informatik basiert.

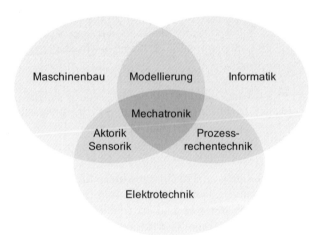

Abbildung 3.2. Fachgebiete der Mechatronik nach Wallaschek

---

[2] Die hier betrachteten Prozesse stammen alle aus dem Bereich der Logistik, vorzugsweise der Materialflusssteuerung. Andere Prozesse, beispielsweise aus der Verfahrens- oder der Fertigungstechnik, werden im Folgenden nicht betrachtet.

3.1 Entwicklung der Automatisierungtechnik

Die Mechatronik soll die bisher weitgehend getrennten Fachgebiete Maschinenbau, Elektrotechnik und Informatik miteinander verschmelzen und anstelle von mehreren Modellen ein einheitliches Gesamtsystem beschreiben. Dabei liegt das Hauptziel in der Aufbereitung aller Informationen zur fachübergreifenden Verwendung. Idealerweise können Wechselwirkungen so direkt im mechatronischen Modell abgebildet werden, was sonst meist an uneinheitlichen Werkzeugen und Standards scheitert. Die Abbildung 3.2 zeigt das Zusammenwirken der unterschiedlichen Disziplinen. Auf den Fachrichtungen Maschinenbau und Elektrotechnik basieren die Sensoren und Aktoren, die Prozessrechentechnik baut auf den Erkenntnissen der Elektrotechnik und der Informatik auf. Um Modelle der zu automatisierenden Anlage zu erstellen, werden Kenntnisse der Kinematik, einer Teildisziplin des Maschinenbaus, sowie die Anwendung der aus der Informatik bekannten Methoden benötigt.

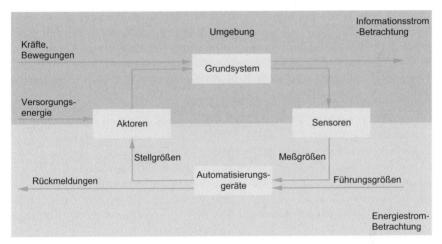

Abbildung 3.3. Grundstruktur mechatronischer Systeme nach Wallaschek

Beispiele für mechatronische Geräte in der Logistik sind:

- Regalbediengerät (RBG),
- Vertikalförderer,
- Palettierer,
- Fahrerloses Transportfahrzeug (FTF).

Die *Automatisierungtechnik* beschäftigt sich mit der zielgerichteten Führung technischer, meist mechatronischer Systeme, deren Prinzipien in den folgenden Kapiteln behandelt werden. Hierzu zählen insbesondere der Einsatz geeigneter Sensoren und Aktoren sowie eine Kopplung und Vernetzung der Automatisierungsgeräte sowie die Erstellung und Parametrierung der Steuerungssoftware, die von diesen Geräten ausgeführt wird. Darüber hinaus gewinnen die Visualisierung und die Diagnose zunehmend an Bedeutung.

Die Visualisierung dient in erster Linie der Darstellung der Prozesszustände, ermöglicht aber auch Eingriffe des Bedienpersonals, dem durch das Mittel der Visualisierung ein direkter Bezug zu dem technischen Prozess gesichert wird. Damit können zusätzliche Bedienelemente entfallen und der Betrieb einer Anlage gewinnt an Bediensicherheit.

Die Diagnose automatisierter technischer Systeme dient unter anderem der Erkennung unzulässiger Systemzustände. Eine konsequente Weiterführung dieses Gedankens führt zum Einsatz einer Prognose des zukünftigen Prozessverlaufes sowie zu einer Unterstützung des Bedienpersonals bei der Behebung von Störungen. Diese letzten beiden Punkte werden im folgenden Abschnitt kurz aufgezeigt.

3.1.3 Ausblick

Die Automatisierungstechnik hat heute bereits einen hohen Qualitätsstandard erreicht. Dennoch bieten die leistungfähigen Rechnersysteme mit ihren großen Speicherkapazitäten und ihren hohen Verarbeitungsgeschwindigkeiten sowie die Verfügbarkeit neuer Sensorsysteme und schneller Kommunikationstechnik ein Potenzial, das bisher noch nicht voll genutzt wird.

Steuerungssynthese: Hierzu zählen Entwurfsverfahren, mit deren Hilfe Steuerungssoftware nicht manuell geschrieben, sondern durch geeignete Verfahren generiert wird. Diese Steuerungssynthese steht erst am Anfang ihrer Entwicklung (siehe [41]). Hierzu werden Verfahren aus den Gebieten der Logik, diskreten Optimierung und der Graphentheorie genutzt, um unter Beachtung von Randbedingungen Steuerungsziele zu erreichen.

Selbstorganisation: Der Einsatz der Methoden der Künstlichen Intelligenz (KI) (siehe [15]) kann auf höheren Ebenen der Automatisierungs-Pyramide zu einer Verbesserung der logistischen Kennzahlen führen.

Adaptive Systeme: In einem typischen Szenario kann der Einsatz von Optimierungsverfahren zur Verbesserung der Systemparameter genutzt werden. Während heute bereits Offline-Optimierungen mithilfe von Simulationsmodellen durchgeführt werden, könnten in Zukunft die laufend entstehenden Betriebsdaten hierzu herangezogen werden. So kann ein adaptives Systemverhalten erreicht werden.

Assistenzsysteme: Eine weitere Verbesserung der bisherigen Automatisierungssysteme kann durch verbesserte Methoden der Prognose und durch den konsequenten Einsatz von Assistenzsystemen erreicht werden. Assistenzsysteme dienen dazu, in unterschiedlichen Situationen das Bedienpersonal so zu unterstützen, dass es die richtigen Entscheidungen in kurzer Zeit treffen kann. Hierzu zählen Routineaufgaben, selten auftretende Situationen und komplexe Störsituationen. Assistenzsysteme arbeiten häufig mit den Ergebnissen einer vorgeschalteten Diagnose (siehe Abschnitt 3.8.1).

3.2 Steuerungstechnik

Eine *Steuerung* ist nach *DIN 19226*:

„Steuerung ist ein Vorgang in einem System, bei dem eine oder mehrere Größen als Eingangsgrößen andere Größen als Ausgangsgrößen aufgrund der dem System eigentümlichen Gesetzmäßigkeiten beeinflussen."

Das zu beeinflussende System wird auch als *Prozess* bezeichnet. Ein Prozess ist nach DIN 66201 definiert:

„Ein Prozess ist die Gesamtheit von aufeinander einwirkenden Vorgängen in einem System, durch die Materie, Energie oder Information umgeformt oder gespeichert werden. Ein technischer Prozess ist ein Prozess, dessen physikalische Größen mit technischen Mitteln erfasst und beeinflusst werden."

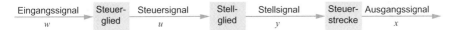

Abbildung 3.4. Offene Kette eines Steuerungssystems.

Abbildung 3.4 zeigt den grundsätzlichen Aufbau einer Steuerkette. Das *Eingangssignal w* wirkt auf das *Steuerglied*, welches das mathematische Verfahren zur Beeinflussung des technischen Prozesses beinhaltet. Dieses Steuerglied erzeugt ein *Steuersignal u*, das über ein *Stellglied* die *Stellgröße y* erzeugt. Ein typisches Beispiel für ein Stellglied ist ein Motor. Das Steuersignal ist die elektische Spannung, mit der dieser Motor versorgt wird, und die Stellgröße ist die Drehzahl der Motorwelle. Die Stellgröße wirkt auf die *Steuerstrecke*, deren *Ausgangssignal* einen bestimmten Wert erreichen soll. So kann etwa die Stellgröße „fahren" mit dem Wert „auf" über eine Hubeinrichtung eine aufwärts gerichtete Vertikalbewegung eines Förderers bewirken.

Abweichend von dieser klassischen Definiton wird der Begriff Steuerung auch für die zielgerichtete Beeinflussung *ereignisdiskreter Prozesse* in einem geschlossenen Wirkungskreis verwendet. Die meisten in der Praxis eingesetzten Systeme verfügen über eine Rückführung.[3] Diese meist binären Signale repräsentieren Ereignisse, also Zustandsänderungen, die zu einem nicht genau vorhersagbaren Zeitpunkt eintreten. Wäre das Eintreten des Ereignisses einschließlich des exakten Zeitpunkts seines Auftretens vorhersagbar, könnte das System auch ohne Rückführung gesteuert werden. Das ist in der Praxis jedoch selten der Fall.

---

[3] So wird beispielsweise der Antrieb eines Stetigförders manuell eingeschaltet und durch Rückführung des Signals eines Endschalters wieder ausgeschaltet.

Die manuelle oder die automatische Umschaltung einer Weiche in einem System aus Stetigförderern kann beispielsweise aufgrund des Füllstandes der nachfolgenden Pufferstecken erfolgen. Abbildung 3.5 zeigt ein solches Beispiel.

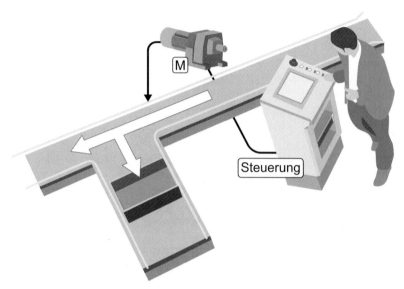

Abbildung 3.5. Steuerungssystem als geschlossener Wirkungskreis. In einem Behälterfördersystem wird eine Weiche über einen Stellantrieb durch den Motor M gesteuert. Der Umschaltvorgang wird hier durch einen Bediener eingeleitet, der seine Entscheidung aufgrund der Beobachtung der Steuerstrecke trifft.

Ein Bediener beobachtet die Steuerstrecke, die in diesem Fall aus einer Weiche und zwei Abförderstrecken besteht. Aus dem Füllstand dieser Abförderstrecken kann die Entscheidung für das Umschalten der Weiche abgeleitet werden. Die Weichenstellung bestimmt aber ihrerseits wieder, welcher Puffer befüllt wird. Damit ist die Wirkungskette geschlossen.

3.2.1 Verknüpfungsteuerungen

Die Verknüpfung von *binären Signalen* zählt zu den Grundlagen der Steuerungstechnik. Binäre Signale können zwei Zustände[4] annehmen. Das Prinzip der *Verknüpfungssteuerungen* basiert auf drei Grundoperationen, die auf binäre Signale angewendet werden.

---

[4] Diese Zustände werden mit {falsch, wahr}, {false, true} oder {0, 1} bezeichnet. Um eine kompakte Schreibweise zu erreichen, wird im Folgenden mit der 0/1-Darstellung gearbeitet.

3.2 Steuerungstechnik

Diese Grundoperationen sind:

- *Konjunktion* – auch als logische UND-Verknüpfung bekannt. Der Operator $\wedge$ für diese Verknüpfung wird in der Automatisierungstechnik oft als $*$, & oder als AND dargestellt.[5] Das neutrale Element der Konjunktion ist 1.
- *Disjunktion* – auch als logische ODER-Verknüpfung bekannt. Der Operator $\vee$ für diese Verknüpfung wird in der Automatisierungstechnik oft als $+$, ≥ 1 oder als OR dargestellt.[6] Das neutrale Element der Disjunktion ist 0.
- *Negation* – wird durch den Operator $\neg$, NOT oder einen über dem Operanden angeordneten Querstrich dargestellt: $\neg x \equiv \bar{x}$. In graphischen Darstellungen wird nach DIN anstelle eines Operatorsymbols eine 1 in ein Rechteck geschrieben.

Es gelten Rechenregeln nach Abbildung 3.6.

$\wedge$	0	1
0	0	0
1	0	1

$\vee$	0	1
0	0	1
1	1	1

	$\neg$
0	1
1	0

Abbildung 3.6. Rechenregeln für die Konjunktion, Disjunktion und Negation

In der Praxis der Steuerungstechnik werden auch weitere – auf diesen Grundoperationen basierende – Operationen genutzt. Als Beipiele seien hier die Äquivalenz und die Antivalenz genannt. Die Antivalenz wird in der Praxis auch mit *Exklusiv-Oder* (XOR) bezeichnet.

Abbildung 3.7 zeigt die Grundsymbole der logischen Verknüpfungen nach DIN. Dabei ist zu beachten, dass die Negation nicht nur als eigenständiges Symbol existiert, sondern auch durch einen kleinen, schwarz gefüllten Kreis wahlweise an Eingängen und/oder an Ausgängen eines beliebigen Symbols dargestellt werden kann.

Am Beispiel der Steuerung eines Rolltores soll die Anwendung einer Verknüpfungssteuerung erläutert werden. Es steht ein Rolltor mit einem Antriebsmotor M zur Verfügung. Dieser Motor kann zum Anheben des Tores im Uhrzeigersinn M_{heben} und zum Absenken entgegen dem Uhrzeigersinn M_{senken} drehen. Zur Erfassung der oberen und der unteren Endlage steht jeweils ein Taster T_{oben} und T_{unten} zur Verfügung. Um das Tor zu öffnen, muss der Taster T_{heben}, um das Tor zu schließen, der Taster T_{senken} betätigt werden. Das Tor kann sich nur bewegen, wenn einer der beiden Taster T_{heben} oder T_{senken} betätigt wird. Zusätzlich wird die Toröffnung durch eine Lichtschranke L überwacht, die mit einer 1 signalisiert, dass der Durchgangsbereich frei ist. Abbildung 3.9 zeigt die Komponenten für die Steuerung des Rolltores. Das beschriebene Tor mit den Sensoren und dem Aktor soll durch eine

---

[5] In einigen Programmiersprachen wird die Konjunktion auch als && dargestellt.
[6] In einigen Programmiersprachen wird die Disjunktion auch als || dargestellt.

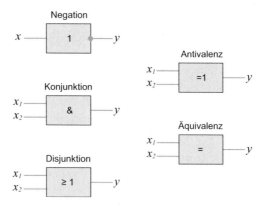

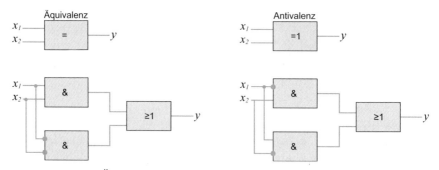

Abbildung 3.7. Grundsymbole für logische Verknüpfungen nach DIN

Abbildung 3.8. Äquivalenz- und Antivalenzbildung durch Zusammenschaltung der Grundsymbole

Verknüpfungssteuerung gesteuert werden.

$$M_{heben} = T_{heben} \wedge \neg T_{oben}$$
$$M_{senken} = T_{senken} \wedge \neg T_{unten} \wedge L$$

Diese Verknüpfungen berücksichtigen nicht das gleichzeitige Betätigen beider Taster. Hier muss noch eine gegenseitige *Verriegelung* erfolgen. Diese Verriegelung kann auf zwei unterschiedliche Arten erfolgen. Das negierte Signal des jeweils anderen Bedientasters kann direkt herangezogen werden:

$$M_{heben} = T_{heben} \wedge \neg T_{senken} \wedge \neg T_{oben}$$
$$M_{senken} = T_{senken} \wedge \neg T_{heben} \wedge \neg T_{unten} \wedge L$$

Alternativ kann das Ausgangssignal des jeweils anderen Zweiges als Eingangssignal genutzt werden, so dass hier bereits eine Rückwirkung vorliegt:[7]

---

[7] In diesem Fall wird sich das Tor bei blockierter Durchfahrt und bei gleichzeitiger Betätigung beider Taster öffnen – sofern es noch nicht vollständig geöffnet ist.

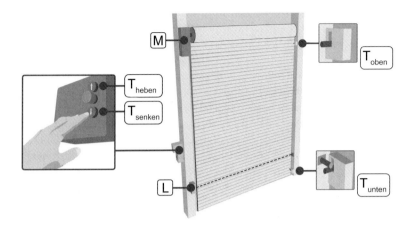

Abbildung 3.9. Steuerung eines Rolltores mit Antrieb (Motor M), Endschaltern (T_{oben} und T_{unten}), Überwachung durch eine Lichtschranke (L) und Bedienelementen (Taster T_{heben} und T_{senken})

$$M_{heben} = T_{heben} \wedge \neg M_{senken} \wedge \neg T_{oben}$$
$$M_{senken} = T_{senken} \wedge \neg M_{heben} \wedge \neg T_{unten} \wedge L$$

Nachteilig an allen vorgestellten Lösungen ist, dass der jeweilige Bedientaster so lange betätigt werden muss, bis das Tor eine Endlage erreicht hat. Durch ein einmaliges Tippen eines Tasters kann keine Bewegung des Tores bis in eine Endlage eingeleitet werden.

Die Steuerung für das Beispiel wurde durch zwei logische Gleichungen beschrieben, die man bei einer geringen Anzahl von Eingangsgrößen in der Praxis auch durch so genannte *Wahrheitstabellen*[8] darstellt. Für jedes Eingangssignal und für jedes Ausgangssignal wird eine Spalte angelegt. Die Eingangssignale werden mit allen möglichen Binärkombinationen belegt und die Spalten der Ausgangssignale werden entsprechend den Vorschriften der Steuerung berechnet. Für den Fall der Verriegelung ergibt sich die Wahrheitstabelle 3.2.

Eine vollständige Wahrheitstabelle besteht bei n Eingangssignalen aus 2^n Zeilen und ist damit für die meisten praktischen Probleme nicht mehr zweckmäßig. Dem steht der Vorteil der Vollständigkeit gegenüber, das heißt, dass sich der Entwickler mit *allen* möglichen Werten der Eingabesignale aus-

---

[8] Die Darstellung der Rechenregeln in Abbildung 3.6 sind in diesem Sinne keine Wahrheitstabellen, da ein Eingangssignal die Zeilen und das andere die Spalten indiziert.

T_{heben}	T_{senken}	T_{oben}	T_{unten}	L	M_{heben}	M_{senken}	Fehler
0	0	0	0	0	0	0	
0	0	0	0	1	0	0	
0	0	0	1	0	0	0	
0	0	0	1	1	0	0	
0	0	1	0	0	0	0	
0	0	1	0	1	0	0	
0	0	1	1	0	0	0	1
0	0	1	1	1	0	0	1
0	1	0	0	0	0	1	
0	1	0	0	1	0	1	
0	1	0	1	0	0	0	
0	1	0	1	1	0	0	
0	1	1	0	0	0	1	
0	1	1	0	1	0	0	
0	1	1	1	0	0	0	1
0	1	1	1	1	0	0	1
1	0	0	0	0	1	0	
1	0	0	0	1	1	0	
1	0	0	1	0	1	0	
1	0	0	1	1	1	0	
1	0	1	0	0	0	0	
1	0	1	0	1	0	0	
1	0	1	1	0	0	0	1
1	0	1	1	1	0	0	1
1	1	0	0	0	0	0	
1	1	0	0	1	0	0	
1	1	0	1	0	0	0	
1	1	0	1	1	0	0	
1	1	1	0	0	0	0	
1	1	1	0	1	0	0	
1	1	1	1	0	0	0	1
1	1	1	1	1	0	0	1

Tabelle 3.2. Wahrheitstabelle für den Motorantrieb eines Rolltores einschließlich aller möglichen Fehlersituationen

einander setzen muss. So zeigt Tabelle 3.2, dass einige der möglichen Kombinationen der Eingangszustände verboten sind.

Die Umsetzung von reinen Verknüpfungssteuerungen erfolgt durch elektrische Relais, durch elektronische Schaltglieder, auch Gatter genannt, oder durch programmierte Logik in einem Automatisierungsgerät. Da bei einer direkten Umsetzung einer Verknüpfungssteuerung viele Bauteile erforderlich werden können, werden Minimierungsverfahren angewendet, um den Aufwand zu reduzieren.

Um eine standardisierte Darstellung zu erreichen, setzt man *Normalformen* ein. Diese Normalformen arbeiten zweistufig. Bei der *konjunktiven* Normalform sind zunächst nur Konjunktionen und dann in einer zweiten Stufe nur Disjunktionen erlaubt:

$$\wedge_i \vee_j (\neg) x_{ij} \tag{3.1}$$

Bei der *disjunktiven* Normalform ist es genau umgekehrt:

$$\vee_i \wedge_j (\neg) x_{ij} \tag{3.2}$$

Zur praktischen Arbeit mit Verknüpfungssteuerungen können die folgenden Äquivalenzen (siehe [42]) hilfreich sein:

$F \wedge F \equiv F$	Idempotenz
$F \vee F \equiv F$	
$F \wedge G \equiv G \wedge F$	Kommutativität
$F \vee G \equiv G \vee F$	
$(F \wedge G) \wedge H \equiv F \wedge (G \wedge H)$	Assoziativität
$(F \vee G) \vee H \equiv F \vee (G \vee H)$	
$F \wedge (F \vee G) \equiv F$	Absorption
$F \vee (F \wedge G) \equiv F$	
$F \wedge (F \vee H) \equiv (F \wedge G) \vee (G \wedge H)$	Distributivität
$F \vee (F \wedge H) \equiv (F \vee G) \wedge (G \vee H)$	
$\neg\neg F \equiv F$	Doppelnegation
$\neg(F \wedge G) \equiv \neg F \vee \neg G$	deMorgan-Regel
$\neg(F \vee G) \equiv \neg F \wedge \neg G$	
$F \wedge \neg F \equiv 0$	Unerfüllbarkeit
$F \vee \neg F \equiv 1$	Tautologie

Historisch werden Verknüpfungssteuerungen auch durch Symbole der Elektrotechnik – durch Schalter oder Relaiskontakte als Eingänge sowie durch die Wicklung eines Relais als Ausgang – realisiert. Bei nur wenigen Verknüpfungen wird diese Technik auch heute noch angewendet. In der Mitte des vorigen Jahrhunderts erlebten die Steuerungen auf der Basis fest verdrahteter Logik ihren Höhepunkt. Es existieren zahlreiche Verfahren, die logischen Bedingungen umzuformen mit den Zielen, die Schaltzeiten, den Energieverbrauch, die Anzahl der Relais und die Verdrahtung zu minimieren sowie die Kontakte gleichmäßig auf die Relais zu verteilen. Seit dem Aufkommen der Halbleiter, der integrierten Schaltkreise und der Mikroprozessoren steht auch für Verknüpfungssteuerungen neue, schnelle und preiswerte Hardware zur Verfügung. Abschnitt 3.6.7 zeigt, dass diese Darstellungsmethode unter der Bezeichnung *Kontaktplan* standardisiert ist und auch heute noch als Programmiermethode für frei programmierbare Verknüpfungssteuerungen eingesetzt wird. Ein solches *Netzwerk* wird zwischen zwei symbolischen „Stromschienen" angeordnet. Abbildung 3.10 zeigt die Realisierung der drei Grundoperationen der Logik auf der Basis elektrischer Kontakte.

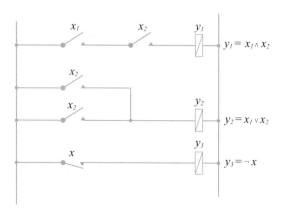

Abbildung 3.10. Realisierung der logischen Grundoperationen durch elektrische Bauteile „Taster" und „Relais".

Negationen können durch eine andere Darstellung des Kontaktes erreicht werden. Die Elektrotechnik kennt die Begriffe *Schließer* für einen nicht negierten Eingang und *Öffner* für einen negierten Eingang. Der oben erwähnte Kontaktplan verfügt über zusätzliche Symbole und über eine spezielle Syntax und Semantik, die von der reinen Elektrotechnik abweicht.

Alle Verknüpfungssteuerungen sind *zustandslos*. Damit wird die Klasse der zu lösenden Probleme stark eingeschränkt. Im folgenden Abschnitt wird der *innere Zustand* der Steuerung berücksichtigt.

3.2.2 Zustandsmaschinen

Im Gegensatz zu den reinen Verknüpfungssteuerungen verfügen viele Steuerungen zusätzlich über Zustände mit definierten Übergängen zwischen je zwei Zuständen. Abhängig von der technischen Ausprägung werden die Speicher für Zustände als *Variable*, *Merker* oder als *Zustand* bezeichnet. Da in den steuerungstechnischen Anwendungen die Anzahl der Zustände beschränkt ist, spricht man auch von *Finite State Machines*, deren wichtigste Ausprägungen *Endliche Automaten* und *Petri-Netze*[9] sind.

---

[9] Das gilt nur für Petri-Netze, deren Markierung beschränkt ist.

3.2 Steuerungstechnik 135

Speicherung von Zuständen: Zustände können gespeichert werden, indem in logischen Verknüpfungen *Rückführungen* eingebaut werden. Abbildung 3.11(a) zeigt eine solche Rückführung in einer elektrotechnischen Umsetzung und Abbildung 3.11(b) in einer Realisierung durch Logikbausteine, oft auch kurz *Gatter* genannt.[10]

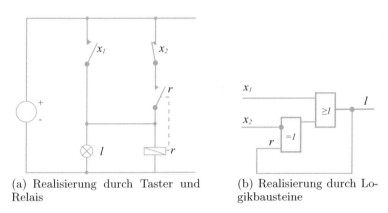

(a) Realisierung durch Taster und Relais

(b) Realisierung durch Logikbausteine

Abbildung 3.11. Realisierung einer Speicherfunktion durch Rückführung

Die Zustände, die sich aus allen möglichen Tasterstellungen ergeben, führen zu dem Diagramm in Abbildung 3.12. In der Ausgangssituation sind

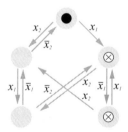

Abbildung 3.12. Vollständige Beschreibung aller möglichen Zustände der Speicherfunktion nach Abbildung 3.11.

beide Taster in Ruhestellung. Die Zustände, die mit einem ⊗ gekennzeichnet sind, entsprechen einem Aufleuchten der Lampe l. Diese vollständige Analyse einer einfachen Steuerung führt bereits zu einer relativ großen Anzahl von möglichen Zuständen. Es existieren auch Zustände, die gar nicht beabsichtigt

---

[10] Abbildung 3.11(a) ist in der Elektrotechnik auch unter dem Begriff *Selbsthaltung* bekannt.

136 3. Automatisierungstechnik

sind, die sich aber nicht immer vermeiden lassen. In diesem Beispiel ist die gleichzeitige Betätigung der beiden Taster vom Entwickler sicher nicht vorgesehen, jedoch nicht vermeidbar. Abhilfe kann nur durch eine wechselseitige mechanische Verriegelung der Taster geschaffen werden.

Abbildung 3.13 zeigt ein Speicherglied, das aus zwei *ODER*-Verknüpfungen mit je einer Negation am Ausgang[11] besteht.

(a) Speicherglied aus ODER-Verknüpfungen

(b) Vollständiger Zustandgraph für ein Speicherglied aus ODER-Verknüpfungen

Abbildung 3.13. Realisierung von Speicherfunktionen durch Rückführung am Beispiel kreuzweise gekoppelter ODER-Verknüpfungen. In 3.13(b) sind die beiden möglichen Anfangszustände durch einen Punkt gekennzeichnet.

Es ergibt sich folgende Wahrheitstabelle:

x_1	x_2	r	r'
0	0	speichern	
0	1	1	0
1	0	0	1
1	1	0	0

Die Eingangsbelegung $(0,0)$ führt zu Ausgangssignalen, die den jeweils letzten Ausgangssignalen entsprechen. Damit liegt hier ein speicherndes Verhalten vor. Wenn die Eingangsbelegung $(1,1)$ ausgeschlossen werden kann, sind die Ausgangssignale komplementär zueinander und es gilt $r' = \neg r$. Solche Speicherglieder werden auch *RS-Flip-Flop* genannt. Dabei steht R für *Reset* und S für *Set*. R und S sind die Eingangssignale, und die nun komplementären Ausgangssignale bezeichnet man mit Q und $\overline{Q}$. In diesem Fall muss sichergestellt werden, dass die Eingangsbelegung $(1,1)$ niemals auftreten kann.

R	S	Q	$\overline{Q}$
0	0	speichern	
0	1	1	0
1	0	0	1
1	1	verboten	

---

[11] Solche Verknüpfungen werden auch *NOR*-Verknüpfungen genannt.

Ein Flip-Flop dieser Art kann durch ein *Zustandsdiagramm*[12] dargestellt werden. Abbildung 3.13 zeigt alle mögliche Zustände des Flip-Flops; auch den verbotenen Zustand. Bemerkenswert ist die Tatsache, dass der Anfangszustand bei einer $(0,0)$-Eingangsbelegung nicht eindeutig ist. Je nach den elektrischen Verhältnissen wird sich zufällig eine der beiden möglichen Ausgangsbelegungen $(0,1)$ oder $(1,0)$ einstellen. In der Theorie nennt man derartige Systeme *nichtdeterministisch* und die hier zugrunde liegende Form entspricht einem *nichtdeterministischen endlichen Automaten* (NEA) (siehe [2]).

Ein Flip-Flop kann auch aus UND-Verknüpfungen mit einer Negation am Ausgang aufgebaut werden. Dabei wird die Speicherung bei $(1,1)$-Belegung erreicht und die $(0,0)$-Belegung ist verboten. Das RS-Flip-Flop bildet die Basis für eine Vielzahl von Flip-Flop-Varianten. Fest verdrahtete Steuerungen mit Speicher basieren auf solchen elementaren Strukturen, die sich im Allgemeinen in großer Anzahl in hochintegrierten Bausteinen befinden. Frei programmierbare Steuerungen verwenden Variablen zur Speicherung von Zuständen.

Abbildung 3.14 zeigt eine Umsetzung der in Abschnitt 3.2.1 beschriebenen Torsteuerung mit RS-Flip-Flops.

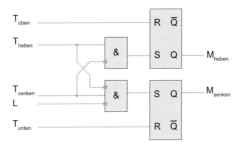

Abbildung 3.14. Einfache Torsteuerung mit Zustandsspeicherung

Da hier die Zustände gespeichert werden, genügt es, die Taster nur einmal kurz zu betätigen, um das Tor in Bewegung zu versetzen. Nach dem Erreichen der jeweiligen Endschalter wird der Motor wieder ausgeschaltet.

Schaltnetze und Schaltwerke: Logische Verknüpfungen ohne eine Rückführung sind unter der Bezeichnung *Schaltnetz* bekannt. Die Verallgemeinerung des hier vorgestellten Prinzips der Rückführung der Ausgangsvariablen wird in der Steuerungstechnik mit *Schaltwerk* bezeichnet. In einem Schaltwerk wird die Speicherung jedoch von dem Verknüpfungsnetzwerk getrennt. Abbildung 3.15 zeigt den prinzipiellen Aufbau eines Schaltwerkes.

---

[12] Zustandsdiagramme werden in Abschnitt 3.2.2 behandelt.

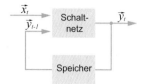

Abbildung 3.15. Aufbau eines Schaltwerkes aus einem Schaltnetz und einem Speicher

In der mathematischen Darstellung werden die Eingangsvariablen x_i und die Ausgangsvariablen y_i jeweils durch einen Vektor $\boldsymbol{x}$ beziehungsweise $\boldsymbol{y}$ dargestellt. Für ein Schaltnetz gilt: $\boldsymbol{y} = f(\boldsymbol{x})$, während in einem Schaltwerk für die Berechnung von $\boldsymbol{y}$ außer den Eingangsvariablen auch noch die letzen Werte der Ausgangsvariablen berücksichtigt werden müssen. Damit gilt für ein Schaltwerk: $\boldsymbol{y}_k = f(\boldsymbol{x}_k, \boldsymbol{y}_{k-1})$. Die vektorielle Darstellung ist eine geeignete Form für die mathematische Analyse und Synthese von Schaltnetzen und Schaltwerken.

In Schaltnetzen, die über mehr als eine Verknüpfungsebene verfügen, können aufgrund von unterschiedlichen Verarbeitungszeiten unerwünschte Effekte auftreten, die kurzzeitig zu falschen Ergebnissen führen.[13] Diese Effekte werden als *Strukturglitch*[14] bezeichnet, da die Struktur des Schaltnetzes diesen Effekt verursacht. Ein Beispiel ist die Verknüpfung $x_1 \wedge x_2 \vee \neg x_1 \wedge x_3$. Bei einem Wechsel des Eingangsvektors $\boldsymbol{x}$ von $(1,1,1)^T$ nach $(0,1,1)^T$ sollte der Wert des Ausgangssignals $y = 1$ erhalten bleiben. Hier kann es kurzzeitig zu dem falschen Ergebnis $y = 0$ kommen, wenn die Verarbeitungsgeschwindigkeit der Negation endlich ist. Obwohl die Zeitdauer, in denen solche Inkonistenzen vorliegen, bei einer Realisierung mit Halbleiterbausteinen im unteren Nanosekunden-Bereich[15] liegen, ist dieses Verhalten im Allgemeinen nicht akzeptabel. Um derartige Fehler zu vermeiden, kann ein Taktsignal eingesetzt werden, das erzwingt, dass alle Eingangssignale *synchron* verarbeitet werden.

Ein ähnlicher Effekt kann bei der Erfassung der Eingangssignale auftreten (siehe Abschnitt 3.2.4). Diese Fälle werden unter der Bezeichnung *Funktionsglitch* zusammengefasst, da auch eine synchrone Verarbeitung diesen Effekt nicht vermeiden kann.

---

[13] Das betrifft Schaltnetze, die durch Hardware realisiert werden. Eine Softwarerealisierung ermöglicht eine schrittweise Berechnung mit einer anschließenden Zuweisung an die Ergebnis-Variable.

[14] In der Elektronik bezeichnet man mit Glitch oder *Race Condition* eine temporäre Falschausgabe logischer Schaltungen, deren Ursache unterschiedliche Signallaufzeiten sind.

[15] In einer Nanosekunde ($1\,\text{ns} = 10^{-9}\,s$) legt das Licht etwa 30 cm zurück.

Endliche Automaten: Der *deterministische endliche Automat* (DEA) bildet die Basis für steuerungstechnisch interpretierte Automaten. Ein DEA verfügt über einen *Zustand* s aus einer Zustandsmenge S ($s \in S$), der durch Eingaben in Folgezustände überführt werden kann. Alle zulässigen Eingaben bilden das *Eingabealphabet* Σ. Genau ein Zustand ist der *Startzustand* s_0, eine Menge von Zuständen F bildet die *Endzustände*. Wenn alle Eingabezeichen verarbeitet worden sind, muss sich der Automat in einem Endzustand befinden. Formal ist ein DEA A als 5-Tupel definiert:

$A = (S, \Sigma, \delta, s_0, F)$

S : nichtleere endliche Menge von Zuständen

Σ : nichtleere endliche Menge von Eingabezeichen

δ : Übergangsfunktion : $S \times \Sigma \rightarrow S$

s_0 : Startzustand : $s_0 \in S$

F : endliche Menge der Endzustände : $F \subseteq S$

Der DEA A arbeitet in diskreten Schritten. Zu einem Zeitpunkt befindet sich A im Zustand $s \in S$. Falls ein Eingabezeichen $\sigma \in \Sigma$ vorhanden ist, wird dieses gelesen und der neue Zustand ergibt sich zu $s_{i+1} = \delta(s_i, \sigma)$. Die Bearbeitung beginnt beim Startzustand s_0 und endet, wenn kein Eingabezeichen mehr vorhanden ist und der aktuelle Zustand s ein Endzustand ist, also: $s \in F$. Wenn die Übergangsfunktion $\delta(s, \sigma)$ nicht definiert ist[16] oder wenn alle Eingabezeichen verarbeitet sind, aber noch kein Endzustand erreicht wurde, liegt ein Fehlerfall vor. Automaten, die über Endzustände verfügen, werden auch als Akzeptoren bezeichnet (siehe [2]).

Im Gegensatz zu einem Schaltwerk werden hier nicht die Zustandsvektoren elementweise betrachtet und die logischen Verknüpfungen stehen nicht im Mittelpunkt der Betrachtungen. Aus dieser Sicht stellen die Automaten ein anderes Abstraktionsniveau dar, das einer frei programmierbaren Steuerung näher steht als einer verbindungsorientierten Steuerung. Die Automaten wurden bereits in den Abbildungen 3.12 und 3.13(b) zur Erläuterung eingesetzt, ohne jedoch den Begriff zu benennen. DEA können durch Schaltwerke realisiert werden. In den folgenden Abschnitten wird am Beispiel der Mealy- und Moore-Automaten noch auf diese Zusammenhänge eingegangen.

Ein DEA kann zwar Eingaben verarbeiten; um ihn in der Steuerungstechnik anwenden zu können, sind jedoch auch Ausgaben erforderlich.

Ein *Mealy-Automat*[17] A_{mealy} verfügt im Vergleich zu einem DEA zusätzlich über ein *Ausgabealphabet* Ω und die *Ausgabefunktion* λ.

---

[16] δ ist eine partielle Funktion und damit nicht zwingend für alle Wertepaare (s, σ) definiert.
[17] Benannt nach dem Mathematiker George H. Mealy (*1925)

Formal wird dieser Automatentyp als 6-Tupel definiert:

$A_{mealy} = (S, \Sigma, \Omega, \delta, \lambda, s_0)$

S : nichtleere endliche Menge von Zuständen

Σ : nichtleere endliche Menge von Eingabezeichen

Ω : nichtleere endliche Menge von Ausgabezeichen

δ : Übergangsfunktion : $S \times \Sigma \to S$

λ : Ausgabefunktion : $S \times \Sigma \to \Omega$

s_0 : Startzustand : $s_0 \in S$

Beim Einsatz in der Steuerungstechnik verzichtet man auf die Endzustände F, da das Ende der Eingabe im Allgemeinen nicht definiert ist. Logistische Anlagen werden über lange Zeiträume betrieben und nach Störungen häufig durch einen Kaltstart – das heißt ohne Berücksichtigung des gespeicherten alten Anlagenzustandes – wieder angefahren. Die meisten Anlagen arbeiten zyklisch und erreichen nach Beendigung eines Zyklus wieder den Anfangszustand. Derartige Systeme werden auch *reversible Systeme* genannt. Aus diesem Grund haben Endzustände in der Steuerungstechnik kaum eine Bedeutung.[18] Ausgaben können bei Zustandsübergängen oder beim Erreichen eines Zustandes erfolgen. Dabei muss sich der aktuelle Zustand nicht ändern. Das bedeutet, das ein Eingabezeichen den Automaten in den Zustand überführen kann, der auch vor der Eingabe dieses Zeichens vorlag. Der Zustands*übergang* kann – wie jeder andere Zustandsübergangs – eine Ausgabe erzeugen. Abbildung 3.16 zeigt einen Mealy-Automaten für das Beispiel des Rolltores aus Abschnitt 3.2.1.

Die Zustände sind als Kreise dargestellt und von 1 ... 5 nummeriert. Die Zustandübergänge, auch *Transitionen* genannt, sind als Pfeile dargestellt und mit der Eingabe beschriftet, die den jeweiligen Zustandübergang auslöst. Durch einen waagerechten Strich getrennt, folgt die zu diesem Zustandswechsel gehörige Ausgabe. Damit enthalten alle Beschriftungen der Transitionen sowohl die Übergangs- als auch die Ausgabefunktion. Aus Gründen der Übersichtlichkeit wurde auf die Darstellung des Startzustandes verzichtet. Vom Startzustand erfolgt nach Abfrage der Eingangssignale ein Übergang zu einem der fünf dargestellten Zustände.

Ein *Moore-Automat*[19] ist ein endlicher Automat, dessen Ausgabefunktion im Gegensatz zum Mealy-Automaten ausschließlich von seinem Zustand und nicht von den Zustandsübergängen abhängt.

---

[18] Es existieren in der Literatur auch abweichende Definitionen, die auch eine Menge F von Endzuständen in die Definition von Mealy-Automaten mit aufnehmen.

[19] Benannt nach dem Mathematiker Edward F. Moore (*1925 †2003)

3.2 Steuerungstechnik

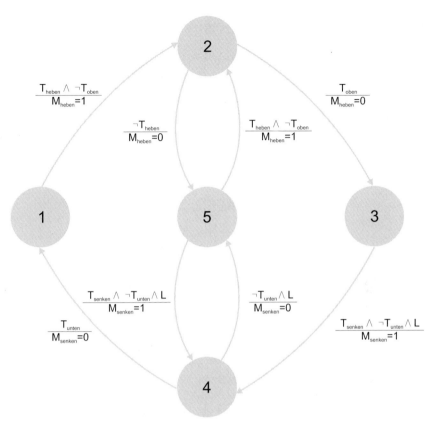

Abbildung 3.16. Steuerung eines Rolltores durch einen Mealy-Automaten.

Dieser kann ebenfalls als 6-Tupel[20] definiert werden und unterscheidet sich vom Mealy-Automaten durch eine andere Übergangsfunktion λ:

$A_{moore} = (S, \Sigma, \Omega, \delta, \lambda, s_0)$

$\quad S\ :\ $ nichtleere endliche Menge von Zuständen

$\quad \Sigma\ :\ $ nichtleere endliche Menge von Eingabezeichen

$\quad \Omega\ :\ $ nichtleere endliche Menge von Ausgabezeichen

$\quad \delta\ :\ $ Übergangsfunktion : $S \times \Sigma \to S$

$\quad \lambda\ :\ $ Ausgabefunktion : $S \to \Omega$

$\quad s_0\ :\ $ Startzustand : $s_0 \in S$

Abbildung 3.17 zeigt einen Moore-Automaten für das Beispiel des Rolltores aus Abschnitt 3.2.1.

---

[20] Für die Endzustände gilt das gleiche wie für Mealy-Automaten.

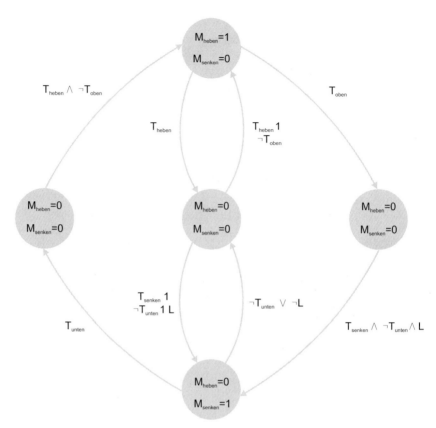

Abbildung 3.17. Steuerung eines Rolltores durch einen Moore-Automaten.

Anwendung Längenmessung: Ein weiteres Anwendungsbeispiel für Automaten stammt aus dem Bereich der Sensorik. Längenmessungen können mithilfe von Lichtschranken und einem gelochten Messband (siehe Abbildung 3.19) beziehungsweise einer Messscheibe (siehe Abbildung 3.18(a)) mit abwechselnden transparenten und nicht transparenten Sektoren durchgeführt werden[21]. Die technischen Einrichtungen, die dieses Konzept umsetzten, werden *Inkrementalgeber* genannt. Die Hell-Dunkel-Wechsel werden optisch erfasst und ausgewertet.[22] Aus den gezählten Hell-Dunkel-Wechseln kann die Positions- beziehungsweise die Winkeländerung berechnet werden.

Bei Einsatz von zwei optischen Sensoren, den Lichtschranken L und R, kann zusätzlich die Bewegungsrichtung ermittelt werden. Darüber hinaus wird die Auflösung der Messung bei gleichbleibender Loch- beziehungsweise

---

[21] Weg- und Winkelmessungen können durch den Einsatz geeigneter mechanischer Konstruktionen ineinander überführt werden.

[22] Es existieren auch Inkrementalgeber, die nach diesem Prinzip arbeiten, aber auf anderen physikalischen Effekten basieren. Siehe hierzu Abschnitt 3.4.1.

Sektorzahl verdoppelt. Die Breite b der transparenten Teile muss gleich der Breite der nicht transparenten Teile sein. Das Muster weist dann eine Periodenlänge von $L = 2b$ auf. Der Abstand der beiden Lichtschranken beträgt $b/2$ und damit $1/4$ der Periodenlänge, was einer Phasenverschiebung von 90 entspricht.

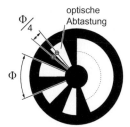
(a) Inkrementalgeberscheibe

(b) Ausführungsform eines Inkrementalgebers

Abbildung 3.18. Inkrementalgeber für Winkelmessungen und Auswertung der Drehrichtung nach dem Inkrementalverfahren

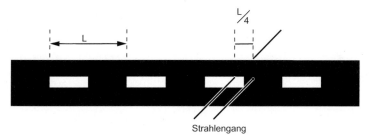

Abbildung 3.19. Inkrementallineal für Längenmessungen und Auswertung der Bewegungsrichtung nach dem Inkrementalverfahren.

Befindet sich ein optisch durchlässiger Sektor vor einer Lichtschranke, wird hierfür das Symbol ○, bei einem optisch undurchlässigen Sektor das Symbol ● verwendet. Für die beiden Lichtschranken L und R ergeben sich damit vier Zustände:

$$S = \{(L\circ, R\circ), (L\circ, R\bullet), (L\bullet, R\circ), (L\bullet, R\bullet)\}$$

Folgende Zustandswechsel sind möglich

$$\delta = \{(L\circ \to L\bullet), (L\bullet \to L\circ), (R\circ \to L\bullet), (R\bullet \to R\circ)\}$$

Damit kann ein Mealy-Automat für Inkrementalgeber konstruiert werden. Abbildung 3.20 zeigt den Automaten in Graphendarstellung und Tabelle 3.3 repräsentiert die entsprechende Übergangsfunktion, Tabelle 3.4 die zugehörigen Ausgaben.

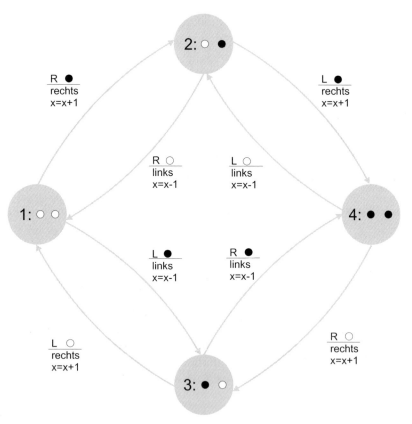

Abbildung 3.20. Auswertung der Inkrementalgebersignale mit Richtungserkennung durch einen Mealy-Automaten

Die mit einem Minuszeichen gekennzeichneten Zustandsübergänge sind nicht möglich und deuten auf eine defekte Hardware oder auf den Verlust eines Ereignisses hin. In diesen Fällen sollte immer eine Initialisierung des Messsystems durch eine Absolutmessung – beispielsweise durch einen Endlagentaster – erfolgen. Als Ausgaben können die Dreh- beziehungsweise die

Bewegungsrichtung[23] *links* oder *rechts* und der Wert des gemessenen Weges x gesetzt werden[24].

Übergangsfunktion δ

Zustand		Ereignis			
		L∘	L•	R∘	R•
1	∘∘	-	3	-	2
2	∘•	-	4	1	-
3	•∘	1	-	-	4
4	••	2	-	3	-

Tabelle 3.3. Übergangsfunktion eines Mealy-Automaten für einen Inkrementalgeber mit zwei Sensoren

Ausgabefunktion λ

Zustand		Ereignis			
		L∘	L•	R∘	R•
1	∘∘	-	links $x := x - 1$	-	rechts $x := x + 1$
2	∘•	-	rechts $x := x + 1$	links $x := x - 1$	-
3	•∘	rechts $x := x + 1$	-	-	links $x := x - 1$
4	••	links $x := x - 1$	-	rechts $x := x + 1$	-

Tabelle 3.4. Ausgabefunktion eines Mealy-Automaten für einen Inkrementalgeber mit zwei Sensoren

Zusammenhang zwischen Mealy- und Moore-Automat: Mealy- und Moore-Automaten lassen sich wechselseitig ineinander umwandeln. Die Anzahl der Zustände S eines Moore-Automaten $|S_{moore}|$ ist größer oder gleich der Anzahl der Zustände des entsprechenden Mealy-Automaten $|S_{mealy}|$.

---

[23] Die Richtungen *links* und *rechts* sind je nachdem, ob sich die Messeinrichtung oder der Massstab bewegen, fallabhängig zu interpretieren.

[24] Primär werden Ereignisse gezählt, die durch Multiplikation mit einer konstruktionsabhängigen Konstanten C in einen Weg (Winkel) umgerechnet werden müssen. Alternativ könnte diese Konstante auch direkt berücksichtigt werden: $x = x \pm C$.

Die Transformation eines Mealy-Automaten in einen Moore-Automaten erfolgt in drei Schritten:

1. Für jede Kante wird die ihr zugeordnete Ausgabe in den Zustand übertragen, in dem die Kante endet. Hierbei stehen in der Regel eine Menge von Ausgabewerten in einem Zustandsknoten.
2. Die Zustände werden vervielfacht, so dass jedem Zustand nur noch ein Ausgabewert zugeordnet ist. Anschließend werden die eingehenden Kanten entsprechend den Ausgabewerten den neuen Knoten zugeordnet.
3. Alle ausgehenden Kanten der ursprünglichen Zustände werden kopiert und den neu erzeugten Zuständen aus Schritt 2 zugeordnet.

Abbildung 3.21 zeigt den Zustandsgraphen des so konstruierten Mooreautomaten. Die Funktionsweise dieses Automaten ist äquivalent zu der des ursprünglichen Mealy-Automaten.

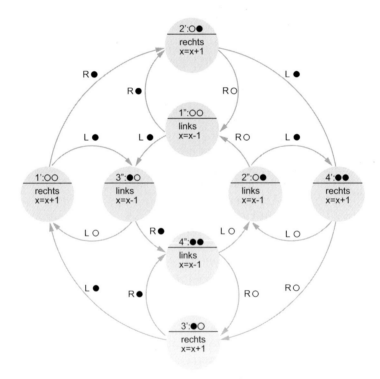

Abbildung 3.21. Auswertung der Inkrementalgebersignale mit Richtungserkennung durch einen Moore-Automaten

In diesem Beispiel weist der Moore-Automat die doppelte Anzahl von Zuständen und die doppelte Zahl von Zustandsübergängen auf. Dafür kann an den Zuständen nun direkt die Bewegungsrichtung abgelesen werden. Alle Zustände s'' stehen für eine Bewegung in die Richtung *links*, die Zustände s' für eine Bewegung in die Richtung *rechts*. Damit können nun auch Zustandswechsel der Art $s'' \to s'$ für einen Richtungswechsel von links nach rechts und $s' \to s''$ für den umgekehrten Fall verarbeitet werden.

Die bisher vorgestellten Zustandmaschinen verfügen über genau einen Zustand. Wenn mehrere nebenläufige technische Prozesse zu steuern sind, müssen auch die Automatisierungseinrichtungen nebenläufig arbeiten. Das kann durch den Einsatz mehrerer Automaten erreicht werden. Da die technischen Systeme aber untereinander gekoppelt sind, wird auch eine Kopplung der Automaten untereinander erforderlich. Solche Lösungen sind unter dem Begriff *Petri-Netz*[25] bekannt. Inzwischen existiert eine Vielzahl von Netzen mit einer steuerungstechnischen Interpretation, die von ihren Entwicklern wegen ihrer formalen Ähnlichkeit oft fälschlicherweise als Petri-Netze bezeichnet werden (siehe [35]). Die Methodik der Petri-Netze gewinnt in der Programmierung von Automatisierungsgeräten zunehmend an Bedeutung (siehe Abschnitt 3.6.8).

Petri-Netze: Petri-Netze können als eine natürliche Erweiterung der Automaten angesehen werden. Ein Petri-Netz[26] besteht aus *Bedingungen* und aus *Transitionen*. Eine Bedingung kann eine *Marke* enthalten. Eine solche *markierte* Bedingung kann als Analogie zu einem Zustand eines Automaten gesehen werden. Jede Transition überführt eine Marke aus einer Vorgängerbedingung in eine Nachfolgerbedingung und kann damit als Analogie zu den Zustandsübergängen eines Automaten gesehen werden. In einem Petri-Netz können mehrere Bedingungen *gleichzeitig* markiert sein und die Transitionen eines Petri-Netzes können mehrere Bedingungen als Vorgänger und mehrere Bedingungen als Nachfolger verbinden.

Formal wird ein BE-Netz als 4-Tupel definiert:

$N_{BE} = (B, E, F, m_0)$

B : nichtleere endliche Menge von Bedingungen

E : nichtleere endliche Menge von Ereignissen

F : Flussrelation $F \subseteq (B \times E) \cup (E \times B)$

m_0 : Anfangsmarkierung $m_0 : B \to \{0, 1\}$

Petri-Netze können auch graphisch dargestellt werden. Die Akzeptanz der Petri-Netze in der Praxis ist sicher auch auf die einfache graphische Präsentationsmöglichkeit zurückzuführen. Bedingungen werden durch Kreise, Transitionen durch Rechtecke oder durch schwarze Balken und Marken durch gefüllte Kreise dargestellt. Die Flussrelation wird durch Pfeile repräsentiert.

---

[25] Benannt nach dem Mathematiker und Informatiker Carl Adam Petri (*1926)
[26] Hier werden ausschließlich *Bedingungs-Ereignis-Netze* (BE-Netze) beschrieben.

Die Pfeile sind – entsprechend der Definition der Flussrelation – nur zwischen Bedingungen und Transitionen oder zwischen Transitionen und Bedingungen zulässig.[27] Abbildung 3.22 zeigt die Elemente eines BE-Netzes in graphischer Form.[28] Alle Bedingungen, die vor einer Transition liegen, sind die *Vorbedin-*

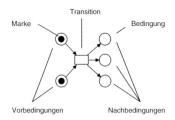

Abbildung 3.22. Graphische Präsentation von BE-Netzen

gungen, alle Bedingungen nach einer Transition sind die *Nachbedingungen*. Es sind weitere Einschränkungen der Struktur denkbar. Ein Netz, dessen Transitionen maximal jeweils eine eingehende und eine ausgehende Kante aufweisen, wird *state machine net* genannt. Wenn diese Einschränkung für Bedingungen gilt, wird das Netz mit *marked graph net* bezeichnet. Teilen sich mehrere Transitionen eine Vorbedingung B_i und ist B_i für alle unmittelbar nachfolgenden Transitionen die einzige Bedingung, so wird das Netz auch *free choice net* genannt. Jede dieser Spezialisierungen hat bestimmte Eigenschaften, die bei Einhaltung dieser Restriktionen garantiert sind. Für weitere Einzelheiten sei auf die Spezialliteratur ([35, 1, 36]) verwiesen.

Neben dieser Definiton ist noch die *Schaltregel*, die den Markenfluss steuert, von Bedeutung. Abbildung 3.23 zeigt den Markenfluss aus allen *Vorbedingungen* zu allen *Nachbedingungen*. Eine Transition kann nur dann schalten, wenn *alle* Vorbedingungen markiert sind. Eine schaltfähige Transition wird auch als *konzessionierte* Transition bezeichnet.

Abbildung 3.23. Überführung der Markierung durch das Schalten einer Transition

---

[27] Solche Graphen werden auch als *bipartite* Graphen bezeichnet.
[28] Alle Abbildungen dieses Abschnittes wurden mit dem Program **renew** erzeugt. **renew** wurde an der Universität Hamburg entwickelt (http: www.renew.de).

3.2 Steuerungstechnik 149

Abbildung 3.24 zeigt eine einfache Anwendung auf ein Erzeuger-Verbraucher-Problem. Auf der linken Seite ist der Erzeuger, auf der rechten Seite der Verbraucher modelliert. Dazwischen ist das Modell des Übertragungskanals angeordnet. In diesem Beispiel können Erzeuger und Verbraucher teilweise

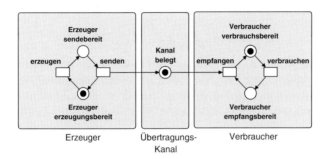

Abbildung 3.24. Darstellung eines Erzeuger-Verbraucher-Modells auf der Basis eines BE-Netzes

unabhängig voneinander arbeiten. Sie sind ausschließlich über den Kanal miteinander gekoppelt. Hier findet eine Synchronisation zwischen Erzeuger und Verbraucher statt. Diese *nebenläufige* Arbeitsweise kann durch einen endlichen Automaten nicht realisiert werden.

In diesem sehr einfachen System beträgt die Kanalkapazität *eins*. Es existieren weitere Petri-Netz-Typen, die beispielsweise mehrere Marken in einer Bedingung – die dann *Stelle* genannt wird – speichern können oder bei denen die Marken unterscheidbar sind. Diese Netztypen sind in ihrer Struktur kompakter und eignen sich für den Einsatz in der Steuerungstechnik, finden jedoch in den standardisierten Programmiersprachen keine Anwendung. Sie werden hier nicht weiter behandelt. Die Ablaufsprache nach DIN-EN-IEC 61131 basiert auf BE-Netzen (siehe Abschnitt 3.6.1).

Die hier vorgestellte Schaltregel kann zu Problemen führen, die auch die auf BE-Netzen basierenden Programmiermethoden lösen müssen. Abbildung 3.25 zeigt zwei Transitionen $T1$ und $T2$, die beide schaltfähig sind. Beide

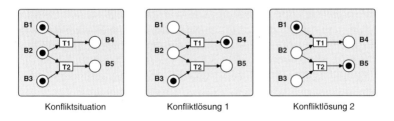

Abbildung 3.25. Beispiel für eine Konfliktsituation mit möglichen Lösungen

Transitionen teilen sich jedoch die Bedingung $B2$ und das Schalten einer der beiden Transitionen würde der jeweils anderen die Konzession entziehen. Diese *Konfliktsituation* muss durch Präzisierung der Schaltregel gelöst werden. Die wichtigsten Prinzipien sind

- Einführung von Prioritäten,
- Schalten nach dem Zufallsprinzip,
- Maximum-Schaltregel, bei der die Transition schaltet, welche die größte Anzahl von Nachfolgetransitionen konzessionieren würde.

Die Maximum-Schaltregel kann jedoch nicht alle Konflikte lösen.

Ein anderer spezieller Fall liegt dann vor, wenn eine Transition zwar konzessioniert ist, aber nicht schalten kann, weil mindestens eine der Nachbedingungen markiert ist. Abbildung 3.26 zeigt einen solchen Fall. Kontaktsituatio-

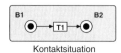

Abbildung 3.26. Beispiel für eine Kontaktsituation in einem BE-Netz

nen können vermieden werden, wenn die Netze einer geeigneten Struktur und einer geeigneten Anfangsmarkierung genügen. Grundsätzlich können sowohl Kontakt- als auch Konfliktsituationen in steuerungstechnischen Anwendungen vorkommen.

Anwendung von BE-Netzen: Das oben beschriebene Erzeuger-Verbraucher-System stellt ein einfaches Modell für ein Stetigförderer-System dar. Der Übertragungskanal entspricht einer Transportstrecke mit der Kapazität *eins*. Der Erzeuger ist eine Quelle, der Verbraucher eine Senke. Durch Verkettung mehrerer Bedingungen können so beliebig lange Pufferstrecken modelliert werden. Damit ein Transport stattfinden kann, müssen alle Bedingungen über Transitionen miteinander verkettet werden. Abbildung 3.27 zeigt eine Zusammenschaltung von einer Material-Quelle, einer Verteilweiche mit zwei Ausgängen und zwei anschließenden Förderstrecken mit jeweils einer Material-Senke. Die Weiche schaltet nach jedem Passieren einer Transporteinheit in die jeweils andere Stellung. Die Weiche wird durch die Bedingungen l und r gesteuert. In der dargestellten Situation ist die Förderstrecke $S1$ mit drei und die Strecke $S2$ mit einer Transporteinheit belegt. Damit werden in einem Netz sowohl der Zustand der Steuerstrecke als auch der Steueralgorithmus für die Weiche dargestellt. Die Marken sind also entsprechend zu interpretieren.

In praktischen Anwendungen werden häufig – in Analogie zu einem Mealy-Automaten – den Transitionen Ausgabefunktionen zugeordnet. Grundsätzlich können die Ausgaben jedoch auch bei Markierungsänderungen von den

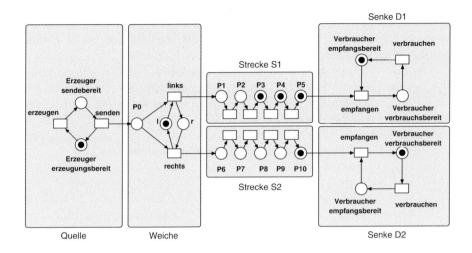

Abbildung 3.27. Modell einer alternierend steuernden Weiche mit zwei staufähigen Transportstrecken

Bedingungen ausgehen. Beide Methoden können auch in Kombination eingesetzt werden.

Zusammenfassung: Zustandsmaschinen haben den Vorteil, dass der in der Steuerung abgebildete Zustand explizit benannt werden muss. In der Entwurfsphase werden so häufig unerwünschte oder gar gefährliche Zustände erkannt, so dass der Entwickler entsprechende Maßnahmen programmieren kann.

Die formale Notation von Zustandsmaschinen kann für eine Analyse (siehe [1]) genutzt werden. So kann die Vermeidung unerwünschter oder gar gefährlicher Zustände bewiesen werden. Andererseits kann gezeigt werden, dass das erwünschte Verhalten der Steuerung auch erreicht wird. Analytische Methoden stellen eine sinnvolle Ergänzung der experimentellen Methoden *Test* und *Simulation* dar.

Aufgrund der einfachen Möglichkeit, Zustandsmaschinen graphisch darzustellen, bieten sie ein geeignetes Datenmodell für die *Visualisierung* von Systemzuständen und von Abläufen. Nachteilig ist die meist große Zahl von Zuständen. Zur Beherrschung dieser Komplexität können Hierarchien eingeführt werden. Dabei ist jedoch von Fall zu Fall zu prüfen, ob die Semantik nicht verletzt wird. Ein Beispiel für eine solche Hierarchie ist die Einführung von *Unterzuständen* in Automaten.

Zustandsmaschinen sind auch ein Bestandteil der *Unified Modeling Language* (UML). Unter der Bezeichnung *Zustandsdiagramm* und *Aktivitätsdiagramm* sind in der UML von der *Object Management Group* (OMG) graphische Darstellungen für Zustandsmaschinen für die allgemeine Modellierung von Anwendungssoftware standardisiert. Diese Diagramme verfügen über Zustände, Verzweigungen und Synchronisationsstellen und decken damit teilweise die hier vorgestellten Automaten und Bedingungs-Ereignis-Netze ab. Darüber hinaus enthalten sie aber auch weitere Elemente.

Die hier beschriebenen Bedingungs-Ereignis-Netze stellen ein praktikables Instrument zur Programmierung von Steuerungen dar. Da es keine Beschränkung bezüglich der Netz-Strukturen gibt, können in der Anwendung stark verflochtene Strukturen entstehen, die von Dritten oft nur schwer zu verstehen sind. Hier können Beschränkungen, wie sie bei den Ablaufsteuerungen (siehe Abschnitt 3.2.3) eingeführt werden, sinnvoll sein.

3.2.3 Ablaufsteuerungen

Viele Steuerungsaufgaben der Praxis sind mit Verknüpfungssteuerungen allein nicht lösbar. Zustandsmaschinen eröffnen die prinzipielle Möglichkeit, *alle* Aufgaben der Steuerungstechnik zu lösen. Dennoch sind sie in ihrer reinen Ausprägung nicht geeignet, alle *praktischen* Anwendungen ohne Spezialwissen zu realisieren. So bieten sie einerseits zu viele Freiheitsgrade, andererseits fehlt ihnen ein allgemeingültiges Konzept zur Ein- und Ausgabe von Steuersignalen. Hier bieten die *Ablaufsteuerungen*, auch *Schrittketten* genannt, eine komfortable Lösung.[29] Schrittketten basieren auf Bedingungs-Ereignis-Netzen. Die zulässigen Netzstrukturen sind jedoch stark eingeschränkt (siehe Abbildung 3.28). Ein *Schritt* entspricht einem *Zustand* und kann nur dann ausgeführt werden, wenn der vorhergehende Schritt ausgeführt wurde und wenn gleichzeitig die zugehörige *Weiterschaltbedingung* erfüllt ist. Damit entsprechen Schritte den Bedingungen und Weiterschaltbedingungen den Transitionen eines BE-Netzes.

Damit ein Schritt aktiviert wird, muss nicht nur der vorgelagerte Schritt aktiv sein, sondern auch die Weiterschaltbedingung muss erfüllt sein. Die Weiterschaltbedingung ist eine logische Verknüpfung und damit zustandslos. Die Darstellungsform dieser Verknüpfung ist hier nicht relevant. Die Notation ist dem jeweiligen Programmiersystem, welches das Konzept der Schrittketten umsetzt, vorbehalten.[30] Für die Berechnung der Weiterschaltbedingung werden die Eingangssignale genutzt. Diese können untereinander oder mit weiteren internen Bedingungen verknüpft werden. Ein Weiterschalten führt dazu, dass der vorgelagerte Schritt nicht mehr aktiv ist.

Jeder Schritt *kann* Anweisungen enthalten, die ausgeführt werden, wenn er aktiv ist.[31] Durch diese Anweisungen können Berechnungen durchgeführt und Ausgänge der Steuerung gesetzt werden.

---

[29] Die Begriffe *Ablaufsteuerung* und *Schrittkette* werden im Folgenden synonym verwendet.

[30] In Abschnitt 3.6.8 wird die Programmiersprache AS (Ablaufsprache) beschrieben, die auf dem Konzept der Schrittketten basiert.

[31] Wenn ein Schritt keine Anweisungen enthält, hat er dennoch als „Zustand" eine wichtige Funktion.

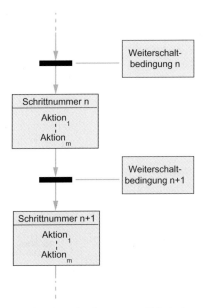

Abbildung 3.28. Beispiel für den Aufbau einer Schrittkette

Ablaufsteuerungen sehen auch Verzweigungen vor. Dabei wird zwischen einer einfachen Verzweigung (siehe Abbildung 3.29) und einer simultanen Verzweigung (siehe Abbildung 3.30) unterschieden.

Die alternativen Schrittketten schließen sich gegenseitig aus, so dass im gesamten System zu einer Zeit immer genau ein Schritt *aktiv* ist. Jede alternative Schrittkette beginnt mit genau einer Eintrittsbedingung und endet mit genau einer Austrittsbedingung. Beides sind Weiterschaltbedingungen. Um Konflikte auszuschließen, müssen die Eintrittsbedingungen disjunkt sein. Das Prinzip der Konfliktsituationen ist in Abschnitt 3.2.2 auf Seite 149 beschrieben.[32] Für die Austrittsbedingung einer alternativen Schrittkette existiert keine Einschränkung, da per Definition immer genau ein Schritt aktiv ist.

Die simultanen Schrittketten realisieren eine *nebenläufige* Programmausführung, wie sie bei sehr vielen Automatisierungsaufgaben erforderlich ist. Die logistischen Prozesse sind ihrer Natur nach nebenläufig, und die Steuerungen solcher Systeme sollten in ihrer Struktur die Steuerstrecke spiegeln. Schrittketten haben eine starke Affinität zu den Bedingungs-Ereignis-Netzen (siehe Abschnitt 3.2.2, Seite 147). Durch die eingeschränkte Struktur der Ablaufsteuerungen sind jedoch nicht beliebig vermaschte Strukturen erlaubt. Damit werden die Programme besser lesbar und sie sind besser wartbar als Petri-Netze. Simultane Schrittketten werden durch eine gemeinsame Eintrittsbedingung aktiviert und durch eine gemeinsame Austrittsbedingung ver-

---

[32] Die Umsetzung des Schrittketten-Modells durch die AS berücksichtigt diese Einschränkung (siehe Abschnitt 3.6.1).

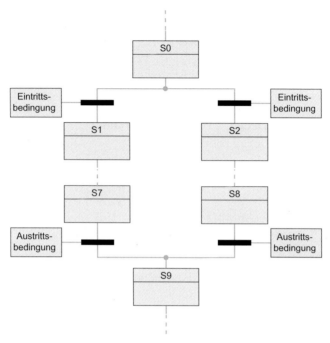

Abbildung 3.29. Prinzip einer Ablaufsteuerung mit alternativen Schrittketten. Grundsätzlich sind beliebig viele Alternativen möglich.

lassen. Das Verlassen solcher Strukturen ist neben der Erfüllung der Weiterschaltbedingung auch daran gebunden, dass in *jedem* Zweig der letzte Schritt abgearbeitet ist. Aus diesem Grund nennt man die Zusammenführung simultaner Schrittketten auch *Synchronisation*.

Eine konsequente Umsetzung der Idee der Ablaufsteuerungen erfolgt durch die – auch in der Materialflusssteuerung weit verbreiteten – Programmiersysteme, die auf der Basis der Norm DIN-EN-IEC 61131 arbeiten (siehe Abschnitt 3.6.1).

3.2.4 Codierungen in der Automatisierungstechnik

Signale: Die Ein- und Ausgangsgrößen in der Automatisierungstechnik werden auch *Signale* genannt. Ein Signal ist durch seine Amplitude und seinen zeitlichen Verlauf charakterisiert. Sowohl die Amplitude als auch der Zeitverlauf liegen an den zu automatisierenden Systemen in kontinuierlicher Form vor. Durch die digitale Verarbeitung wird jedoch eine *Diskretisierung* sowohl im Zeit- als auch im Wertebereich (*Quantisierung*) erforderlich. Abbildung 3.31 zeigt unterschiedliche Signalformen.

Aus einem zeitkontinuierlichen Signal kann durch eine *Abtastung* ein zeitdiskretes Signal gewonnen werden. Bemerkenswert ist, dass dieser Prozess –

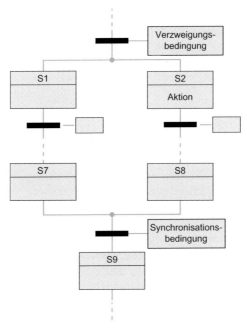

Abbildung 3.30. Prinzip einer Ablaufsteuerung mit simultanen Schrittketten. Grundsätzlich sind beliebig viele nebenläufige Schrittketten möglich.

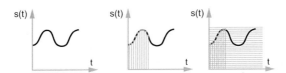

Abbildung 3.31. Signalformen in der Automatisierungstechnik

unter der Voraussetzung einer hinreichend großen Abtastrate[33] – zu keinem Informationsverlust führt. Um die Signale von einem Rechner zu verarbeiten, ist auch eine Diskretisierung der Amplitude, eine *Quantisierung* erforderlich. Eine Quantisierung ist immer mit einem Informationsverlust verbunden, der jedoch durch eine Erhöhung der Dichte der Quantisierungsschritte verringert werden kann.

Für den Einsatz von Rechnersystemen werden nun die in Zeit und Amplitude diskret vorliegenden Signale in digitale Signale, die aus einer Folge von 0- und 1-Symbolen bestehen, umgewandelt. Diese kleinste Einheit der digitalen Präsentation von Signalen wird *Bit* genannt. Die Bildung der Bitfolgen, die Codierung, wird weiter unten behandelt. Aus Bitfolgen können

---

[33] Die Abtastrate muss mindestens dem Zweifachen der höchsten im Nutzsignal vorhandenen Frequenz entsprechen.

größere Einheiten gebildet werden. Üblich sind die folgenden Einheiten[34], die auf 2er-Potenzen basieren:

- 1 *Nibble* = 4 *Bit*
- 1 *Byte* = 8 *Bit*
- 1 *Word* = 16 *Bit*
- 1 *Longword* = 32 *Bit*
- 1 *Quadword* = 64 *Bit*

Die Übertragung der 0/1-Folgen basiert auf elektrischen Spannungen oder Strömen unterschiedlicher Pegel oder auf der Verwendung unterschiedlicher Frequenzen oder Phasenlagen elektischer Schwingungen. Häufig werden diese Verfahren auch kombiniert, um den Datendurchsatz zu erhöhen und die Fehlerrate zu minimieren.

Codierung: Die Darstellung digitaler Signale kann durch unterschiedliche Codierungen erfolgen.[35] In der Praxis werden fast ausschließlich Codierungen auf binärer Basis genutzt. Ganzzahlige nicht negative Werte $w \in \mathbb{N}_0$ werden als Dualzahl nach dem Stellenwertprinzip mit n Bit auf der Basis 2 dargestellt:

$$w = \sum_{0}^{n-1} b_i \cdot 2^i \qquad \text{mit } b_i \in \{0, 1\}$$

Dabei ist die *Wortlänge* n, das heißt die Anzahl der Bit, mit denen der Wert codiert wird, in der Regel auf ein ganzes Vielfaches von 8 beschränkt. Für den Wert der Zahl 673 ergibt sich dabei folgendes Bitmuster:

2^{15}	2^{14}	2^{13}	2^{12}	2^{11}	2^{10}	2^9	2^8	2^7	2^6	2^5	2^4	2^3	2^2	2^1	2^0
0	0	0	0	0	0	1	0	1	0	1	0	0	0	0	1

Damit sind alle Zahlen im Wertebereich $0 \ldots 2^n - 1$ darstellbar. Um die Lesbarkeit größerer Zahlen zu verbessern, fasst man auch jeweils drei oder vier Binärstellen zusammen, so dass Zahlen der Basis $2^3 = 8$ beziehungsweise der Basis $2^4 = 16$ entstehen. Diese Notationen werden Oktalzahlen (Ziffern 0..7) beziehungsweise Hexadezimalzahlen (Ziffern $0 \ldots 9$ und die Buchstaben A...F für die Werte $10 \ldots 15$) genannt. Für das oben angeführte Beispiel werden von rechts nach links die Binärziffern zu Gruppen von drei beziehungsweise vier Ziffern zusammengefasst. Tabelle 3.5 zeigt ein Beispiel.

Negative ganze Zahlen können durch ein zusätzliches Vorzeichenbit, das Einer- oder das Zweierkomplement ihres Betrages dargestellt werden. In der Steuerungstechnik wird beim Datenaustausch zwischen Teilsystemen gelegentlich mit einem *Vorzeichenbit* gearbeitet. Das *Einerkomplement* wird

---

[34] Je nach Anwendung werden für die Begriffe Word, Longword, Quadword und Page auch höhere Bitzahlen zugrunde gelegt.

[35] Weitere Beispiele für Codierungen werden im Kapitel 2 gegeben

2^{15}	2^{14}	2^{13}	2^{12}	2^{11}	2^{10}	2^9	2^8	2^7	2^6	2^5	2^4	2^3	2^2	2^1	2^0
0	0	0	0	0	0	1	0	1	0	1	0	0	0	0	1
0	000			001			010			100			001		
0	0			1			2			4			1		
0000				0010				1010				0001			
0				2				A				1			

Bei Unterdrückung der führenden Nullen ergibt sich:
$673_{10} = 1010100001_2 = 1241_8 = 2A1_{16}$

Tabelle 3.5. Darstellungen nicht negativer Zahlen

durch eine bitweise Negation erreicht und wird auch *negatives Inverses* genannt.

In der internen Verarbeitung in Automatisierungsgeräten wird fast ausschließlich die Zweierkomplementdarstellung angewendet. Das Zweierkomplement x' einer negativen Dualzahl x mit n Stellen berechnet sich mit $x' = 2^{(n+1)} - |x|$. Damit sind alle Zahlen im Wertebereich $-2^{n-1} \ldots 2^{n-1} - 1$ darstellbar. Tabelle 3.6 zeigt die unterschiedlichen Interpretationen aller vierstelligen Binärzahlen. Abbildung 3.32 zeigt die Darstellung aller vierstelligen Dualzahlen mit einer Interpretation der negativen Zahlen nach dem Zweierkomplement[36]. Am höchstwertigen Bit (MSB) kann das Vorzeichen abgelesen werden. Bei negativen Zahlen gilt $MSB = 1$, während $MSB = 0$ für alle nicht negativen Zahlen gilt.

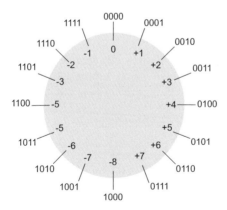

Abbildung 3.32. Darstellung des Zweierkomplements einer 4-stelligen Dualzahl im Zahlenkreis

---

[36] Die Darstellung im Zweierkomplement hat den Vorteil, dass eine Subtraktion nach Bildung des Zweierkomplements des Minuenten durch eine Addition ersetzt werden kann: $a - b = a + (-b)$. Dabei ist $-b$ genau das Zweierkomplement von b.

Binär-darstellung	Interpretation			
	N_0	N	Vor-zeichen-bit	Einer-komple-ment	Zweier-komple-ment
0000	0	∞	0	0	0
0001	1	1	1	0	1
0010	2	2	2	0	2
0011	3	3	3	0	3
0100	4	4	4	0	4
0101	5	5	5	0	5
0110	6	6	6	0	6
0111	7	7	7	0	7
1000	8	8	-0	-7	-8
1001	9	9	-1	-6	-7
1010	10	10	-2	-5	-6
1011	11	11	-3	-4	-5
1100	12	12	-4	-3	-4
1101	13	13	-5	-2	-3
1110	14	14	-6	-1	-2
1111	15	15	-7	-0	-1

Tabelle 3.6. Beispiele für die Darstellung ganzer Zahlen.

In der Steuerungstechnik werden mit wenigen Ausnahmen ganze Zahlen mit unterschiedlichen Wertebereichen genutzt. Für den Einsatz von Fließkommazahlen wird der Standard IEEE 754 genutzt[37]. Durch Diskretisierung in Verbindung mit einer geeigneten Skalierung[38] kann die Darstellung in vielen Fällen auf ganze Zahlen zurückgeführt werden.

BCD-Code: Bei bestimmten Anwendungen kann es sinnvoll sein, andere, auf den speziellen Fall zugeschnittene Codierungen zu verwenden. Das Stellenwertsystem zur Basis 2 ist für Rechenwerke sinnvoll. Der Bediener möchte jedoch Daten in dem ihm vertrauten Dezimalsystem eingeben und angezeigt bekommen. Viele Geräte arbeiten aus diesem Grund für die Ein- und Ausga-

---

[37] IEEE, Institute of Electrical and Electronics Engineers, definiert Industriestandards; unter anderem auch die digitale Präsentation von Zahlen.
[38] Beispielsweise bedeutet eine Skalierung von 2 mm, dasss jeder Wert mit 2 mm zu multiplizieren ist, um das reale Längenmaß zu erhalten.

be mit der *BCD-Codierung*[39]. Dabei wird die zu codierende Zahl zunächst in Ziffern des Dezimalsystems, also nach dem Stellenwertprinzip zur Basis 10, zerlegt und anschließend wird jede dieser Ziffern getrennt im Dualsystem dargestellt. Für jede Dezimalstelle (0...9) werden also 4 Bit benötigt. Tabelle 3.7 zeigt Beispiele für eine BCD-Codierung.

Graycode: Ein weiteres Beispiel ist der *Graycode*. Bei der Erfassung einer binär codierten Zahl wird jede Ziffer (0 oder 1) separat erfasst und die Auswertung erfolgt simultan. Ein typisches Beispiel sind Sensoren für die Messung eines absoluten Weges oder eines absoluten Drehwinkels[40]. Dabei wird ein binärer Code auf einem Träger derart angebracht, dass für jedes Bit eine eigene Spur aufgebracht wird. Die Spuren bestehen fast ausnahmslos aus optisch durchlässigem und undurchlässigem Material, das mit einem Durchlichtverfahren abgetastet wird. Beim Übergang von einer Position zur folgenden oder zur vorhergehenden Position besteht ohne eine spezielle Codierung die Gefahr des Springens der Messwerte. Da die Änderungen der einzelnen Bit auch bei sehr präziser Fertigung nicht exakt gleichzeitig erfolgen, entstehen in der Übergangsphase unerwünschte Zwischenzustände[41]. Dieses unerwünschte Verhalten kann vermieden werden, wenn sich zwei benachbarte Code-Worte in genau einem Bit unterscheiden. Abbildung 3.33 zeigt eine Scheibe und ein Lineal mit Gray-Codierung.

(a) Graycode-Scheibe für Winkelmessungen und Auswertung der Drehrichtung.

(b) Graycode-Lineal für Längenmessungen und Auswertung der Bewegungsrichtung.

Abbildung 3.33. Anwendungen des Graycodes in der Messtechnik

Die maximale Anzahl der paarweise unterschiedlichen Bit zwischen zwei Code-Worten nennt man auch *Hamming-Abstand* (s. Abschnitt). Der Graycode hat demnach einen Hamming-Abstand von eins. Diese Eigenschaft bleibt

---

[39] Binary Coded Decimal
[40] „Absolut" bezieht sich auf die Messung. Diese ist aber in ein Bezugssystem eingebettet.
[41] Derartige Phänomene nennt man in der Mess- und Automatisierungstechnik *glitch*es.

auch erhalten, wenn die Anzahl der Code-Worte eine Zweierpotenz ist und dabei der gesamte Zeichenvorrat zyklisch durchlaufen wird. Diese Eigenschaft wird für Winkelencoder gefordert, die den Winkel absolut messen, da nach jeder Umdrehung auf das letzte Codewort wieder des erste Wort der nächsten Umdrehung folgt und sich bei diesem Übergang ebenfalls nur genau ein Bit ändern darf.

$Dezimalzahl$	$Dualcode$	$Graycode$	$BCD - Code$
00	0000	0000	0000 0000
01	0001	0001	0000 0001
02	0010	0011	0000 0010
03	0011	0010	0000 0011
04	0100	0110	0000 0100
05	0101	0111	0000 0101
06	0110	0101	0000 0110
07	0111	0100	0000 0111
08	1000	1100	0000 1000
09	1001	1101	0000 1001
10	1010	1111	0001 0000
11	1011	1110	0001 0001
12	1100	1010	0001 0010
13	1101	1011	0001 0011
14	1110	1001	0001 0100
15	1111	1000	0001 0101

Tabelle 3.7. Beispiele für binäre Codierungen

Die Abbildung 3.34 zeigt alle möglichen Zahlenfolgen im Binärcode, die bei nicht gleichzeitig erfolgenden Änderungen aller Bit entstehen können. In der vertikalen Achse sind die erwünschten Übergänge dargestellt. Auf der rechten Seite sind diese Übergänge als Dezimalzahlen dargestellt, um die möglichen Fehler quantitativ besser erfassen zu können.

Es existiert noch eine Vielzahl weiterer Codierungen, die jedoch meist für sehr spezielle Anwendungen entwickelt wurden und hier nicht behandelt werden.

3.3 Regelungstechnik

Die *Regelungstechnik* ist ein Gebiet der Ingenieurwissenschaft und Teilgebiet der Automatisierungstechnik. Gegenstand der Regelungstechnik ist die automatisierte Beeinflussung dynamischer Systeme durch das Prinzip der *Rückkopplung*, so dass deren Ausgangsgröße einem gewünschten Verlauf möglichst nahe kommt.

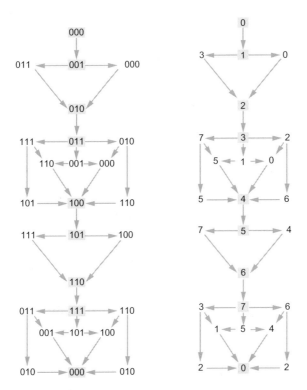

Abbildung 3.34. Darstellung aller möglichen Fehler eines 3-kanaligen Eingangssignals im dualen und im dezimalen Zahlensystem. In der vertikalen Achse sind die *erwünschten* Übergänge grau hinterlegt dargestellt.

3.3.1 Definitionen

DIN 19226 definiert *Regelung* folgendermaßen:

„Regelung ist der Vorgang, bei dem eine Größe, die zu regelnde Größe, fortlaufend erfasst, mit einer anderen Größe, der Führungsgröße, verglichen, und abhängig vom Ergebnis dieses Vergleichs im Sinne einer Angleichung an die Führungsgröße beeinflusst wird. Der sich dabei ergebende Wirkungsablauf findet in einem geschlossenen Kreis, dem Regelkreis statt."

Bevorzugter Untersuchungsgegenstand der Regelungstechnik ist der Regelkreis.[42] Abbildung 3.35 zeigt die Grundstruktur eines einfachen Regelkreises.

---

[42] In der englischen Sprache wird mit dem Begriff *control* nicht zwischen Steuerung und Regelung unterschieden. Dagegen wird zwischen Strukturen ohne Rückführung (feed forward) und Strukturen mit Rückführung (feed back) unterschieden.

162 3. Automatisierungstechnik

Abbildung 3.35. Grundstruktur eines einfachen Regelkreises

Ein Regelkreis besteht im Wesentlichen aus dem *Regler* und der *Regelstrecke*. Die Regelstrecke repräsentiert den technischen Prozess mit der Ausgangsgröße x, deren Werte als *Istwerte* bezeichnet werden und auf einen vorgegebenen *Sollwert w* geregelt werden sollen. Die Regeldifferenz e kann als Differenz zwischen Sollwert und Istwert positiv oder negativ sein. Im ausgeregelten Fall nimmt sie den Wert Null an. Der Regler beeinflusst über die *Stellgröße u* die Regelstrecke. Hierzu werden entsprechende Stellglieder (siehe Abschnitt 3.4.3) eingesetzt. Der Istwert wird durch eine Messeinrichtung (siehe Abschnitt 3.4.1) erfasst. Abbildung 3.36 zeigt die Grundstruktur eines Regelkreises nach DIN 19226.

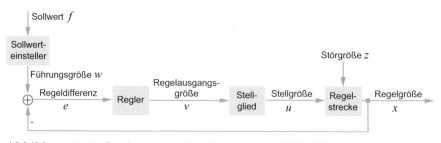

Abbildung 3.36. Struktur eines Regelkreises nach DIN 19226

Der *Sollwerteinsteller* realisiert die Schnittstelle zu einem Bediener, der durch geignet konstruierte Stellgeräte mit entsprechenden Skalierungen und einer für den jeweiligen Anwendungsfall zugeschnittenen Darstellung den technischen Prozess beeinflussen kann. Bei Vorgabe fester Werte kann der Sollwerteinsteller entfallen. Aufgrund der Rückführung kann es dazu kommen, dass der Regler so arbeitet, dass zu Beginn der Änderung der Führungsgröße stark gegengeregelt wird. In der Folge kann wegen der Trägheit der Regelstrecke eine Abweichung des Istwertes mit entgegengesetztem Vorzeichen nicht mehr verhindert werden. Diese Schwingneigung besteht in der Praxis bei vielen geregelten Systemen. Wenn die Schwingungen schnell abklingen und ihre Amplitude nicht zu groß wird, kann dieses Verhalten akzeptabel sein. Der Vorteil bei diesem Einschwingverhalten ist eine schnellere Annäherung des Istwertes an den Sollwert. In Abschnitt 3.3.4 werden Maße für die Qualität einer Regelung eingeführt. In ungünstigen Fällen ist die Einstellung der Reglerparameter kritisch und es können im Extremfall auch aufklingende Schwingungen auftreten: Das gesamte System des geschlossenen Regelkreises ist instabil, beginnt unkontrolliert zu schwingen oder fährt die Stellgröße auf einen Minimal- beziehungsweise auf einen Maximalwert.

3.3.2 Drehzahlregelung

Am Beispiel einer Drehzahlregelung soll das Grundprinzip einer Regelung erläutert werden. Das hier vorgestellte Beispiel basiert auf einem analogen Regelkreis, der mit elektrischen Größen arbeitet. Der Istwert, der Sollwert und die Stellgröße werden als elektrische Größen realisert. Grundsätzlich können auch andere physikalische Analogien wie beispielsweise Druck oder Weg[43] genutzt werden. Die Handhabung elektrischer Größen ist im Allgemeinen wesentlich einfacher. In speziellen Fällen, wie zum Beipiel in explosionsgefährdeten Bereichen, werden vereinzelt auch andere Darstellungen genutzt. In vielen Fällen werden digitale Regler eingesetzt, deren Prinzip in Abschnitt 3.3.5 beschrieben ist.

P-Regler: Der Regler repräsentiert das jeweilige mathematische Verfahren und er führt im einfachsten Fall eine Multiplikation mit einem konstanten Faktor k durch. Dabei müssen die physikalischen Größen kompatibel sein. Im Fall der Regelung der Drehzahl eines Gleichstrommotors muss die Drehzahl ω gemessen werden. Das kann mithilfe eines Tachogenerators erfolgen, der eine zur Istdrehzahl ω_{ist} proportionale elektrische Spannung liefert. Die Solldrehzahl ω_{soll} wird ebenfalls durch eine Spannung vorgegeben. Die Differenz dieser beiden Spannungen $\omega_{ist} - \omega_{soll}$ steuert einen Verstärker, der mit dem Verstärkungsfaktor k arbeitet, mit einer anschließenden Konvertierung der Spannung in einen Strom mit einem Proportionalitätsfaktor p, der hier mit $1\,A/V$ angenommen wird. Dem Motor wird also nur dann Strom zugeführt, wenn die Solldrehzahl größer ist als die Istdrehzahl. Im anderen Fall kehrt sich die Sromrichtung um und der Motor wird gebremst.[44]

In vielen Einsatzfällen muss der Motor kontinuierlich Leistung für einen Antrieb liefern, so dass permanent ein Strom zum Motor fließen muss, um die abgegebene Leistung zuzüglich aller Verluste zu liefern. Damit ein Strom fließt, muss aber eine Regeldifferenz bestehen, das bedeutet, dass die Istdrehzahl immer etwas geringer als die Solldrehzahl ist. Diese *bleibende Regelabweichung* ist eine typische Eigenschaft dieser so genannten *Proportionalregler*. Diese Regler werden auch kurz *P-Regler* genannt.

Um eine solche bleibende Regelabweichung zu vermeiden, werden in der Praxis zur Regelung von Drehzahlen Regler eingesetzt, welche die Regelabweichung akkumulieren und so auch kleine Regelabweichungen über einen

---

[43] Der Weg s als Maß für die Drehzahl ω wurde zur Regelung von Dampfmaschinen eingesetzt.
[44] Diese Betriebsart nennt man auch Vierquadranten-Betrieb: antreiben und bremsen jeweils bei Links- und bei Rechtsdrehung des Motors. Nicht jeder Motor ist – insbesondere unter Einbeziehung der Leistungselektronik – für diese Betriebsart geeignet.

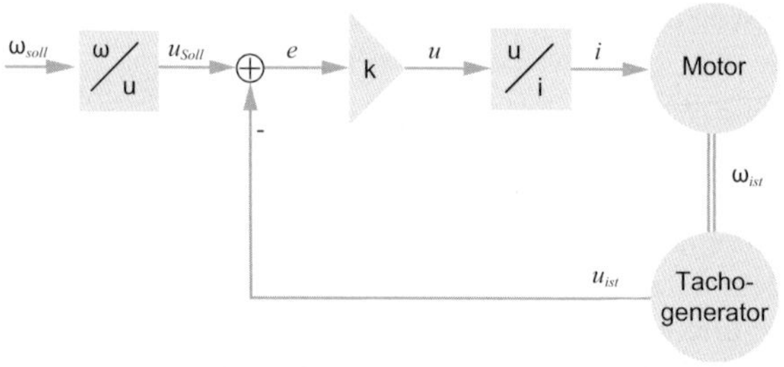

Abbildung 3.37. Regelung einer Motordrehzahl durch einen Proportionalregler

längeren Zeitraum ausgleichen. Diese Akkumulierung entspricht einer Integration über der Zeit t. Da diese Integration bei einer plötzlichen Änderung der Führungsgröße langsam reagiert, wird ein zur Regelabweichung proportionaler Wert addiert. Das Ergebnis ist ein so genannter *PI-Regler* (siehe Abbildung 3.38).

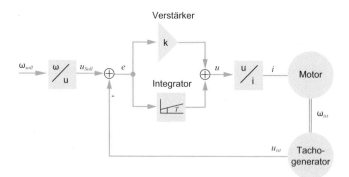

Abbildung 3.38. Aufbau eines PI-Reglers

Ein PI-Pegler verfügt über zwei Parameter: Den Proportionalitätsfaktor k und die Integrationskonstante T, die angibt, um wieviele Einheiten sich der Stellwert pro Sekunde – bezogen auf die jeweils aktuelle Regeldifferenz – ändert. Der Stellwert u berechnet sich zu

$$u(t) = k \cdot e(t) + \frac{1}{T} \int_0^t e(\tau)\, d\tau$$

Eine Vergrößerung der Wertes k führt zu einer schnelleren Annäherung des Istwertes an den Sollwert, und eine Vergrößerung des Wertes T hat eine schnellere Ausregelung der bleibenden Regelabweichung zur Folge.

3.3.3 Linearisierung

Die Eigenschaften der Aktoren und der Instrumente, die den Istwert messen, müssen in die Betrachtungen des Regelkreises mit einbezogen werden. In der Praxis sind diese Komponenten nicht über größere Bereiche linear. Die meisten Lösungen für Regler setzen aber lineare Komponenten voraus. Ein Lösungsansatz ist die Nutzung nur eines kleinen – näherungsweise linearen – Abschnittes des gesamten Arbeitsbereiches und die Approximation durch eine Tangente im *Arbeitspunkt*. Ein anderer Ansatz ist die Linearisierung durch Kompensation der Nichtlinearität durch eine Umkehrfunktion. Abbildung 3.39 zeigt beide Verfahren im Diagramm der Kennlinie.

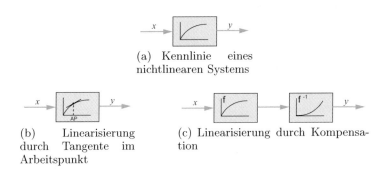

(a) Kennlinie eines nichtlinearen Systems

(b) Linearisierung durch Tangente im Arbeitspunkt

(c) Linearisierung durch Kompensation

Abbildung 3.39. Nichtlineare Kennlinien und Methoden der Linearisierung

3.3.4 Regelgüte

Die Anforderungen an die Qualität einer Regelung können quantifiziert werden. Diese Gütemaße des geschlossenen Regelkreises können getrennt für das Führungs- und Störverhalten angegeben werden. Gütekriterien messen die Reaktion des Systems auf eine sprunghafte Veränderung der Führungsgröße. Die Reaktion des Systems auf eine solche *Sprungfunktion* wird *Sprungantwort* genannt und kann quantitativ ausgewertet werden. Die Ausregelzeit t_ϵ gibt den Zeitpunkt an, ab dem die Regelabweichung kleiner als eine vorgegebene Schranke $\pm\epsilon$ ist. Häufig wählt man hier $\pm 3\,\%$ Abweichung vom Sollwert. Die maximale Überschwingweite e_{max} gibt den Betrag der maximalen Regelabweichung an, die nach dem erstmaligen Erreichen des Sollwertes auftritt. Abbildung 3.40(a) zeigt diese Gütekriterien für eine typische Sprungantwort.

Ein anderes Gütemaß ist die Regelfläche A, die vorzeichengewichtete Fläche[45] zwischen Führungsgröße und Istwert. Das Prinzip ist in Abbildung 3.40(b) dargestellt.

---
[45] Basis bilden die auf die Sprunghöhe normierten Größen

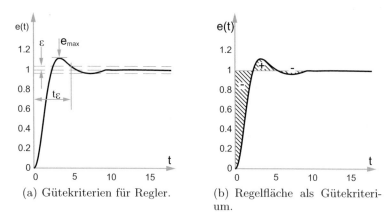

(a) Gütekriterien für Regler. (b) Regelfläche als Gütekriterium.

Abbildung 3.40. Definition einiger Gütekriterien der Regelungstechnik

$$A = \int_{t=0}^{t=\infty} e(t)\, dt$$

Sinnvoll ist die Beurteilung mittels der *Regelfläche* allerdings nur, wenn kein Überschwingen auftritt, da sich sonst die Flächenanteile der Regeldifferenz über und unter dem Sollwert teilweise kompensieren könnten. Ein anderes Maß für die Regelfläche vermeidet diesen Nachteil durch Betragsbildung.

$$A = \int_{t=0}^{t=\infty} |e(t)|\, dt$$

Dabei wird aber ein möglicherweise gewünschter anfänglicher steiler Anstieg schlecht bewertet, wenn anschließend ein langsames Ausschwingen folgt.

Durch Bildung der Quadrate der Regelabweichung werden größere Abweichungen stärker gewichtet als kleinere Abweichungen.

$$A = \int_{t=0}^{t=\infty} e^2(t)\, dt$$

Dieses Maß für die quadratische Regelabweichung wird in der Praxis häufig als Gütemaß für den Reglerentwurf genutzt. Insbesondere können mit quantitativen Gütemaßen unter Einsatz analytischer oder simulativer Verfahren Regler entworfen und insbesondere ihre Parameter optimiert werden.

Die hier angestellten Betrachtungen der Güte können auch auf die Ausregelung von Störgrößen angewendet werden. Es können die quantitativen Auswirkungen der Änderung der Führungs- und der Störgröße auf die Regelabweichung betrachtet werden.

Für die Analyse und Synthese von Reglern stehen geschlossene Theorien zur Verfügung (siehe zum Beispiel [37]). Für die Aufgaben der Automatisierung in der Logistik können Standardverfahren eingesetzt werden.

3.3.5 Digitale Regler

Bei der digitalen Regelung – einer speziellen Ausprägung der zeitdiskreten Regelung, auch Abtastregelung genannt – werden die Regelgröße und die Sollgröße in festen, gleichmäßigen Zeitabständen T abgetastet und in digitale Zahlenwerte umgewandelt, also quantisiert. Der Regler berechnet aus diesen quantisierten Größen in jedem Zeitschritt die Stellgröße, die zum Abtastzeitpunkt ausgegeben und in ein Analogsignal umgewandelt wird. Ein Halteglied speichert den Stellwert während des gesamten Zeitintervalls T bis zum nächsten Abtastschritt. Die meisten Prinzipien und Entwurfsverfahren der zeitkontinuierlichen Regelung haben eine sinngemäße Entsprechung in der zeitdiskreten Regelung.

Abbildung 3.41. Blockdarstellung eines Regelkreises nach dem Abtastverfahren mit den unterschiedlichen Signalformen

Die in digitalen Systemen notwendige Quantisierung der Signalwerte führt außerdem auf ein wertediskretes Signal. In der Regel wird die Quantisierung jedoch so fein gewählt, dass die Auswirkungen auf die Dynamik des Regelkreises vernachlässigt werden können.

3.3.6 Beispiele zur Regelungstechnik

Am Beispiel eines Vertikalförderers soll gezeigt werden, wie auch komplexere Aufgaben mithilfe der Regelungstechnik gelöst werden können. Gegeben ist ein Vertikalförderer, dessen Hubbewegung durch einen Motor angetrieben wird. Ohne auf die Details der möglichen mechanischen Auslegung einzugehen, beinhaltet die *Regelstrecke* den Motor und die Bewegungstransformation von der Rotation in eine vertikal gerichtete Translation. Abbildungen 3.42(a) und 3.42(b) zeigen Ausführungsformen von Vertkalförderern als Seilaufzug und als Hydraulikaufzug mit jeweils spezifischen Bewegungstransformationen.

Die Führungsgröße ist die Position, an der die Plattform des Förderers halten soll. Abbildung 3.43 zeigt die physikalischen Zusammenhänge zwischen der Beschleunigung a, der Geschwindigkeit v und dem zurückgelegten Weg s. Dabei wird eine konstante Beschleunigung, die positiv, null oder negativ sein

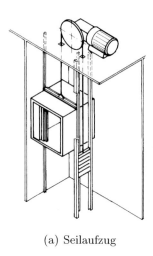 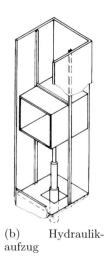

(a) Seilaufzug (b) Hydraulikaufzug

Abbildung 3.42. Ausführungsformen von Vertikalförderern

kann, vorausgesetzt. Es gelten die physikalischen Gesetze[46] der Newtonschen Mechanik.

$$s(t) = \int_{-\infty}^{t} v(\tau)\,d\tau \qquad\qquad v(t) = \int_{-\infty}^{t} a(\tau)\,d\tau$$

Für reale Systeme ist hier die Kennline des Motors zu berücksichtigen[47], die bei Bedarf durch eine Funktion, die der inversen Kennlinie entspricht, kompensiert werden kann (siehe Abbildung 3.39). Weitere Einflussgrößen sind die Reibungsverluste und die Masse, die zu bewegen ist. Da diese Masse lastabhängig ist, kann sie als Störgröße betrachtet werden, deren Auswirkungen ebenfalls auszuregeln sind.

Wenn die Störgröße bekannt ist, kann ihr Einfluss im Regelkreis berücksichtigt werden. Diese Methode ist unter der Bezeichnung *Störgrößenaufschaltung* bekannt. So kann die zu transportierende Masse in diesem Beispiel durch ein Leitsystem vorgegeben oder durch eine Waage bestimmt werden.

Eine Alternative zur Verbesserung der Regelgüte ist die Messung der erzielten Beschleunigung und die anschließende Berechnung der Masse. Damit kann ohne einen zusätzlichen Sensor und ohne Vorgabe der Störgröße deren Einfluss vorherbestimmt werden. Der Regler – genauer: die Parameter des Reglers – passt sich dann dynamisch den aktuellen Verhältnissen an. Die

---

[46] Regelungssysteme können unter Nutzung dieser mathematisch formulierbaren Zusammenhänge systematisch entworfen werden.

[47] Die Abbildung 3.56 zeigt die Kennlinie eines Asynchronmotors. Das Prinzip ist auf andere Motortypen übertragbar.

konsequente Weiterführung dieses Gedankens führt dann zu den *adaptiven* Reglern.

In diesem Beispiel soll die Störgröße jedoch unbekannt sein. Ihr Einfluss soll auschließlich durch den Regler ausgeregelt werden.

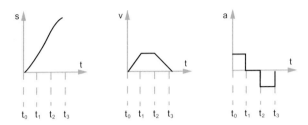

Abbildung 3.43. Beschleunigung a, Geschwindigkeit v und Weg s als Funktionen der Zeit

Lageregelung: Die Regelung der Position wird auch als *Lageregelung* bezeichnet. Hierzu ist eine Positionserfassung erforderlich. Die ab Seite 142 vorgestellten Inkrementalgeber sind für diesen Zweck ausreichend. Häufig werden Winkelgeber nach Abbildung 3.18(a) angewendet, da vom Antriebsmotor ohnehin schon eine rotierende Bewegung vorliegt. Abbildung 3.44 zeigt dieses Prinzip. Der Regler arbeitet nach dem PI-Prinzip, um eine bleibende Regelabweichung zu vermeiden.

Dieses Grundprinzip der Lageregelung hat den Nachteil, dass nach einer neuen Zielvorgabe durch den integrierenden Anteil des Reglers ein sehr hoher Stellwert, in diesem Fall ein Strom, auf die Regelstrecke, den Motor, einwirkt. Ohne weitere Vorkehrungen wird schnell der maximale Strom, der für den Motor zulässig ist, überschritten.

Um an der gewünschten Position anzuhalten, ist eine frühzeitige Reduktion der Stellgröße erforderlich, was nicht immer möglich ist, so dass ein Überschwingen unvermeidlich werden kann. Je nach Transportrichtung, aufwärts oder abwärts, kann auch ein aktives Bremsen erforderlich werden. Bei Einsatz eines Gegengewichtes kann das, abhängig vom Beladungszustand, in unterschiedlichen Richtungen erfolgen. Wesentlich bessere Ergebnisse können durch geschachtelte Regler erreicht werden.

Eine solche Regelung, die sich für den praktischen Einsatz eignet, wird im Allgemeinen aus bis zu drei geschachtelten Regelkreisen aufgebaut. Der äußere Regelkreis arbeitet wie oben beschrieben, er wirkt jedoch nicht unmittelbar auf den Motor, sondern die Stellgröße ist eine Drehzahlvorgabe an den ersten eingebetteten Regelkreis. Die Drehzahlregelung wirkt ebenfalls nicht direkt auf den Motor, sondern indirekt über den inneren Regelkreis, der sprunghafte Änderungen des Motorstromes vermeidet. Abbildung 3.45 zeigt die vollständige Struktur einer Lageregelung.

170   3. Automatisierungstechnik

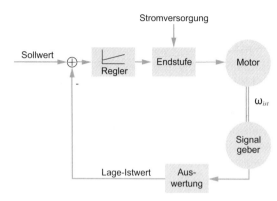

Abbildung 3.44. Prinzip einer Lageregelung als einfacher Regelkreis

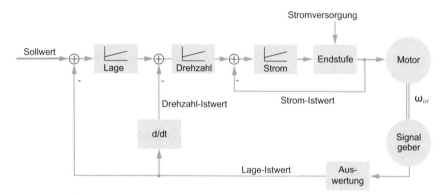

Abbildung 3.45. Blockdarstellung einer Lageregelung durch drei geschachtelte Regler

Für die eingebettete Drehzahlregelung muss die Istdrehzahl des Motors ermittelt werden. Hierzu kann der bereits vorhandene Inkrementalgeber genutzt werden. Die Drehzahl ω ist gleich der ersten Ableitung des Drehwinkels φ ($\omega = \dot{\varphi}$). Bei zeitdiskret arbeitenden Steuerungen kann die Geschwindigkeit durch den Differenzenquotienten $\frac{\Delta\varphi}{\Delta t}$ berechnet werden. Dabei ist für Δt die Abtastzeit T einzusetzen. Zur Drehzahlmessung kann auch zusätzlich ein Tachogenerator eingesetzt werden. Prinzipiell kann auch aus der Drehzahl durch Integration beziehungsweise durch Summation die Position berechnet werden. Da die Position jedoch die primär zu regelnde Größe ist, sollte sie auch möglichst fehlerarm gemessen werden. Bei einem Vertikalförderer würden sonst bereits nach kurzer Betriebszeit die Positionen unakzeptabel stark von den Sollpositionen abweichen.

Alternative Lösung: Einfache Lösungen setzen keine Lageregelung ein, sondern basieren auf einem stufenweisen Umschalten der Geschwindigkeiten.

Häufig werden nur zwei Stufen, *Normalfahrt* und *Schleichfahrt*, angewendet. Der Nachteil dieser Lösung liegt in den längeren Positionierzeiten und damit in dem damit verbundenen geringeren Durchsatz.

Die Variante mit Regelung hat darüber hinaus den Vorteil, dass durch geeignete Parameter eine Beschränkung der Beschleunigung erreicht werden kann. Die maximal zulässige Beschleunigung für Aufwärtsfahrten kann von dem zu transportierenden Produkt abhängen. Bei Abwärtsfahrten sollte der Betrag der Beschleunigung kleiner als die Erdbeschleunigung sein, damit ein frei auf einem Lastaufnahmemittel (LAM) stehendes Transportgut noch sicheren Kontakt zum LAM hat. Diese maximal erlaubten Beschleunigungen sind bei Leerfahrten nicht einzuhalten.

Regalbediengerät: Im Gegensatz zu einem eindimensionalen Fördergerät[48] wie dem oben beschriebenen Vertikalförderer verfügt ein *Regalbediengerät* (RBG) über einen zusätzlichen Freiheitsgrad (siehe [24]). Die Bewegung eines RBG erfolgt in den folgenden drei Dimensionen:

- das Fahrwerk in Längsrichtung des Ganges: x-Koordinate
- das Hubwerk in vertikaler Richtung: y-Koordinate
- das Lastaufnahmemittel in Querrichtung des Ganges: z-Koordinate

Die Bewegungen in x- und in y-Richtung können unabhängig voneinander erfolgen (Diagonalfahrt). Die Beschleunigungen in x- und in z-Richtung unterliegen einer Beschränkung, die aus dem Transportgut und insbesondere aus der Bildung der Ladeeinheit resultiert. Ein Verrutschen der Ladung ist in jedem Fall zu vermeiden. Durch geeignete Sensorik kann ein Ladungsüberstand in x- und z-Richtung überwacht werden und damit ein solcher Fehler erkannt werden.

Typische Bewegungsabläufe für ein RBG in einem einfachtiefen Hochregallager für Europaletten sind die Folgenden:

1. Anfahren der Quellposition
2. Prüfung auf Belegung des Quellplatzes
3. Ausfahren der Gabeln
4. Anheben der Last
5. Einfahren der Gabeln
6. Anfahren der Zielposition
7. Prüfung auf Nichtbelegung des Zielplatzes
8. Ausfahren der Gabeln
9. Absenken der Last
10. Einfahren der Gabeln

Die Fahrbefehle werden im Allgemeinen gleichzeitig für das Fahr- und für das Hubwerk ausgegeben. Erst wenn beide Positionen erreicht sind, wird

---

[48] Wird ein aktives Lastaufnahmemittel mitgeführt, arbeitet der Vertikalförderer auch zweidimensional. Die folgenden Betrachtungen über den Lastwechsel gelten dann sinngemäß auch für den Vertikalförderer.

der folgende Schritt ausgeführt. Alle Operationen sollten zeitlich überwacht werden, um Störungen frühzeitig zu erkennen.

Eine spezielle Bewegung ist das *Durchreichen*, wenn Quell- und Zielplatz die gleichen (x, y)-Koordinaten aufweisen. Dann kann das Lastaufnahmemittel direkt von einem Regalfach über das RBG in das entsprechende Fach des gegenüberliegenden Regals fahren, ohne in der Mitte anzuhalten.

Einige Systeme fahren eine Ruheposition an, wenn innerhalb einer Zeit T_0 kein Transportauftrag erfolgte. Diese Operation wird jedoch im Allgemeinen nicht von der Steuerung selbst, sondern durch ein überlagertes Lagerverwaltungssystem im Rahmen einer Ruhepunktstrategie ausgelöst.

3.4 Hardwarekomponenten

3.4.1 Sensoren

Um die Zustände und die Zustandsübergänge eines zu automatisierenden Systems zu erfassen, werden Sensoren benötigt. Der Zustand eines Systems ist durch eine Menge physikalischer Größen beschrieben. Sensoren haben die Aufgabe, diese physikalischen Größen zu erfassen und in geeignete Ausgangsgrößen zu wandeln, die von einem Automatisierungsgerät weiterverarbeitet werden können. Die Ausgangsgrößen werden fast ausnahmslos in elektrischer Form repräsentiert und können die in Abschnitt 3.2.4 genannten Formen aufweisen.

Klassifizierung von Sensoren: Sensoren werden anhand verschiedener Merkmale klassifiziert, um ihren jeweiligen Einsatzbereich, die aufzunehmende physikalische Messgröße, das Messprinzip oder auch die Darstellung der Messgröße am Sensorausgang aufzuzeigen. Diese Einteilung kann als Grundlage für eine Geräteauswahl dienen.

Die Aufgabe eines Sensors ist durch die aufzunehmende, physikalische Messgröße beschrieben. Unter der Dimension ist in diesem Zusammenhang der räumliche Erfassungsbereich des Sensors zu verstehen. Eine Unterscheidung in taktile und nicht-taktile Sensoren kennzeichnet, welche Messaufnehmer aufgrund ihres jeweiligen Messprinzips unmittelbaren mechanischen Kontakt mit dem zu überwachenden Prozess haben und damit eine potenzielle Verschleißanfälligkeit aufweisen.

Nachfolgend sind die in Materialflusssystemen gebräuchlichen Sensortypen, klassifiziert nach dem zugrunde liegenden physikalischen Messprinzip beschrieben. Sensoren, die primär zur Überwachung[49] eingesetzt werden, sind in Abschnitt 3.4.2 beschrieben.

---

[49] Hierzu zählen die Überwachung von Räumen, Hinderniserkennung und Zugangssicherung.

Merkmal	Ausprägung (Klassen)
Art der Messgröße	physikalische Größen wie beispielsweise Masse, Beschleunigung, Länge, Winkel, Geschwindigkeit und Drehzahl oder Anwesenheit und Identität von Objekten.
Dimension	0-, 1-, 2- oder 3-dimensional
Erfassung der Messgröße	taktil, nicht taktil
Messprinzip	direkt, indirekt
Messverfahren	optisch, mechanisch, magnetisch, induktiv, akustisch, strahlungs- und radioaktiv-basiert
Darstellung der Messgröße	zeitkontinuierlich oder zeitdiskret, wertkontinuierlich oder wertdiskret

Tabelle 3.8. Sensorklassifizierung nach [24]

Mechanisch betätigte Sensoren: Zum Schalten elektrischer Spannungen kleiner Leistungen werden häufig *Taster* und *Schalter* eingesetzt. Dieser Sensortyp zeichnet sich durch einen einfachen und wartungsfreien Aufbau aus und wird in vielen industriellen Anwendungsbereichen eingesetzt. Durch eine von außen einwirkende Kraft wird ein elektrischer Kontakt im Inneren des Sensor betätigt, der eine am Sensoranschluss anliegende Spannung schalten kann. Dabei kann der Schalter als Öffner, Schließer oder Wechselschalter ausgeführt sein. Mechanisch betätigte Sensoren können nur für die Dauer der Betätigung ein Signal liefern oder sie erfordern eine zweite Betätigung – gegebenenfalls an einem anderen Hebel. Im ersten Fall wird der Sensor auch Taster, im zweiten Fall Schalter genannt. Die Trennung zwischen diesen beiden Begriffen wird nicht immer streng eingehalten. Schalter dient umgangssprachlich auch als Oberbegriff.

Taster und Schalter unterliegen einem mechanischem Verschleiß, dennoch erreichen sie eine relativ hohe Schalthäufigkeit von typisch $10^6 \ldots 10^7$ Schaltspielen. Nicht in allen Fällen wird der elektrische Kontakt direkt mechanisch betätigt.

Häufig werden die Schaltkontakte in einen Glaskolben eingeschmolzen. Die Kontaktzungen bilden zugleich eine Kontaktfeder und einen Magnetanker. Diese Ausbildung eines Schaltkontaktes wird Reedkontakt genannt.[50] Abbildung 3.46 zeigt eine mögliche Ausführungsform eines Reedkontaktes.

Die Kontaktbetätigung erfolgt durch ein von außen einwirkendes Magnetfeld, das durch Annäherung eines Permanentmagneten erzeugt werden kann. Die Vorteile gegenüber einem rein mechanischen Schalter sind die Unemp-

---

[50] Der Reedkontakt wurde 1936 von W. B. Elwood patentiert.

174 3. Automatisierungstechnik

Abbildung 3.46. Ausführungsform eines Reedkontaktes.

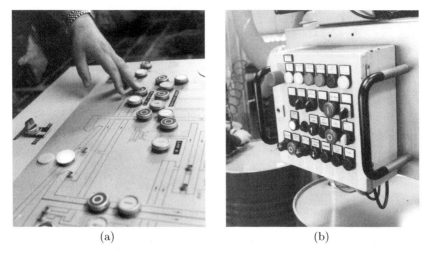

(a) (b)

Abbildung 3.47. Ausführungsformen von Schaltern und Tastern

findlichkeit gegenüber Umwelteinflüssen und die Möglichkeit eines Einsatzes von Tastern und Schaltern in explosionsgefährdeten Umgebungen.

Andere Ausführungen setzen Halbleiterbauelemente ein, um das Magnetfeld zu detektieren, oder es werden optische Verfahren nach dem Prinzip einer Lichtschranke (siehe weiter unten) in den mechanisch betätigten Sensor integriert. Damit lassen sich extrem hohe Zuverlässigkeiten und weit mehr als 10^6 Schaltspiele erreichen.

Die Ausführung der Schaltkontakte erlaubt in der Regel nur das Schalten kleiner elektrischer Leistungen bis zu einigen hundert Watt. Typische Einsatzfälle sind die direkte Verdrahtung mit Relais und die Verbindung mit einer Eingangsbaugruppe eines Automatisierungsgerätes (siehe Abschnitt 3.4.4). Bei dieser Beschaltung wird eine von der Steuerung zugeführte und durch den Sensor geschaltete Hilfsspannung als Binärsignal von der SPS ausgewertet.

Taster und Schalter werden zur Detektion von Endlagen an Linearantrieben oder Lastaufnahmemitteln von Regalbediengeräten und als Sicherheitselemente an Fahrzeugen (siehe Abschnitt 3.4.2) eingesetzt. Ein weiterer

Anwendungsbereich ist der Einsatz als Bedienelemente in Steuerpulten und Sicherheitskreisen (Notausschalter).

Optische Sensoren: Optische Sensoren decken einen Großteil der Messaufgaben in Materialflusssystemen ab. Ihr Einsatzspektrum reicht von einfach aufgebauten Sensoren zur Anwesenheitskontrolle bis zur automatischen Positionsermittlung und Umgebungserfassung autonomer Fahrzeuge (siehe Abschnitt 3.4.2).

Der Aufbau optischer Sensoren ist in Grundzügen ähnlich und besteht aus einer Lichtquelle (Sender) sowie einem optischen Detektor (Empfänger), der die Intensität des an einem Objekt reflektierten oder von diesem unterbrochenen Lichtstrahls in ein elektrisches Signal wandelt. Optische Sensoren unterscheiden sich in der Anordnung des Strahlenganges, des eingesetzten Spektralbereiches, der Optik und durch spezielle Verfahren der Modulation des Lichtes.

Aufgrund des Messprinzips arbeiten optische Sensoren berührungslos und damit verschleißfrei. Praktische Probleme im Einsatz treten allerdings durch Verschmutzung, Taubildung an der Optik sowie Fremdlichteinfall auf. Der Einfall von Fremdlicht kann durch konstruktive Maßnahmen oft nur bis zu einem gewissen Grad reduziert werden. Durch selektive Verfahren kann eine weitere, oft starke Verbesserung erreicht werden. Diese Selektion kann durch den eingesetzen Spektralbereich mit einem entsprechenden Filter auf der Empfangsseite erreicht werden. Durch den Einsatz von polarisiertem Licht kann die Störunterdrückung weiter verbessert werden. Der Sender strahlt das Licht in einer bestimmten Polarisationsebene ab, und der Empfänger filtert die Lichtwellen mit einem Polarisationsfilter gleicher Orientierung. Damit werden alle anderen auf den Empfänger wirkenden Lichtwellen stark gedämpft. Ein weiteres Verfahren moduliert die Sendeleistung mit einer bestimmten Frequenz, während der Empfänger ausschließlich Lichtsignale mit dieser Frequenz ausfiltert.

Für automatische Anwesenheitskontrollen und Zählvorgänge werden Lichtschranken und Lichttaster eingesetzt (siehe Abbildung 3.48), die ein binäres Ausgangssignal erzeugen. Der Sendeteil besteht aus einer Lichtquelle[51] und einer Fokussierlinse, die den Strahl bündelt. Im Empfangsteil sind ein lichtempfindliches Element[52] sowie eine mit diesem Sensor verbundene Schalteinheit montiert, die bei Über- bzw. Unterschreiten der Intensität des einfallenden Lichtes gegenüber einem einstellbaren Schwellwert schaltet. Die Schaltschwelle des Empfangsteiles ist üblicherweise am Gehäuse einstellbar, um die Anordnung auf die Umgebungsbedingungen der Applikation anzupassen.

---

[51] Die Lichtquelle besteht häufig aus Halbleiterbauelementen wie beisielsweise Laserdioden oder LEDs (Light Emitting Diode).

[52] Als lichtempfindliche Elemente werden Halbleiterbauelemente, meist Phototransistoren oder Photodioden eingesetzt.

Durchlicht- oder Einweglichtschranken: In dieser Ausführung sind Sende- und Empfangseinheit räumlich voneinander getrennt und beispielsweise an den gegenüberliegenden Seiten einer Förderstrecke angebracht, um durchlaufende Stückgüter zu erfassen und bei Bedarf auch zu zählen.

Ein Schaltvorgang im Empfangsteil wird bei Unterbrechung des Lichtstrahls ausgelöst. Der Sender S und der Empfänger E können prinzipiell in sehr großen Entfernungen zueinander angeordnet sein. Dabei ist jedoch die erforderliche genaue Ausrichtung des Strahlenganges durch Justage und Fixierung der Geräte sicherzustellen. Wegen der großen einstellbaren Entfernung kommen Durchlichtschranken ebenfalls als Sicherheitseinrichtungen in Tordurchfahrten und Maschinenzugängen zum Einsatz. Bei dieser Anordnung müssen sowohl der Sender als auch der Empfänger jeweils mit einer Hilfsspannung versorgt werden. Bei Einsatz eines Reflektors (siehe Reflexlichtschranken) reduziert sich dieser Installationsaufwand.

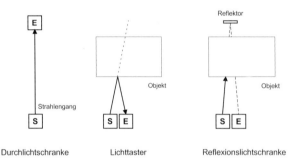

Abbildung 3.48. Optische Erfassung von Objekten mit Lichtschranken und Lichttastern.

Lichttaster: Bei diesen Geräten sind Sender und Empfänger in einem Gehäuse angeordnet. Damit ein Schaltvorgang ausgelöst wird, muss der Lichtstrahl an einem vorbeigeführten Objekt reflektiert und dadurch auf den Empfangsteil gelenkt werden.

Die Funktion des Lichttasters hängt direkt von den Reflexionseigenschaften der zu erfassenden Objekte ab. Das Licht muss an einer Objektoberfläche diffus reflektiert werden, damit auch bei Schrägstellung eines Objektes ein Lichtanteil ausreichender Intensität auf den Empfangsteil geführt wird. Stark lichtabsorbierende Oberflächen, aber auch spiegelnde und sehr glatte Oberflächen wie beispielsweise Folien zur Verpackung und Ladungssicherung können den nutzbaren Erfassungsbereich, die Tastweite erheblich einschränken oder eine Messung sogar ganz verhindern.

Die Tastweite von Lichttastern ist aus diesen Gründen üblicherweise auf eine Distanz ≤ 2 m beschränkt. Vergleichbare Probleme treten beim Lesen von Barcodes auf. Für weitere Hinweise hierzu siehe Abschnitt 2.8.1.

Reflexionslichtschranken: Sie sind wie Lichttaster aufgebaut, der Strahl wird hier aber nicht am Objekt sondern an einem gegenüberstehenden Reflektor permanent auf den Empfänger zurückgelenkt; bei Unterbrechung wird ein Schaltvorgang ausgelöst. Das Wirkprinzip entspricht damit dem einer Durchlichtschranke. Wie bei den Lichttastern sind auch hier spiegelnde Oberflächen an durchtretenden Objekten problematisch, allerdings aus einem anderen Grund, da eine Unterbrechung des Strahlenganges – und damit eine Objektdetektion – durch Reflexionen am Objekt unter Umständen verhindert wird.

Lichtgitter: Einzelne Lichtschranken werden zeilenförmig angeordnet. Die binäre Ausgangssignale einer jeden Zeile werden zu einem Digitalsignal zusammengefasst. Sie finden Anwendung in der Profilkontrolle von Packstücken und Paletten sowie in der Absicherung von Lagergassen (siehe auch Abbildung 2.1).

Weg- und Winkelmessung: Das Durchlicht- bzw. Reflexionsprinzip findet in abgewandelter Form ebenfalls Anwendung bei der optischen Bestimmung von Achspositionen an Fördermitteln und Antrieben.

Zur Positionserfassung ist eine optische Maßstabsverkörperung auf einer Antriebsachse oder am Verfahrweg erforderlich, die von einer Sensoranordnung entweder *inkremental* oder *absolut* abgetastet wird.

Bei inkrementaler Erfassung tastet ein einzelnes Sensorelement (Lichtschranke oder -taster) eine auf dem Maßstab angebrachte Spur von abwechselnd reflektierenden und lichtabsorbierenden Feldern (Auflichtverfahren) oder mit Durchbrüchen (Durchlichtverfahren) jeweils gleicher Breite ab. Von einem festgelegten Referenzpunkt aus kann durch Zählen der beim Überfahren detektierten Hell-Dunkel-Wechsel der relativ verfahrene Weg bzw. Winkel und unter Berücksichtigung der Messdauer auch die Geschwindigkeit ermittelt werden. Siehe hierzu auch Abschnitt 3.2.2, in dem ein Auswerteverfahren für diesen Typ der Weg- und Winkelmessung – aber mit zwei Sensoren – detailliert dargestellt ist.

Zu beachten ist, dass bei inkrementellen Systemen immer eine Referenzierung durch Bewegung des Antriebes auf eine Referenzmarke stattfinden muss, da beispielsweise nach einem Stromausfall die Information über die verfahrenen Schritte möglicherweise nicht mehr vorhanden ist.

Absolute Maßstabsverkörperungen können ein- oder mehrspurig aufgebaut sein. Im Gegensatz zu inkrementalen Systemen ist eine Referenzierung absolutcodierter Messsysteme nur einmal erforderlich, da an jedem Punkt des Maßstabes ein eindeutiger, auf einen Referenzpunkt bezogener binär codierter Positionswert abgelesen werden kann.

Einspurig codierte Maßstäbe sind in Messrichtung mit Hell-Dunkel-Feldern oder mit Durchbrüchen unterschiedlicher Breite versehen. Die Felder repräsentieren einen wiederholungsfreien sequenziellen Code [39], der von einer Sensorzeile aus nebeneinander angeordneten Lichtschranken abgetastet und

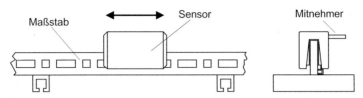

Abbildung 3.49. Einspuriges absolutcodiertes Wegerfassungssystem mit optischer Abtastung

als Digitalwert am Sensorausgang übermittelt wird. Es existieren auch einkanalige Verfahren, die mit einem Sensor einen Absolutwert messen können. Hierzu ist allerdings ein größerer Verfahrweg erfoderlich, um eine Synchronisation zu erreichen und um einem kompletten Code zu lesen.[53]

Das Messsystem wird, beispielsweise mit einer am Fahrweg angebrachten Stahlschiene (vgl. Abb. 3.49) als Maßstabsverkörperung, zur Positionserfassung von EHB-Fahrwerken oder RBG eingesetzt. Die im Sensorkopf integrierte Signalverarbeitung und -aufbereitung errechnet in Abhängigkeit vom aufgenommenen Bitmuster fortlaufend die Absolutposition des Sensors. Die Auflösung beträgt bei dieser Ausführung weniger als 1 mm bei einer maximalen Messlänge von mehreren hundert Metern.

Bei mehrspurigen Systemen entspricht jede Spur einer Bitstelle, ein aus n übereinanderliegenden Spuren aufgebauter Code bildet somit 2^n diskrete, eindeutige Positionswerte ab. Dieses Prinzip findet sich auch in absolutcodierten Winkelgebern, die an die Achse von Positionierantrieben angeflanscht werden und die Position der Motorwelle detektieren. Ein detailliertes Beispiel für ein mehrspuriges System ist in Abschnitt 3.2.4 dargestellt.

Längenmessung ohne Maßstabsverkörperung: Zur optischen Entfernungsmessung wird das *Laufzeitverfahren* angewandt, mit dem die Zeit zwischen dem Abstrahlen eines Lichtsignals auf der Senderseite und dessen Empfang gemessen wird. Sender und Empfänger sind in einem Gehäuse angeordnet und bilden zusammen mit der Messwertverarbeitung den Sensor, der so die Entfernungen zu Objekten in großen Distanzen bestimmt. Aus physikalischen Gründen wird Laserlicht eingesetzt. Sensoren, die auf diesem Messprinzip beruhen, erreichen eine Genauigkeit von einigen Millimetern.[54]

Als Alternative zu Systemen mit Maßstabsverkörperung kommt dieses Verfahren beispielsweise bei der Positionserfassung von Regalbediengeräten in Hochregallägern zur Anwendung. Der Sensor wird dabei am Fahrwerk des

---

[53] Weitere Verfahren setzen eine getrennte Taktspur ein. Die Datenspuren werden erst dann gelesen, wenn auf der Taktspur ein Wechsel auftritt. Das in Abschnitt 3.2.2 vorgestellte Verfahren kann auch als eine Datenspur mit einer getrennten Taktspur interpretiert werden.

[54] Moderne hochauflösende Systeme erzielen sogar Auflösungen bis in den Mikrometerbereich. Derartige Systeme sind für Logistikapplikationen überdimensioniert.

RBG montiert und ist auf einen ortsfesten Reflektor am Gangende ausgerichtet. Durch diese Anordnung sind Laserdistanzmessgeräte allerdings auf geradlinig verfahrende Geräte beschränkt.

Magnetische und induktive Sensoren: Magnetische und induktive Sensoren werden in der Materialflusstechnik zur berührungslosen Anwesenheits- bzw. Lagekontrolle bewegter Objekte und zur Positionserfassung eingesetzt. Beide Messprinzipien basieren auf der Detektion einer Magnetfeldänderung im unmittelbaren Erfassungsbereich eines Sensors.

Induktive Sensoren erzeugen durch eine Spulenanordnung *aktiv* ein magnetisches Wechselfeld, das auf eine ebenfalls im Sensorgehäuse integrierte Empfängerspule einwirkt. Die durch das Feld induzierte Spannung wird in einer nachgeschalteten Messbrücke verstärkt und über eine Auswerteeinheit auf den Ausgang des Sensors geführt.

Metallische Körper, die in den Erfassungsbereich des Sensors eintreten, bewirken eine Änderung des Feldes (Dämpfung) und damit eine Spannungsänderung, die als Analog- oder Binärsignal an der Sensorschnittstelle abgegriffen werden kann.

Induktive *Näherungsschalter* wandeln den analogen Spannungsverlauf an der Messbrücke in ein binäres Ausgangssignal, dessen Schaltschwelle am Sensor einstellbar ist. Der *Schaltabstand* kann so in engen Grenzen variiert werden. Die Erfassungsbereiche von Näherungsschaltern betragen typischerweise nur wenige Millimeter bis wenige Zentimeter.

Die Gruppe der magnetischen Sensoren umfasst *Magnetoresistive Sensoren* (MR) und *Hallsensoren*. Beide Prinzipien arbeiten *passiv*, ein von außen einwirkendes magnetisches Feld wird entweder direkt in eine analoge Ausgangsspannung gewandelt (Hallprinzip) oder führt eine Widerstandsänderung herbei (MR), die in einer Messbrücke ausgewertet wird.

Magnetsensoren finden als Binärgeber ähnliche Anwendung wie induktive Näherungsschalter, die Detektion erfolgt durch am Objekt angebrachte Permanentmagnete.

Magnetische Positionserfassungssysteme bestehen aus einer zeilenförmigen Sensoranordnung, die eine am Verfahrweg angebrachte magnetische Maßstabsverkörperung abtastet [21]. Das Erfassungsprinzip und die erzielbare Auflösung sind mit optischen Systemen vergleichbar, die inkrementell- oder absolutcodierten Spuren werden hier durch magnetisierte Polfelder auf dem ferromagnetischen Trägermaterial des Maßstabes gebildet (siehe Abbildung 3.50).

Ultraschallsensoren: Zur akustischen Entfernungsmessung werden Ultraschallsensoren eingesetzt, die nach dem Prinzip der Laufzeitmessung arbeiten. Der Ultraschallsender im Sensor strahlt Schallwellen in einem Frequenzbereich oberhalb des menschlichen Hörspektrums ab (40 bis zu einigen hundert

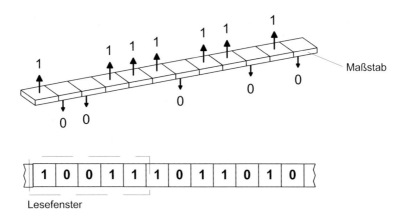

Abbildung 3.50. Einspuriges absolutcodiertes Wegerfassungssystem mit magnetischer Abtastung

kHz), die von der Umgebung reflektiert und auf den Empfänger zurückgelenkt werden.

Ein Messvorgang erfolgt gepulst, vom Sender wird dabei pro Messung ein Schallimpuls fester Dauer erzeugt. Eine nachgeschaltete Auswerteelektronik misst die Laufzeitdifferenz zwischen Schallabstrahlung und -empfang und speichert den Messwert in einem Register. Über eine Digitalschnittstelle können Parameterdaten übermittelt, eine Messung ausgelöst und der letzte aufgenommene Messwert ausgelesen werden. Die Messwertausgabe erfolgt abhängig von den Parametriermöglichkeiten als Zeit- oder normierter Entfernungswert, der ausgelesene Digitalwert entspricht dann beispielsweise einem Entfernungsmaß in Millimetern oder Inches. Bedingt durch die Ultraschallübertragung liegt die praktisch erzielbare Reichweite des Sensors im Mittel bei ca. 5 m, die Messgenauigkeit im Bereich einiger Zentimeter. Zu beachten ist in diesem Zusammenhang der Einfluss von Temperatur und Feuchtigkeit auf die Schallgeschwindigkeit in der Luft.

Sender und Empfänger sind in einem Gehäuse vereint, das mit einem Schalltrichter zur gerichteten Schallabstrahlung versehen sein kann. Zu beachten ist, dass die Abstrahlung des Senders aufgrund von Überlagerungen und Reflexionen an den Trichterwänden nicht linear gerichtet ist. Infolgedessen treten neben dem primären, keulenartig ausgebildeten Messbereich auch zusätzliche, nach außen wirkende Nebenbereiche auf. Daher können auch mehrdeutige Messwerte ermittelt werden, falls der abgestrahlte Schall von mehreren Objekten an unterschiedlichen Stellen im Messbereich reflektiert wird.

Ultraschallsensoren werden als kostengünstige Möglichkeit zur Umgebungserfassung und als Schutzeinrichtung zur Kollisionsvermeidung an Fahrerlosen Transportfahrzeugen und mobilen Robotern eingesetzt.

3.4.2 Überwachungssysteme

Sicherheitsfunktionen Die Erkennung von Hindernissen zur Vermeidung von Kollisionen ist ein grundsätzliches Problem in Materialflusssystemen. Ein typischer Einsatzfall sind Fahrerlose Transportsysteme, bei denen Fahrzeuge spurgebunden oder frei verfahrbar sind. Ein anderer Einsatzfall ist die Freiraumüberwachung, um beispielweise zu verhindern, dass ein Regalbediengerät eine Palette auf einem bereits belegten Platz abstellt.

Als Prinzipien zur Hinderniserkennung werden taktile und berührungslos arbeitende Verfahren eingesetzt. Berührungslos arbeitende Sensoren zur Einparkhilfe in PKW und LKW sind weit verbreitet. Ein Warnsignal ertönt, bevor es zur Kollision kommt. Dies ist besonders in einer Umgebung wichtig, in der sich Menschen bewegen. Bei Erkennung eines Hindernisses kann ein Fahrzeug seine Geschwindigkeit reduzieren oder stoppen.

Taktile Überwachung Ein berührungsempfindlicher Sensor, der in FTF eingesetzt wird, ist der so genannte *Bumper*. Ein Fahrzeug wird an den in Fahrtrichtung führenden Bauteilen mit einem solchen Sensor ausgerüstet. Häufig werden auch umlaufende Bumper eingesetzt, welche die gesamte Fahrzeugperipherie umgeben. Bei Berührung mit einem Gegenstand wird ein elektrischer Kontakt geschlossen, der dann über die Fahrzeugsteuerung eine sofortiges Anhalten des Fahrzeuges bewirkt. Die Details dieser sicherheitstechnisch wichtigen Funktionen werden hier nicht behandelt.

Da Bumper eine große räumliche Ausdehnung aufweisen und sie per Definition auf die Berührung mit unbekannten Gegenständen angewiesen sind, ist die Gefahr einer Beschädigung hoch. Aus sicherheitstechnischer Sicht ist eine permanente Überwachung der Funktionsbereitschft sinnvoll. So existieren einige Bauformen, die im freien Zustand einen definierten elektrischen Widerstand R darstellen. Alle Abweichungen vom freien Zustand – insbesondere auch eine Unterbrechung des Stromkreises als auch ein Kurzschluss – können so erkannt werden.

Da die taktilen Sensoren auf eine Berührung mit dem Gegenstand angewiesen sind, setzt man sie nur als letztes Glied in einer Sicherheitskette ein. Ein vorausschauende, berührungslose Hinderniserkennung ist für einen reibungslosen Ablauf erforderlich. Als Prinzipien werden akustische Verfahren auf Ultraschallbasis, optische Verfahren und elektromagnetische Verfahren eingesetzt. Die optischen Verfahren haben dabei eine sehr weite Verbreitung gefunden und der Laserscanner hat sich für viele Anwendungen zu einem Quasi-Standard etabliert.

Berührungslose Überwachung

Vor dem FTF wird ein konstantes Blickfeld vom Hinderniserkennungssystem aus minimaler Entfernung abgesichert. Es gibt dabei verschiedene technische Möglichkeiten (Laser, Infrarot, Ultraschall, Bildverarbeitung). Sogar zentimeterkleine Hindernisse können entdeckt werden. Auch noch kleinere Hindernisse können durch spezielle Sensoren erkannt werden.

Wenn ein Hindernis erkannt wurde, verringert das FTF seine Geschwindigkeit. Wenn das Hindernis nicht beiseitegeräumt wird, erfolgt ein kontrollierter Stopp des FTF vor dem Hindernis. Wenn das Hindernis entfernt wurde, wartet das FTF noch eine bestimmte Zeit und nimmt dann die Fahrt mit reduzierter Geschwindigkeit wieder auf. Wenn es während des ersten „Schleichgangs" kein Hindernis mehr erkennen kann, nimmt es seine ursprüngliche Fahrgeschwindigkeit wieder auf.

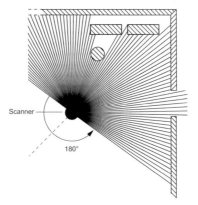 

(a) Hinderniserkennung durch rotierenden Laserstrahl   (b) Ausführungsform eines Laserscanners

Abbildung 3.51. Laserscanner zur Raumüberwachung und Objektidentifikation

Bei einem Laserscanner wird der Laserstrahl über einen im Gehäuse montierten, rotierenden Schrägspiegel fächerförmig ausgelenkt und erzeugt ein planares Abtastfeld (siehe Abbildung 3.52). In festeingestellten Schritten tastet der Sensor die Umgebung ab und generiert bei jedem Spiegelumlauf einen Satz von Einzelmesswerten, die den Entfernungen in Polarkoordinaten entsprechen. Bei einer Ortsauflösung von 0,5° ... 1° und einer mittleren Umgebungsdistanz von 10 m werden damit noch Objekte mit einer Mindestbreite von 10 cm erfasst.

Mit diesen Geräten kann, ortsfest montiert, eine Überwachung des Sicherheitsbereiches an Maschinen realisiert werden. Hierzu kann ein überlagertes Warnfeld über eine Geräteschnittstelle konfiguriert werden. Falls Objekte in das Warnfeld eintreten und an diesen Stellen infolgedessen die tatsächlich gemessene Distanz die einprogrammierte Warndistanz unterschreitet, wird

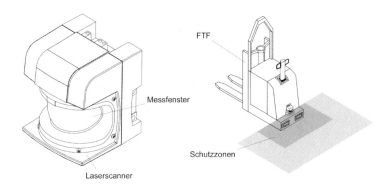

Abbildung 3.52. Warnfeld und Schutzfeld eines Laserscanners

ein Signalausgang am Gerät geschaltet, der beispielsweise mit einer Warneinrichtung oder dem Not-Halt-Kreis einer Maschinensteuerung verbunden sein kann. Daneben wird diese Art von Laserscannern auch auf Fahrerlosen Transportsystemen zur kontinuierlichen Umgebungserfassung eingesetzt.

Ortungssysteme Ortungssysteme können zur Ortung von Fahrzeugen und zur Ortung von logistischen Objekten eingesetzt werden. In diesem Abschnitt werden nur die Ortungsmethoden für Fahrzeuge behandelt. Dabei kann das Ortungssystem stationär oder mobil eingesetzt werden. Ein stationäres Ortungssystem kann beispielsweise die Positon von Gabelstaplern bestimmen. Damit kann eine Staplerflotte optimal eingesetzt werden, und bei Integration der Fahrzeugsteuerung können auch die Lastaufnahme und die Lastabgabe an einen Ort gebunden werden. Damit ist eine lückenlose Verfolgung von logistischen Objekten ohne den Einsatz von Identifikationstechniken möglich.

Der klassische Einsatz der Ortung ist die Navigation von Fahrerlosen Tansportfahrzeugen (FTF). Diese Einsatzfälle werden im Folgenden beschrieben. Viele der Prinzipien sind auch auf andere Einsatzsszenarien anwendbar.

Es gibt zwei grundlegende Möglichkeiten für die Navigation eines FTF:

- feste Fahrstrecken
- freies Fahren auf einer Fläche

Fahrzeug-Navigation auf festen Strecken: Die Navigation auf festen Strecken ist die älteste Navigationsmethode. Sie ist an eine fest Spurführung gebunden. Die meisten neu installierten Systeme sind jedoch frei navigierend, wodurch eine größere Flexibilität und eine bessere Wirtschaftlichkeit erzielt werden. Es gibt verschiedene Möglichkeiten, feste Fahrstrecken zu installieren:

- Montage eines schmalen Magnetbandes auf der Bodenoberfläche

3. Automatisierungstechnik

- Montage eines schmalen reflektierenden farbigen Bandes auf der Bodenoberfläche
- Verlegung eines stromdurchflossenen elektrischen Leiters unter der Bodenoberfläche

Die ersten beiden Methoden erfordern einen Sensor auf der Unterseite des FTF, der die Streckenführung auf der Bodenoberfläche erkennt. Die Aufgabe dieses Sensors ist es, die Fahrzeuge direkt über die Leitstrecke zu führen. Wenn die Strecke eine Biegung bzw. eine Kurve macht, erkennt dies der Sensor, gibt eine Rückmeldung an das Kontrollsystem, welches dann das Fahrzeug in die entsprechende Richtung steuert. Der Sensor – in Verbindung mit dem Kontrollsystem und der Steuermechanik – lässt das FTF den Streckenverlauf erkennen und folgen.

Im Falle eines Strom führenden Leitdrahtes besteht der Sensor an der Unterfläche des FTF normalerweise aus einer schmalen Antenne mit Magneten. Bei Stromzufuhr liegt um den in den Boden eingelassenen Draht ein magnetisches Feld. Je geringer der Abstand zwischen dem Draht und der FTF-Antenne ist, umso stärker ist dieses Magnetfeld. Es ist vollständig symmetrisch um den Leitdraht herum, das bedeutet, dass an einem bestimmten Punkt vom Draht entfernt das Magnetfeld dieselbe Stärke wie auf der entsprechenden gegenüberliegenden Seite des Drahtes aufweist. Die Stärke des Magnetfeldes wird durch die magnetische Antenne erkannt, wodurch eine Spannung erzeugt wird.

Die Fahrerlosen Transportfahrzeuge lenken sich selbst, indem sie dem Magnetfeld folgen, das sich um den Leitdraht aufbaut. Damit die jeweils korrekte Richtung über ein bestimmtes Signal eingehalten werden kann, besteht die FTF-Antenne aus zwei Spulen. Das Fahrzeug wird mit der zweispuligen Antenne direkt über dem Leitdraht zentriert, wobei die Antenne die Spannung messen kann. Wenn ein Fahrerloses Transportfahrzeug geringfügig auf eine Seite des Leitdrahtes abweicht, verändert sich die gemessene Spannung der Spulen. Der Spannungsunterschied entspricht proportional der Abweichung des Fahrzeuges vom Leitdraht. Der Unterschied wird an die Fahrzeugsteuerung gemeldet, welche das Fahrzeug wieder in die richtige Richtung lenkt, bis die gemessene Spannung wieder gleich hoch ist.

Frei navigierende FTF: In den späten 80er Jahren wurde die drahtlose Spurführung für FTS-Anlagen eingeführt, wodurch eine erhöhte Systemflexibilität- und Genauigkeit erreicht wurde. Die Navigation per Laser oder Magneten sind zwei Beispiele hierfür. Wenn dabei die ursprünglich definierten Streckenführungen verändert werden müssen, sind keine Veränderungen an der Bodenanlage erforderlich, somit sind auch keine Produktionsunterbrechungen mehr nötig. Drahtlose FTS-Technologien bieten also eine Vielzahl von Variationsmöglichkeiten – wenn nicht sogar unendlich viele Möglichkeiten, in einem bestimmten Raum zwischen zwei Punkten zu navigieren.

3.4 Hardwarekomponenten

Um in einem offenen unbegrenztem Raum ohne feste Streckenführung navigieren zu können, muss ein Fahrerloses Transportfahrzeug (FTF) die Möglichkeit haben zu erkennen, wo es sich befindet und es muss fähig sein, die Richtung anzusteuern, in die es fahren möchte. Somit erfordern alle frei navigierenden Systeme

- ein Layout des Bereiches, in dem das FTF arbeitet und welches im Rechner des Fahrzeuges abgespeichert ist und
- mehrere feste Bezugspunkte innerhalb des Layouts, die vom FTF erkannt werden können.

Automatisch gesteuerte Fahrzeuge haben einen Streckenplan auf ihrem Rechner abgespeichert. Während der Fahrt misst ein FTF die Abstände und die Richtung durch Zählen der Radumdrehungen und durch Messung des Lenkwinkels (Odometrie). Drehwinkelgeber, die an den Rädern angebracht sind, liefern die Daten zur Ermittlung der Wegstrecken sowie für die Richtungsänderungen. Durch diese Technologie wird sichergestellt, dass das Fahrzeug selbstständig fahren kann. Aufgrund von Unebenheiten im Boden oder beim Durchdrehen der Räder können jedoch kleinere Ungenauigkeiten auftreten.

Diese Ungenauigkeiten können korrigiert werden, indem die errechnete Fahrzeugposition mit der tatsächlichen Position des Fahrzeugs verglichen wird. Die tatsächliche Position wird durch äußere Referenzpunkte ermittelt. Man unterscheidet drei Möglichkeiten zur Kalibrierung (Referenzierung) der frei navigierenden FTF:

- Laser-Triangulation
- Raster
- dGPS, differential Global Positioning System (Satellitennavigation)

Das Satellitennavigationssystem (dGPS) kann nur im Outdoor-Bereich eingesetzt werden. Die Genauigkeit des dGPS ist noch nicht vergleichbar mit der Genauigkeit, die durch Laser- oder Rasternavigation erzielt werden kann. Raster- und Lasernavigation sind sehr gut zur Kalibrierung im Innenbereich geeignet, wobei die Rasternavigation sowohl für Indoor- als auch für Outdoor-Anwendungen eingesetzt werden kann.

Die Laser-Triangulation ist eine herkömmliche Technik, die häufig in industriellen Umgebungen angewendet wird. Bei der Laser-Triangulation sind die Referenzpunkte strategisch festgelegte Koordinaten, die an eine vertikale Oberfläche wie beispielsweise eine Wand oder einen Pfeiler angebracht werden. Ein rotierender Laserkopf, über Augenhöhe an der Oberseite des Fahrzeugs montiert, sendet einen kontinuierlichen Laserstrahl aus, der zum Fahrzeug zurück reflektiert wird, wenn er auf einen Reflektor trifft. Die Reflektorpositionen sind dabei als Koordinaten im Rechner des Fahrzeugs hinterlegt (X, Y). Ein Fahrerloses Transportfahrzeug benötigt mindestens zwei (idealerweise jedoch drei oder vier) Reflektorpunkte, um seine Position exakt zu ermitteln und seinen Fahrkurs mittels einfacher Geometrie zu korrigieren.

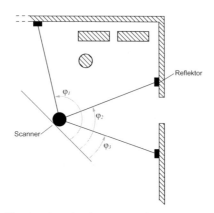

(a) Prinzip der Navigation durch rotierenden Laserstrahl (b) Ausführungsform eines Sensors zur Positionbestimmung

Abbildung 3.53. Lasersystem zur Navigation nach dem Triangulationsverfahren

Raster-Navigation: Das Raster kann beispielsweise aus Transpondern oder aus kleinen Permanentmagneten, die in die Bodenoberfläche eingelassen werden, aufgebaut werden. Bei Einsatz eines Rasters im Boden kann sich das FTF beliebig darüber bewegen und dabei seine Position jederzeit kalibrieren, wenn es über einen Rasterpunkt fährt. Ein Sensor an der Unterseite des Fahrzeugs erkennt und vermisst die Rasterpunkte.

In Verbindung mit der im folgenden Abschnitt beschriebenen Koppelnavigation kann so eine Auflösung erreicht werden, die für viele Anwendungen hinreichend genaue Messwerte liefert.

Koppelnavigation Die Koppelnavigation ist ein Verfahren, das eine fortlaufende Ortsbestimmung aus momentanem Kurs und der momentanen Position berechnet. Im Folgenden wird das Prinzip am Beispiel der *Odometrie* erläutert.

Die Odometrie ist ein Verfahren, das die Bewegungen der Fahrzeugräder laufend misst und unter Kenntnis der Kinematik daraus die Fahrzeugposition und die Ausrichtung des Fahrzeuges berechnet. Um den Einfluss des Schlupfes der Räder gering zu halten, können auch spezielle Messräder eingesetzt werden, die mit einem definierten Druck auf den Boden arbeiten.

Die Odometrie ist ein Verfahren, bei dem nur die *Änderungen* der Position und des Winkels bestimmt werden, so dass immer die initialen Werte gemessen und gesetzt werden müssen. Aufgrund der Fehlerfortpflanzung ist

3.4 Hardwarekomponenten

dieses Verfahren nicht über beliebig lange Fahrstrecken einsetzbar, ohne dass die Absolutwerte neu gesetzt werden. Diese Absolutwerte können bei Einsatz der Odometrie jedoch in großem Abstand ermittelt werden.

Das Prinzip der Odometie wird hier am Beispiel des so genannten *Differenzialantriebes* auch – *Panzerantrieb* genannt – gezeigt. Ein solches Fahrzeug verfügt über genau eine Antriebsachse, auf der zwei Motoren fest montiert sind (siehe Abbildung 3.54). Diese Motoren M_l und M_r können unabhängig voneinander jeweils in beiden Drehrichtungen betrieben werden. Damit entfällt ein eigener Antrieb für die Lenkung. Für die Navigation wird auf jeder Motorwelle[55] je ein Inkrementalgeber montiert. Diese Sensoren sind für eine Regelung der Antriebe erforderlich und können auch für die Odometrie genutzt werden, so dass praktisch kein zusätzlicher Aufwand für die Hardware erforderlich wird. Abbildung 3.55 zeigt das Prinzip einer solchen Kinematik. Die Räder bewegen sich immer auf Kreisbahnen, mit den Radien

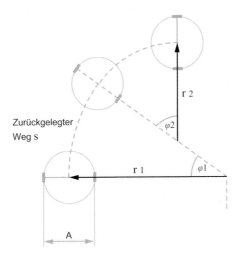

Abbildung 3.54. Kinematik eines Differenzialantriebes.

r_l für das linke und r_r für das rechte Rad. Der Fahrzeugmittelpunkt bewegt sich ebenfalls auf einer Kreisbahn, mit einer Geschwindigkeit, die den Mittelwert der Geschwindigkeit der beiden Antriebsräder beträgt. Zur Berechnung des zurückgelegten Weges aus den gemessenen Inkrementen kann ein Faktor C bestimmt werden.[56] Es gilt

$$C = \pi \cdot D/N \cdot C_{enc}$$

C : Weg je Inkrement

D : Raddurchmessser

---

[55] Der Einfluss der Getriebe wird hier nicht berücksichtigt.
[56] C ist eine Maschinenkonstante und kann auch durch Messung ermittelt werden.

N : Übersetungsverhältnis des Getriebes
zwischen Inkrementalgeber und Rad.
C_{enc} : Auflösung de Inkrementalgebers in
Anzahl Inkremente je Umdrehung

Durch Multiplikation mit der gemessenen Anzahl n von Inkrementen kann für das rechte und das linke Rad getrennt der zurückgelegt Weg berechnet werden. Die Winkeländerung ist proportional der Differenz der Messwerte und umgekehrt proprotional zum Radabstand A.

Es gelten folgende Beziehungen für den Fahrzeugmittelpunkt (x, y) und die Ausrichtung φ des Fahrzeuges:

$x_{t+1} = x_t + C \cdot \frac{\Delta n_r + \Delta n_l}{2} \cdot \cos\varphi$ x-Koordinate des Fahrzeugmittelpunktes

$y_{t+1} = y_t + C \cdot \frac{\Delta n_r + \Delta n_l}{2} \cdot \sin\varphi$ y-Koordinate des Fahrzeugmittelpunktes

$\varphi_{t+1} = \varphi_t + \frac{C}{A} \cdot (\Delta n_r - \Delta n_l)$ Ausrichtung der Antriebsachse

Diese Änderungen sind im Sinne einer numerischen Integration in kurzen Zeitabständen neu zu berechnen. Alle Berechnungen sind empfindlich gegenüber Messfehlern und gegenüber einem Schlupf zwischen den angetriebenen Rädern und dem Boden und führen so zu einer Fehlerfortpflanzung.

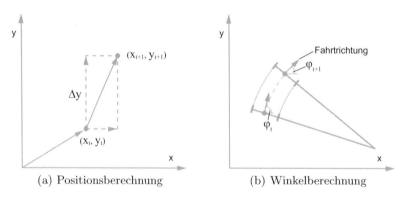

(a) Positionsberechnung (b) Winkelberechnung

Abbildung 3.55. Odometrie am Beispiel eines Differenzialantriebes

Das Prinzip der Odometrie ist auch auf andere Kinematiken übertragbar und eine einfache Methode, um in einem grobmaschigen Netz von Asolutmessungen zu interpolieren.

3.4.3 Aktoren

Als Antriebselemente setzen Aktoren die Stellsignale einer Automatisierungseinrichtung in Bewegungen um.[57] Aktoren sind damit die Bindeglieder zwischen der Informationsverarbeitung innerhalb der Automtisierungsebene und den Materialflussprozessen.

Die Antriebsaufgaben in operativen logistischen Systemen sind vielfältig und reichen von einfachen Bewegungen eines Band- oder Rollenförderers bis hin zu den komplexen, mehrachsigen Bewegungsabläufen eines Roboters. Entsprechend unterschiedlich sind die Anforderungen an die einzusetzenden Aktoren.

Anhand der für Lager- und Fördermittel typischen Antriebsaufgaben werden die dort verwendeten Aktoren mit ihren jeweiligen Eigenschaften und spezifischen Möglichkeiten der Ansteuerung dargestellt.

Klassifizierung von Aktoren: In der Antriebstechnik werden nach der Art des geforderten Bewegungsablaufes verschiedene Formen von Antrieben [48] unterschieden:

Bewegungsantriebe sind als Obergruppe kennzeichnend für die meisten Arbeitsmaschinen der Förder- und Lagertechnik. Beispiele für den Einsatz von Bewegungsantrieben sind Krane, Aufzüge, Stetigförderer und Fahrzeuge. Charakteristisch für Bewegungsantriebe ist der kontinuierliche Betrieb über längere Zeitintervalle. Die beschreibenden Größen für Bewegungsantriebe sind Umdrehungen, Drehzahl und Drehmoment für rotierende Bewegungen sowie Weg, Geschwindigkeit und Kraft für translatorische Antiebe.

Stellantriebe führen diskontinuierliche Bewegungen mit festgelegten Stellpositionen aus. Derartige Aktoren fahren üblicherweise definierte Stellpositionen an, die mechanisch, durch Sensoren oder durch festhinterlegte Sollwerte in einer Automatisierungseinrichtung vorgegeben sind. Beispiele für Stellantriebe sind Ausschleuseinrichtungen in Sortern, Hubeinrichtungen oder Palettenwender.

Positionierantriebe werden beispielsweise in Regalbediengeräten und Einschienenhängebahnen als Bewegungsantriebe eingesetzt. Durch die Steuerung erfolgt eine Sollvorgabe der anzufahrenden Positionen auf der Förderstrecke. Positionsvorgaben sind im Gegensatz zu Stellantrieben üblicherweise stetig über den gesamten Weg der Förderstrecke einstellbar. Die Auswahl eines geeigneten Antriebes sollte zunächst an dieser grundlegenden Unterteilung orientiert sein.

---

[57] Allgemein können Aktoren als technische Systeme definiert werden, die eine vorzugsweise elektrische Eingangsgröße unter Verwendung einer Hilfsenergie in eine andere physischen Ausgangsgröße wandeln. Damit bilden sie das Komplement zu den Sensoren.

Aktoren beinhalten neben der eigentlichen Antriebseinheit weitere Komponenten, welche die Stellsignale einer Steuerung auf die Gegebenheiten des Antriebes anpassen. Die von einer Steuerung generierten Stellsignale müssen vor einer Weiterverarbeitung im Aktor gegebenenfalls angepasst und gewandelt werden. In dieser Eingangsstufe erfolgen eine Wandlung der Informationsdarstellung des elektrischen Stellsignals und eine Anpassung der Signalpegel. Bei nichtelektrischen Antrieben findet, abhängig vom Medium (Öl, Druckluft) der verwendeten Hilfsenergie, ebenfalls eine Umsetzung des elektrischen Eingangssignals auf einen Fluidstrom statt.

Stellglieder vollziehen die eigentliche Ansteuerung des Antriebes und steuern die Energiezufuhr zur Antriebseinheit.[58] Abhängig von der eingesetzten Hilfsenergie steuert das Stellglied den elektrischen Strom oder einen Fluidstrom zum Betrieb eines hydraulischen oder pneumatischen Antriebselementes. In der praktischen Ausführung bilden Signalverarbeitung und Stellglied oftmals eine bauliche Einheit. Integrierte Antriebsregler steuern in der Signalverarbeitung durch Rückführung der Istwerte vom Antrieb die Einhaltung vorgegebener Sollwerte (Geschwindigkeit, Positionsüberwachung) der Stellsignale. Zudem überwachen solche Antriebsregler die Antriebseinheit zum Schutz vor Überlast und können gegebenenfalls ein Abschalten des Antriebes bewirken.

Antriebseinheit Zur Einleitung und Aufrechterhaltung eines Bewegungsvorganges an einer Arbeitsmaschine ist mechanische Energie erforderlich, die durch die Antriebseinheit mittels der zugeführten Hilfsenergie erzeugt und an die Arbeitsmaschine geführt wird. Je nach Ausführungsform der Antriebseinheit und des erforderlichen Bewegungsablaufes sind translatorische (Hubzylinder) und rotatorische Antriebe (Motoren) zu unterscheiden. Die durch eine Antriebseinheit erzeugte mechanische Grundbewegung ist dann durch Getriebe wie Zahnstangen oder Kurbeltriebe in die geforderte Bewegung der Arbeitsmaschine zu überführen.

Neben den elektrischen Antrieben werden in der Förder- und Lagertechnik in einigen Bereichen hydraulische und vor allem pneumatische Antriebe verwendet (siehe Tabelle 3.9). Von Bedeutung sind hier insbesondere fluidisch betriebene Hubzylinder, die als Stellantriebe in Ausschleus- und Sortieranlagen sowie in Palettierern und Hubeinrichtungen eingesetzt werden.

Elektrische Antriebe: In der Materialflusstechnik werden, da in allen Betrieben elektrische Leitungsnetze vorhanden sind und die elektrische Energie zudem in Akkumulatoren gespeichert werden kann, für stationäre und mobile Anwendungen vielfach Elektromotoren eingesetzt.

---

[58] Dieser Begriff ist in der Literatur mit unterschiedlichen Bedeutungen belegt. Im Einklang mit DIN 19221 und DIN 19226 werden Stellglieder hier als Funktionseinheit vor dem eigentlichen Antrieb betrachtet.

3.4 Hardwarekomponenten

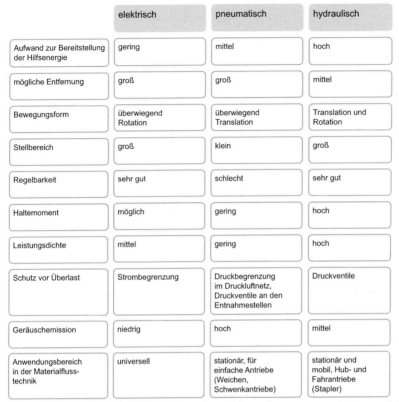

Tabelle 3.9. Vergleich einiger Eigenschaften elektrischer, pneumatischer und hydraulischer Antriebe bei Einsatz in der Materialflusstechnik (nach [25])

Elektromotoren können in folgende Gruppen eingeteilt werden:

- Wechselfeldmaschinen (Drehstrom- und Wechselstrommotoren)
- Kommutatormaschinen (Gleichstrommotoren)
- Schrittmotoren
- Linearmotoren

Für den Einsatz in der Materialflusstechnik werden die gebräuchlichen Elektromotoren in Aufbau, Funktionsweise und Betriebsverhalten kurz dargestellt. Auf eine detaillierte Darstellung der physikalischen Grundlagen elektrodynamischer Antriebe wird an dieser Stelle verzichtet. Für eine vertiefende Betrachtung sei auf [26, 32] verwiesen.

Mit Ausnahme des Linearmotors verfügen alle Motoren über ein drehbares Motorteil mit der Welle (*Rotor*) und ein nichtdrehbares Motorteil (*Stator*).

Drehstromasynchronmotor: Drehstromasynchronmotoren (DAM) sind Wechselfeldmaschinen, die direkt an dreiphasigen Drehstromnetzen betrie-

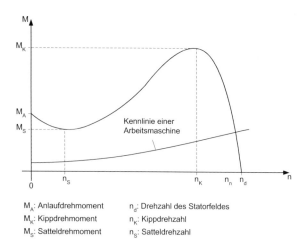

Abbildung 3.56. Kennlinie eine Drehstromasynchronmotors. Dargestellt ist das Drehmoment M über der Drehzahl n.

ben werden. Nachfolgend sind Aufbau und Funktionsweise dieser Maschinen sowie die typischen Möglichkeiten zur Drehzahl- und Momentenverstellung zusammengefasst.

Am Umfang des *Stators* eines DAM sind jeweils gegenüberliegende, paarweise miteinander verschaltete Spulenhälften angebracht, zwischen denen sich das magnetische Feld aufbaut. Die Anzahl der an einer Phasenleitung angeschlossenen Spulenpaare bezeichnet die Polpaarzahl; eine zweipolige Maschine hat die Polpaarzahl p = 1. Bei mehrpoligen Maschinen sind entsprechend mehr Spulenpaare am Stator angebracht. Üblich sind zwei- und vierpolige Maschinen mit jeweils drei bzw. sechs Spulenpaaren (bei einem dreiphasigen Netz). Durch den zeitlichen Versatz der Phasenströme von 120° an den angeschlossenen Windungen entsteht das umlaufende Drehfeld, das im Läufer einen Strom induziert, der ein Läufermagnetfeld aufbaut, das den gleichen Drehsinn wie das äußere Statorfeld besitzt.

Die Momentenerzeugung im Läufer hängt beim DAM von der Änderungsgeschwindigkeit des magnetischen Flusses zwischen Stator und Rotor ab und wird somit nur aufrechterhalten, wenn zwischen dem Statorfeld und dem induzierten Läuferfeld ein Schlupf s auftritt. Nur bei der unbelasteten Maschine entspricht die Antriebsdrehzahl damit der Frequenz des Wechselfeldes (Synchrondrehzahl n_D, siehe Abb. 3.56); im belasteten Zustand eilt das Wechselfeld der Läuferdrehung voraus, daher auch die Bezeichnung Asynchronmaschine.

Der Läufer eines DAM ist entweder als *Schleifringläufer* mit nach außen geführten Anschlüssen der Läuferwindungen oder als *Käfigläufer* ausgeführt. Käfigläufer bzw. *Kurzschlussläufer* haben keine Rotorwicklungen, sondern sind mit Profilstäben aus Kupfer, Bronze oder Aluminium versehen, die auf beiden Seiten des Läufers über Ringe verbunden sind. Käfigläufer sind damit grundsätzlich robuster und wartungsärmer als Schleifringläufer, die aufgrund der Stromzufuhr zum Rotor über Schleifkontakte – dem Kollektor – zu Störungen durch Abbrand oder Funkenentwicklung neigen. Im Anlaufpunkt nimmt ein DAM die größte Stromstärke auf, die etwa das fünf- bis siebenfache der Nennstromstärke beträgt. Zur Vermeidung von Stromstößen im Netz müssen leistungsstarke Asynchronmotoren ab etwa 4 kW mit entsprechenden Anlasshilfen ausgerüstet sein. Sollen DAM für drehzahlgeregelte Antriebe eingesetzt werden, sind ebenfalls zusätzliche Schaltungsmaßnahmen erforderlich, auf die hier nicht näher eingegangen wird[59].

Mittels einer *Frequenzstellung* durch *Frequenzumrichter* ist die Synchrondrehzahl des umlaufenden Statorfeldes und damit die Antriebsdrehzahl stufenlos und verlustleistungsarm in weiten Bereichen einstellbar. Frequenzumrichter werden zwischen Netz und Motor geschaltet, richten die Wechselspannung des Stromnetzes gleich und generieren am Ausgang des Umrichters elektronisch eine Speisespannung mit variabler Frequenz und Amplitude.

Die Zahl der eingesetzten Frequenzumrichter ist in den vergangenen Jahren aufgrund zunehmend leistungsfähiger und preiswerterer Geräte stark angestiegen. Die Kombination von Frequenzumrichtern mit Käfigläufermotoren stellt damit ein sehr günstiges und vielfältig verwendbares Antriebskonzept dar, das zunehmend auch in Anwendungsbereichen zum Einsatz kommt, die vormals nur Gleichstrommaschinen vorbehalten waren [32]. In Verbindung mit Frequenzumrichtern und hochauflösenden, an der Antriebswelle montierten Winkelgebern kommen, anstelle der ursprünglich für diesen Zweck vorwiegend eingesetzten Gleichstrommaschinen, ebenfalls DAM zunehmend zum Einsatz.

Gleichstrommotoren: Gleichstrommotoren vereinen durch ihre technische Ausführung eine Reihe von vorteilhaften Antriebseigenschaften:

- stufenlose Verstellbarkeit der Drehzahl über einen großen Bereich
- hohe Drehzahlsteifigkeit (geringe Drehzahländerung auch unter Last im ungeregelten Fall)
- guter Gleichlauf (Drehzahlkonstanz)
- hohe Dynamik (Beschleunigungsvermögen)

Demgegenüber stehen Nachteile wie der Verschleiß an den bewegten stromdurchflossenen Kontakten durch mechanische Reibung und Abbrand. Für den stationären Einsatz ist zudem eine gleichgerichtete und gut geglättete Spannung erforderlich, die durch zusätzliche Aggregate erzeugt werden muss.

---

[59] Hierzu zählen die Stern-Dreieckumschltung, Polpaarumschaltung und die Schlupfsteuerung.

Schrittmotoren: Ein Schrittmotor (engl. Stepper) ist ein Gleichstrommotor, bei dem der Rotor bei geschickter Wahl der angesteuerten Statorspulen gezielt um einen Winkel gedreht werden kann. Auf diese Weise kann man in mehreren Schritten jeden Drehwinkel, wenn er ein Vielfaches des minimalen Drehwinkels ist, anfahren. Schrittmotoren werden als präzise Stellelemente eingesetzt. Überall dort, wo man exakte Positionierungen ausführen muss, ist der Schrittmotor ein geeigneter Antrieb, da seine Bewegungen in definierten Winkelschritten ablaufen. Hiezu ist eine spezielle Ansteuerelektronik erforderlich. Abbildung 3.57 zeigt eine Ausführungsform eines Schrittmotors.

Abbildung 3.57. Ausführungsform eines Schrittmotors

Die elektrischen Kenndaten sind sehr unterschiedlich. Motoren mit Nennspannungen von 1,5 Volt bis 24 Volt bei Strömen von 0,1 Ampere bis zu mehreren Ampere sind verfügbar. Typische Schrittwinkel liegen im Bereich von 1,8 Grad bis 18 Grad. Die Geschwindigkeiten von Schrittmotoren sind eher gering, und ein schnell laufender Schrittmotor kann – insbesondere bei hoher Belastung – auch einzelne Schritte nicht ausführen.[60]

Linearmotoren: Linearmotoren arbeiten nach demselben Funktionsprinzip wie ein Drehstromasynchronmotor. Der beim DAM kreisförmig angeordnete elektrische Erregerwicklungen (Stator) werden auf einer ebenen Strecke angeordnet. Der „Läufer", der im Drehstrommotor rotiert, wird beim Linearmotor von dem längs bewegten Magnetfeld über die Fahrstrecke gezogen. Daher rührt auch die vielfach verwendete Bezeichnung Wanderfeldmaschine.

Die erforderliche Abstandshaltung zwischen Läufer und Linear-Wicklung kann beispielsweise mit Rädern, Luftkissen oder elektromagnetisch erfolgen.

Eine andere Möglichkeit zur Konstruktion eines Linearmotors ist die Abwicklung eines rotierenden Schrittmotors in die Ebene.

---

[60] Wenn dieser Fall nicht eintritt, können ohne den Einsatz eines Sensors und ohne eine Regelung definierte Winkel gedreht werden.

Ein Linearmotor kann auf eine beliebige Länge gebaut werden und so auch für Bahnantriebe eingesetzt werden. Für weiträumige Bewegungen kann der Linearmotor auch in gekrümmten Bahnen „verlegt" werden.

Fluidische Antriebe: Hydraulische und pneumatische Antriebe werden als Fahr- und Stellantriebe in der Förder- und Lagertechnik eingesetzt. Obwohl elektrische Antriebe für diese Antriebsaufgaben prinzipiell ebenfalls geeignet und verbreitet sind, weisen fluidische Aktoren in bestimmten Anwendungsfällen aufgrund ihrer konstruktiven Ausführung und kompakten Bauform wirtschaftliche und funktionale Vorteile auf. Die Funktionselemente fluidischer Antriebssysteme sind gegliedert in

- Druckerzeuger, Pumpe (Hydraulik) bzw. Kompressor und Druckluftbehälter (Pneumatik),
- Antriebe (Hubzylinder, Axial-, Radialkolbenmotoren),
- Stellglieder (Ventile zum Steuern und Regeln des Fluidstroms),
- Leitungen und Schläuche zur Übertragung des Mediums (Öl, Luft).

Die Druckluftbereitstellung pneumatischer Anlagen kann über eine zentral angeordnete Kompressoranlage erfolgen, die über Rohrleitungen betriebsweit alle dezentralen Entnahmestellen an den Verbrauchsorten versorgt. Im Gegensatz dazu ist die Druckerzeugung hydraulischer Antriebssysteme in unmittelbarer Nähe zur Antriebseinheit anzuordnen. Als Gründe sind Sicherheitsanforderungen sowie die erforderliche Hin- und Rückführung in einem geschlossenen Kreislauf zu nennen.

Bei stationären Anlagen werden elektrisch angetriebene Druckerzeuger, in hydraulisch betriebenen Fahrzeugen sowohl Elektro- als auch Vebrennungsmotoren verwendet. Kennzeichnend für hydraulische Antriebe sind die hohe Leistungsdichte (Übertragung hoher Kräfte auf kleinem Raum) und die ausgezeichnete Antriebssteifigkeit.

Typische Anwendungsbeispiele für translatorische *Hydraulikantriebe* sind Hub-Scheren-Tische und Aufzüge sowie Hubvorrichtungen an Schubmaststaplern. Hydraulische Motoren kommen als äußerst kleinbauende Rotationsmaschinen in Fahrantrieben von Staplern zum Einsatz (Radnabenmotoren). Stellglieder in fluidischen Systemen sind mechanisch und insbesondere elektrisch betätigte Wege- und Regelventile, die den Fluidstrom leiten sowie zur Strömungs- und Druckbegrenzung bzw. -regelung eingesetzt werden. Die wesentlichen Eigenschaften hydraulischer Systeme sind in Tabelle 3.10 zusammengefasst.

Pneumatische Antriebe werden bevorzugt als Stellantriebe für Schwenkvorrichtungen, Ausschleuseinrichtungen (Pusher) oder Stopper in Förderstrecken und in Sortier- und Verteilanlagen eingesetzt. Hier ist die Leistungsanforderung insgesamt geringer, zudem bestehen keine großen Anforderungen an die Präzision der Stellbewegung. Tabelle 3.11 fasst die grundsätzlichen Eigenschaften pneumatischer Systeme zusammen.

196   3. Automatisierungstechnik

Tabelle 3.10. Eigenschaften hydraulischer Antriebssysteme im Vergleich.

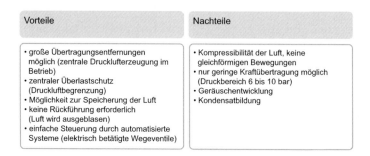

Tabelle 3.11. Eigenschaften pneumatischer Antriebssysteme im Vergleich.

Für eine weiterführende Betrachtung zu fluidischen Antrieben sei auf [54] verwiesen.

3.4.4 Automatisierungsgeräte

Automatisierungsgeräte können nach unterschiedlichen Aspekten klassifiziert werden. Tabelle 3.12 listet unterschiedliche Aspekte auf, nach denen Automatisierungseinrichtungen eingeordnet werden können.

Die Funktionsweisen und die Signalarten sind im Abschnitt 3.2 ausführlich beschrieben. Die Anwendungen sind in Form von Beispielen an unterschiedlichen Stellen in diesem Buch zu finden. Hierarchien von automatisierten Systemen werden in Abschnitt 3.8.2 behandelt. In diesem Abschnitt werden die Technologie und die Zeitaspekte betrachtet.

Die Verbindungsprogrammierten Steuerungen[61] basieren auf einem diskreten Aufbau aus Relais oder aus elektronischen Bauteilen. Die Automatisierungsfunktionen sind damit festgelegt und können nur mit großem Aufwand geändert werden. Der Erstellungsaufwand ist ebenfalls beträchtlich, insbesondere unter Berücksichtigung der meist sehr kleinen Stückzahlen – oft sogar Einzelanfertigungen. Verbindungsprogrammierte Steuerungen sind heute weitgehend von frei programmierbaren Steuerungen abgelöst.

---

[61] Diese Ausführungen gelten sinngemäß auch für Regelungen.

3.4 Hardwarekomponenten

Funktionsweise	Technologie	Anwendungen
• Verknüpfungssteuerung • Zustandautomat • Ablaufsteuerung	• verbindungsprogrammiert • zustandsprogrammiert	• Verriegelung • Zielsteuerung • Vertikalförderer • Regalbediengerät
Hierarchie	Signalart	Zeitaspekt
• Einzelsteuerung • Gruppensteuerung • Leitsteuerung	• binär • digital • analog	• synchron • asynchron

Tabelle 3.12. Merkmale von Automatisierungsgeräten

Die frei programmierbaren Steuerungen können auf einem geeigneten Computer oder auf einer speziell für diese Einsatzfälle entwickelte Hardware, den so genannten Speicherprogrammierbaren Steuerungen (SPS), betrieben werden. In beiden Fällen sind robuste Ein- / Ausgabebaugruppen erforderlich, um die Sensoren und Aktoren anzukoppeln. Abbildung 3.58 zeigt die Entwicklung der Automatisierungsgeräte.

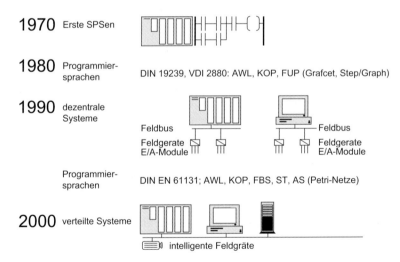

Abbildung 3.58. Entwicklung der Automatisierungsgeräte.

Die folgenden Abschnitte behandeln die unterschiedlichen Technologien. Im Bereich der Intralogistik werden fast ausschließlich digitale Automatisierungsgeräte eingesetzt.[62]

---

[62] Analogrechner werden in der Intralogistik praktisch nicht verwendet.

3.4.5 Verbindungsprogrammierte Steuerungen

Verbindungsprogrammierte Steuerungen (VPS) sind festverdrahtete oder festprogrammierte Steuerungen für definierte Automatisierungsaufgaben, die in der Regel nicht geändert oder angepasst werden können. Bevorzugte Anwendungen umfassen daher kleinere Steuerungsaufgaben mit nur wenigen Ein- und Ausgängen sowie Sicherheitsfunktionen (Not-Halt, Endschalter). Sie werden diskret beispielsweise aus Relais aufgebaut und können daher nur für die binäre Signalverarbeitung eingesetzt werden.

3.4.6 Speicherprogrammierbare Steuerungen

Speicherprogrammierbare Steuerungen (SPS)[63] werden zum Steuern von prozessnahen Abläufen eingesetzt.

Die Steuerungsfunktionen sind als Programmcode hinterlegt, der entweder freiprogrammierbar (Software) oder austauschprogrammierbar (Firmware, EPROM-Module[64]) und damit auch nachträglich mit geringem Aufwand änderbar sind.

Zur Gruppe der Speicherprogrammierbaren Steuerungen werden neben den gleichnamigen Automatisierungsgeräten auch Steuerungen auf Basis von *Industrie-PC* (IPC) mit einer Laufzeitumgebung, die ein SPS-Verhalten nachbildet, gerechnet. Diese Geräte sind auch unter der Bezeichnung „Soft-SPS" bekannt.

Die DIN-Norm DIN-EN-IEC 61131 definiert eine Speicherprogrammierbare Steuerung als

> „ein digital arbeitendes, elektronisches System für den Einsatz in industriellen Umgebungen mit einem programmierbaren Speicher zur internen Speicherung der anwenderorientierten Steuerungsanweisungen zur Implementierung spezifischer Funktionen wie beispielsweise Verknüpfungssteuerung, Ablaufsteuerung, Zeit-, Zähl- und arithmetische Funktionen, um durch digitale oder analoge Eingangs- und Ausgangssignale verschiedene Arten von Maschinen und Prozessen zu steuern."

Als Kernstück in industriellen Automatisierungssystemen finden SPS seit langem Einsatz; sie zeichnen sich durch Zuverlässigkeit und Robustheit aus. Durch einen modularen Aufbau und vielfältige Konfigurationsmöglichkeiten eignet sich die SPS für unterschiedlichste Einsatzfälle. Zudem sind die Geräte kostengünstig einsetzbar sowie leicht verständlich in der Handhabung und Bedienung.

---

[63] engl.: Programmable Logic Controller (PLC)
[64] *engl.: Erasable and Programmable Read Only Memory*, Bezeichnung für Nur-Lese Datenspeicher, beispielsweise durch UV-Licht löschbar

3.4 Hardwarekomponenten

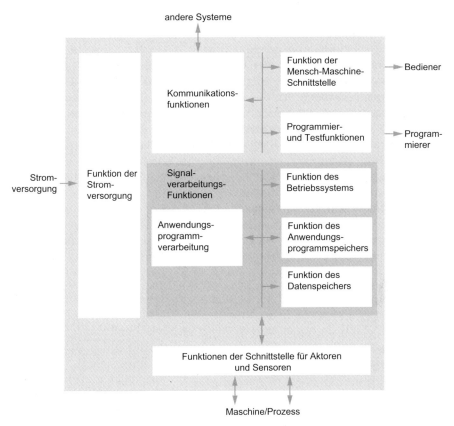

Abbildung 3.59. Funktionsmodell einer Speicherprogrammierbaren Steuerung nach DIN 19226.

Die SPS kommt vor allem zur Automatisierung ablaufgesteuerter Prozesse zum Einsatz. Heutige Speicherprogrammierbare Steuerungen sind die Nachfolger reiner Verknüpfungssteuerungen, die ursprünglich als Relaissteuerungen aufgebaut waren. 1968 ist das erste SPS-Konzept von einer Gruppe von Ingenieuren bei General Motors entwickelt worden; seit 1979 sind Steuerungen der Siemens-Baureihe SIMATIC S5, später auch der Nachfolgebaureihe S7, weltweit im Einsatz und haben sich in vielen Bereichen als Industriestandard etabliert.

Systemstruktur: In ihrer Grundstruktur besteht eine SPS aus den folgenden Funktionsgruppen:

Stromversorgung: Speist das Gerät aus der Netzspannung und sichert es gegen Überlastung ab.

Kommunikationsfunktionen: Ermöglichen dem Bediener einer Anlage und den übergeordneten Systemen, Aufträge einzupflegen und alle Funktionen der Anlage zu nutzen. Die Programmierung der SPS erfolgt über ein externes Programmiergerät, das ebefalls die Kommunikationsfunktion der SPS nutzt.

Schnittstellen: Über Ein-/Ausgabebausteine und Schnittstellenprozessoren ist eine SPS mit dem zu steuernden Prozess sowie mit überlagerten Systemen verbunden. An diesen Schnittstellen werden Sensorwerte ausgelesen, Aktoren angesteuert und Prozesszustände an Leitrechner übermittelt sowie Führungsvorgaben von dort übernommen.

Signalverarbeitung: Den Kern der SPS bildet die Signalverarbeitung in der CPU[65], in der die Eingangssignale verarbeitet, die logischen Verknüpfungen der Steuerung zyklisch berechnet und an die Ausgangsbaugruppen übermittelt werden.

Speicherfunktionen: Funktionen zur Ablaufsteuerung stehen in direkter Verbindung zur *Speicherfunktion*, Daten der Kommunikations- und Schnittstellenfunktionen werden dort ausgewertet und neue Werte berechnet.

Aufbau: Ein SPS-System ist, wie beschrieben, in Modulbauweise ausgeführt, um den Tausch bestimmter Module mit den darin integrierten Funktionalitäten zu erleichtern. In der Regel werden alle Module auf einem Trägerrahmen montiert, der diese untereinander verbindet und zugleich auch die Versorgungsspannung bereitstellt. Dieses geschieht durch den an der Rückwand installierten Systembus.

Die *Prozessorbaugruppe* besteht aus einem oder mehreren Prozessoren, internen Registern (Merkern) sowie einem Speicher für das Programm und das so genannte *Prozessabbild*. Daneben stellt diese Baugruppe auch die Anschlussmöglichkeiten für externe Geräte wie Programmier-, Bedien- und Ausgabegeräte zur Verfügung.

In den *Eingangsbaugruppen* werden binäre Signale von Gebern für die weitere Signalverarbeitung aufbereitet. Jeder Eingang ist mit einem Opto-Koppler vom internen System galvanisch getrennt und zur sicheren Signalerkennung mit einem Verzögerungsbaustein versehen, um Fehlauslösungen, beispielsweise bedingt durch „prellende" Taster oder Schalter, zu vermeiden.

Die *Ausgangsbaugruppen* liefern die von der Zentraleinheit errechneten Binärsignale nach außen. Auch hier ist jeder Ausgang mit einem Opto-Koppler galvanisch vom System getrennt. Schutzschaltungen gegen Überlastung sind zumeist integriert, und größere Leistungen lassen sich durch Koppel-Relais oder Leistungsschalter auf Halbleiterbasis[66] schalten.

Zu den *Sonderbaugruppen* zählen analoge Ein-/Ausgangsmodule. Eingehende Analogwerte werden hier durch A/D-Wandler für die interne digitale Verarbeitung konvertiert, umgekehrt werden Digitalwerte durch D/A-Wandler wieder in die benötigte Analogspannung gewandelt.

---

[65] *Central Processing Unit*, Recheneinheit
[66] Als Leistungsschalter werden Transistoren, Thyristoren und Triacs eingesetzt.

3.4 Hardwarekomponenten

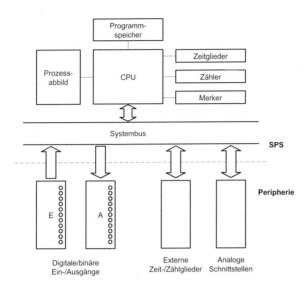

Abbildung 3.60. Funktionale Komponenten einer Speicherprogrammierbaren Steuerung

Weitere Baugruppen sind Zählermodule für schnell ablaufende Ereignisse, Anzeigemodule, Computer-Koppelmodule, Diagnosemodule sowie Buskoppler für die verschiedenen *Feldbussysteme*.

Funktionsweise und Programmierung:
Alle Speicherprogrammierbaren Steuerungen arbeiten die hinterlegten Programme *zyklisch* ab. Abbildung 3.61 zeigt den Ablauf eines SPS-Programmes.

Abbildung 3.61. Zyklische Arbeitsweise einer SPS.

Nach dem Start werden zunächst die internen Zustände der SPS initialisiert. Zu Beginn eines Zyklus wird aus den Eingangssignalen ein *Prozessabbild* im Speicher der SPS angelegt, welches anschließend von dem Programm verarbeitet und an die Ausgänge übermittelt wird. Das Prozessabbild wird vor jedem Programmzyklus einmalig aktualisiert und bleibt während eines Programmdurchlaufes unverändert, um Inkonsistenzen durch zwischenzeitliche Änderungen der Eingangssignale zu vermeiden. Vor der Ausführung des Programmes können noch Änderungen der Eingangssignale gegenüber dem letzten Zyklus ermittelt werden.[67] Bevor ein neuer Zyklus startet, werden alle Ausgänge auf die berechneten Werte gesetzt. Hierdurch werden ebenfalls mögliche Inkonsistenzen auf der Ausgangsseite vermieden.

Diese Verfahrensweise arbeitet zwar sehr schnell, birgt aber das Problem unterschiedlicher Laufzeiten pro Zyklus, da innerhalb der Software auch Verzweigungen programmiert sein können, die – abhängig von den Eingangssignalen – zu unterschiedlichen Zykluszeiten führen können. Durch eine feste Zykluszeit kann dieser Effekt vermieden werden. In diesem Fall startet jeder Zyklus *genau* nach der Zeit[68] T nach dem Start des letzten Zyklus. In der Zeit T muss das Programm mit der längsten Ausführungszeit abgearbeitet werden können.

Die Software einer SPS kann sehr unterschiedlich – oft sogar herstellerspezifisch – strukturiert und programmiert sein. Um diese Vielfalt zu beherrschen, sind in der DIN-EN-IEC 61131-3 Programmiersprachen für die Automatisierungstechnik genormt. Näheres hierzu in Abschnitt 3.6.

3.4.7 Rechnersteuerungen

Unter dem Begriff *Prozessrechner* sind alle Arten mikroprozessorbasierter Systeme vereint, die in der Automatisierungstechnik zur Steuerung und Prozessführung eingesetzt werden. Die SPS (siehe Abschnitt 3.4.6) stellt in diesem Sinn eine Ausprägung von Prozessrechnern dar. Es existiert eine Vielzahl weiterer Rechnersysteme, die in teilweise sehr speziellen Bereichen der Steuerung zur Anwendung kommen.[69]

Als Prozessrechner werden allgemein frei programmierbare Digitalrechner mit folgender grundlegender Funktionalität bezeichnet:

- Zeitgerechte, echtzeitfähige[70] Datenerfassung, -verarbeitung und -ausgabe
- Ein- und Ausgabe von Prozesssignalen als elektrische Signale
- Einzelbitverarbeitung

Die Architektur von Prozessrechnern ist ähnlich und besteht aus einem oder mehreren Prozessoren, Speicherbausteinen, Daten- und Adressbus sowie E/A-Modulen zur Kopplung der Peripherie.

---

[67] Diese Art der Ermittlung der Zustandsänderung wird auch *Flankendetektion* genannt.
[68] Typische Zeiten für eine Zyklusdauer liegen in der Größenordnung von 10 ms.
[69] Derartige Systeme werden oft in ein Produkt, wie beispielsweise in ein komplexes Sensorsystem oder in eine Weiche, integriert und sind unter dem Begriff *Embedded System* bekannt.
[70] Die DIN 44300 definiert Echtzeitfähigkeit als den „Betrieb eines Rechensystems, bei dem Programme zur Verarbeitung anfallender Daten ständig derart betriebsbereit sind, dass die Verarbeitungsergebnisse innerhalb einer vorgegebenen Zeitspanne verfügbar sind."

Unterschieden wird die bauliche Ausführung in Form von

- Ein-Chip-Rechnern (Mikrocontroller, Embedded Systems),
- Ein-Platinen-Mikrocomputern und
- Industrie-PC, Einschubcomputern.

Ein-Chip-Rechner vereinen als integrierte Mikrocontroller alle Gerätebestandteile (Prozessorkern, Programm- und Arbeitsspeicher, E/A-Bausteine sowie A/D-Wandler, Zähl- und Zeitglieder) in einem Chipgehäuse, das Anschlusskontakte für die Stromversorgung, Signalleitungen und gegebenenfalls eine serielle Schnittstelle zur *In-Circuit-Programmierung* besitzt. Aufgrund der Baugröße ist der Speicherplatz für Programm- und Arbeitsspeicher begrenzt und liegt typischerweise in einem Bereich zwischen einem und einigen hundert KByte. Anwendungsfelder für Mikrocontroller sind beispielsweise gerätenahe Steuerungsfunktionen in Sensoren und Stellgliedern oder die Verwendung als Kommunikationsbaustein für Feldbusanschaltungen.

Ein-Platinen-Computer werden sowohl auf einem Mikrocontroller basierend als auch diskret, aus einzelnen integrierten Schaltkreisen aufgebaut. Neben den eigentlichen Rechnerkomponenten sind auf der Platine[71] zusätzlich die Signalperipherie zur Pegelanpassung und Schnittstellen für den Anschluss als Einschubmodul oder Schraubkontakte zur freien Verdrahtung montiert. Die Leistungsfähigkeit von Ein-Platinen-Computern ist nicht zuletzt durch hochintegrierte Prozessor- und Speicherbausteine mit derjenigen moderner PC vergleichbar. Ein-Platinen-Computer sind ebenfalls Basissysteme für Klein-SPS.

Industrie-PC sind funktional vergleichbar mit handelsüblichen Personal-Computern. Gehäuse und Komponenten sind allerdings auf die höheren Anforderungen bezüglich der betrieblichen Umgebungsbedingungen und der Rechnerverfügbarkeit abgestimmt. Die Signalperipherie wird über Steckkarten mit dem PC verbunden, durch die mit einer SPS vergleichbare Anschaltmöglichkeiten hergestellt werden können.

Der Einsatzbereich von Industrie-PC reicht von rein dispositiven Funktionen der Auftragssteuerung und der Prozessüberwachung unterlagerter Steuerungen bis hin zur unmittelbaren Kontrolle prozessnaher Abläufe durch direkt mit dem PC verbundene Sensoren und Aktoren. Während in den ersten beiden Fällen allerdings keine deterministischen Prozessreaktionszeiten im Bereich weniger Millisekunden erforderlich sind und daher keine besonderen Anforderungen an das Zeitverhalten des installierten Betriebssystems gestellt werden müssen, ist die Verwendung eines *echtzeitfähigen* Betriebssystems in zeitkritischen Anwendungen der prozessnahen Steuerung unabdingbar.

Die heutigen Rechner basieren auf einem im Jahre 1946 von John von Neumann[72] vorgeschlagenen Konzept. Danach besteht ein Rechner aus den Funk-

---

[71] Als Platine wird eine Leiterplatte als Träger elektronischer Bauelemente bzw. Baugruppen, die über Leiterbahnen elektrisch miteinander verbunden sind, verstanden.
[72] John von Neumann (*1903 †1957)

tionseinheiten Steuerwerk, Rechenwerk, Speicher, Eingabewerk und Ausgabewerk. Abbildung 3.62 zeigt die Funktionseinheiten und ihre Interaktionen.

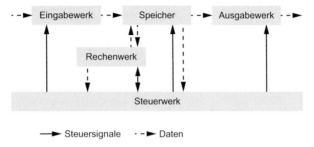

Abbildung 3.62. Funktionseinheiten eines Von-Neumann-Rechners

Die Struktur des Von-Neumann-Rechners ist unabhängig von den zu bearbeitenden Problemen. Zur Lösung eines Problems muss ein *Programm* im Speicher abgelegt werden. Programme und Daten werden in demselben Speicher abgelegt. Jedes Programm besteht aus einer Folge von Befehlen, die sequenziell im Speicher abgelegt werden. Das Ansprechen des nächsten Befehls geschieht durch das Steuerwerk. Durch Sprungbefehle kann die Bearbeitung der Befehle in der gespeicherten Reihenfolge abweichen. Abbildung 3.63 zeigt das Prinzip der Befehlsdekodierung und Ausführung. Dabei wird – unter Berücksichtigung der Sprungbefehle – immer der Befehl ausgeführt, dessen Adresse im Programmzähler steht.

Dieser Ablauf kann unterbrochen werden, wenn eine so genannte Interrupt-Anforderung vorliegt (siehe Seite 208).

Betriebssystem: Ein Betriebssystem ist ein Programm eines Computersystems, das alle Komponenten verwaltet und steuert sowie die Ausführung von Programmen veranlasst. Es stellt eine Abstraktionsschicht dar, die den direkten Zugriff von Anwenderprogrammen auf die Hardware eines Rechners vermeidet und ihre gesamten Aktivitäten koordiniert.

Mit dem Begriff *Betriebssystem* (BS) werden seit dem Aufkommen der Personal-Computer Anfang der 80er Jahre oft Eigenschaften des Dateisystems, Netzwerkfähigkeiten und insbesondere Konzepte der Bedienoberfläche assoziiert. Ein Betriebssystem beinhaltet aber viele weitere elementare Funktionen, die einem Anwender meist verborgen bleiben. Die Kenntnis der grundsätzlichen Prinzipien eines Betriebssystems ist für das gesamte Gebiet der Automatisierungstechnik sinnvoll. In diesem Abschnitt werden die Grundprinzipien der Betriebssysteme kurz erläutert. Für weitergehende Informationen siehe [45].

Aufgaben Ein Betriebssystem bildet eine Softwareschicht, die Anwenderprogramme von dem direkten Zugriff auf die Hardware abschirmt. Die Aufgaben

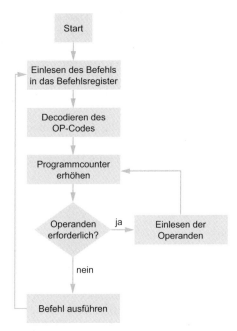

Abbildung 3.63. Dekodierung und Ausführung der Befehle durch das Steuerwerk

eines Betriebssystems bestehen in der Bereitstellung von *Betriebsmitteln* (Resources) und *Diensten* (Services) unter Nutzung der Hardware. Beispiele für Betriebsmittel sind Drucker, Barcodeleser, aber auch der Speicherplatz auf einer Festplatte oder ein Kommunikationskanal. Die Aufgaben eines Betriebssystems sind im Wesentlichen:

- Parallelbetrieb mehrerer Anwenderprogramme (*Multiprogramming*).
- Realisierung von definierten zeitlichen Abhängigkeiten zwischen verschiedenen Anwenderprogrammen (*Synchronisation*)
- Zurverfügungstellung allgemein verwendbarer Programmbibliotheken (*Bibliotheken, Libraries*)
- Bereitstellung eines einheitlichen Ein-/Ausgabe-Systems (*Virtuelles I/O-System*)
- Bereitstellung einer Speicherverwaltung (*Virtueller Speicher*)
- Schutz der Anwenderprogramme gegen Fehler in anderen Anwenderprogrammen
- Unterstützung unterschiedlicher Benutzer mit benutzerspezifischen Rechten und mit gegenseitigem Schutz (*Multiuser*)

Zusammenfassend können die Aufgaben eines Betriebssystems als

„Präsentation eines logischen Rechners (*virtuelle Maschine*) mit anwendungsnahen Schnittstellen auf logisch hohem Niveau" definiert werden. Das Prinzip der virtuellen Maschine als Abstraktionsschicht zwischen Hardware und Anwenderprogrammen kann noch weiter verfeinert werden. So arbeiten viele der modernen Betriebssyteme mit einer so genannten Hardware-Abstraktionsschicht (HAL: Hardware Abstraction Layer), die es dem Hersteller eines Betriebssystems erleichtert, sein Produkt mit wenig Aufwand auf unterschiedliche Hardware zu portieren.

Prinzipien: In diesem Abschnitt werden die grundlegenden Prinzipien und Komponenten von Betriebssystemen vorgestellt. Als weiterführende Literatur wird auf die zahlreichen Bücher zum Thema BS – wie beispielsweise [43], [45] oder [52] – verwiesen.

Eine wesentliche Grundfunktion jedes Betriebssystems ist die Verwaltung unterschiedlicher Hardware. Diese wird üblicherweise in folgende Kategorien eingeteilt:

- Speicher (Hauptspeicher, Memory): Das ist der physische Speicher, in dem Daten und Programme zur Laufzeit abgelegt werden.
  Die Hardware unterstützt eine dynamische Einteilung in Read-Only- und in Read-Write-Bereiche. Eine *MMU* (Memory Management Unit) überwacht den Read-Only-Bereich permanent auf schreibende Zugriffe, verhindert diese und löst bei Verletzung einen Interrupt aus, der dann das Betriebssystem veranlasst, das verursachende Programm zu beenden. Weitergehende Schutzmechanismen, die beispielsweise den Zugriff auf Speicherbereiche anderer Programme verhindern[73] und die Zuteilung des Speichers an die Programme selbst müssen vom Betriebssystem bereitgestellt werden. Ein bewusster, durch das Betriebssystem kontrollierter Zugriff unterschiedlicher Programme auf den gleichen Speicherbereich sollte jedoch unterstützt werden.
- Prozessoren (CPU, Central Processing Unit): Hier findet die Ausführung der im Speicher befindlichen Programme statt. Neuere Hardware unterstützt mehrere CPUs, die vom Betriebssystem verwaltet werden müssen. Moderne Prozessoren verfügen über eingebaute Cache-Speicher, in denen häufig referenzierte Anweisungen und Daten für einen schnellen Zugriff zwischengespeichert werden. Die Leistungsfähigkeit einer CPU wird oft durch die Anzahl der ausführbaren Instruktionen pro Zeiteinheit und durch eine Taktrate angegeben. Derartige Kennzahlen stellen aber nur *einen* Parameter für die Beurteilung der Leistungsfähigkeit einer Hardware dar. Diese ergibt sich aus dem Zusammenspiel aller Komponenten und ist für die Beurteilung aus Sicht eines Betreibers ohne Berücksichtigung der Betriebssystemeigenschaften und der Eigenschaften der Anwenderprogramme auch

---

[73] Allein die Möglichkeit des lesenden Zugriffs auf Speicherbereiche fremder Programme ist aus Sicht des Datenschutzes unbedingt zu vermeiden. Ein schreibender Zugriff kann zu Sabotagezwecken missbraucht werden.

nicht aussagekräftig. Stattdessen setzt man Benchmarks[74] ein, um die Leistungsfähigkeit für eine Klasse von Einsatzfällen zu ermitteln.
- Geräte (Devices): Hierunter werden folgende Gerätegruppen zusammengefasst:
  - Schnittstellen: Beispiele sind parallele und serielle Schnittstellen wie RS232 oder USB.
  - Netzwerk: Zugriff auf lokale und/oder Weitverkehrs-Netzwerke zur Rechnerkommunikation über unterschiedliche Medien.
  - Massenspeicher: Massenspeicher mit *wahlfreiem* Zugriff[75] wie Festplatten, CD-ROM und DVD, welche auf rotierenden Medien basieren und solche, die keine mechanisch beweglichen Teile enthalten, wie beispielsweise Flash-Media-Karten oder USB-Sticks.

  Ein Kriterium für die Klassifizierung von Massenspeichern ist die Auswechselbarkeit der Speichermedien. Diese Eigenschaft ist insbesondere für Archivierungen, aber auch für den Import und den Export von Daten sowie für die Anfertigung von Sicherungskopien sinnvoll.
  - Bildschirm: Bildschirme werden im Allgemeinen über so genannte Grafik-Karten angesteuert. Hierbei handelt es sich um Subsysteme, die eine hohe Datenrate von der CPU empfangen. Auf diesen Daten können die Grafik-Karten selbstständig komplexe Operationen ausführen. Die Funktionsweise des Bildschirms ist aus der Sicht der Rechners nicht relevant.
- Uhr (Clock): Die Uhr stellt ein spezielles Gerät dar, dem eine besondere Bedeutung zukommt. Sie löst zyklische Unterbrechungen (*Interrupts*) aus, die das Betriebssystem veranlassen, bestimmte Aufgaben zu erfüllen. Zusätzlich dient die Uhr der Bestimmung des aktuellen Datums und der aktuellen Zeit. Hierzu stellen Betriebssysteme weitere Dienste, welche die Zeitzonen und ggf. die Sommerzeit berücksichtigen, Prozesse zeitgesteuert aktivieren (Timer) und die Rechneruhren in verteilten Systemen synchronisieren, zur Verfügung.

  Die Uhrenproblematik trat zur letzten Jahrtausendwende durch das so genannte „Jahr-2000-Problem" (y2k-Problem) in das Bewusstsein einer breiten Öffentlichkeit. Die Ursache dieses Problems lag in der zweistelligen Darstellung der Jahreszahl und betraf fast ausschließlich die Software mit Ausnahme der Rechner, deren Hardwareuhren die Jahreszahl ebenfalls so darstellten. Neuere Hardwareuhren werden durch einen unstrukturierten Zähler dargestellt, dessen Wert die Anzahl von Zeiteinheiten darstellt, die seit einem bestimmten Basiszeitpunkt vergangen sind. Da in zunehmendem Maße auch in der Automtisierungstechnik verteilte Systeme eingesetzt

---

[74] Benchmarks sind in diesem Zusammenhang definierte Testläufe von ausgewählten Programmen einer oder mehrerer Kategorien von Applikationen mit definierten Eingabedaten unter einem konkreten Betriebssystem auf einer spezifizierten Hardware. Ziele sind unter anderem die Ermittlung der Antwortzeiten und des mittleren Durchsatzes.

[75] Unter einem wahlfreien Zugriff versteht man, dass ein Programm jederzeit die Möglichkeit hat, auf einen beliebigen Bereich auf diesem Medium zuzugreifen.

werden, kommt den Uhren eine besondere Bedeutung zu, wenn die Uhrzeit in Form eines Zeitstempels zwischen den Rechnern übertragen wird. Bei unsynchronisierten Uhren kann es zu Kausalitätsverletzungen kommen. So kann beispielsweise ein Behälter nacheinander zwei Lichtschranken L1 und L2 durchlaufen. Wenn L1 und L2 an unterschiedlichen Rechnern angeschlossen sind, kann ein dritter Rechner die Signale aufgrund unterschiedlicher Laufzeiten in beliebiger Reihenfolge erhalten. Wenn die Signale mit korrekten Zeitstempeln übertragen werden, kann die Reihenfolge wiederhergestellt werden[76].

Jedes Anwenderprogramm wird unter der Kontrolle eines Betriebssystems ausgeführt und ist einem *Prozess* zugeordnet. Ein Prozess wird auch als *Task* bezeichnet und beinhaltet außer dem Anwenderprogramm auch Informationen über seinen aktuellen Zustand sowie den Ressourcenbedarf und die aktuelle Ressourcenzuteilung. Tasks können zeitlich sequenziell oder *nebenläufig* ausgeführt werden. Nebenläufigkeit bedeutet, dass eine zeitlich parallele Bearbeitung erfolgen kann, jedoch nicht zwangsweise muss. Diese zeitliche Parallelität kann auch nur für einige Zeitintervalle erfolgen, streng zyklisch wechseln oder über die gesamte Laufzeit einer Task vorliegen. Da diese zeitlichen Abläufe in einem dynamischen System mit nichtdeterministischen äußeren Ereignissen nicht vorhersagbar sind, wird in diesem Zusammenhang der Begriff der Nebenläufigkeit verwendet.

Lösungen für die Automatisierung sind aus softwaretechnischer Sicht komplexe Systeme, die aus mehreren, teilweise nebenläufigen Tasks bestehen, die untereinander Daten austauschen, sich gegenseitig Dienste bereitstellen und ihren Programmfluss an definierten Stellen synchronisieren. In neuerer Zeit hat sich sowohl für einzelne Anwenderprogramme als auch für komplexere Programmsysteme der Oberbegriff der *Applikation* etabliert. In diesem Sinne ist der Einsatz in der Automatisierung eine Applikation.

Interrupt-Bearbeitung: Ein Interrupt ermöglicht eine schnelle Bearbeitung einer Anforderung. Typische Anforderungen sind Ein-/Ausgangssignale von Sensoren, Scanner, Tastatur, Maus, Netzwerk- und Festplattencontroller. Das Betriebssystem selbst nutzt den Interrupt eines internen Zeitgebers zum Umschalten zwischen nebenläufigen Programmen.

In automatisierungtechnischen Anwendungen eines Rechners kann ebenfalls ein Interrupt genutzt werden. Da Ablaufsteuerungen zyklisch arbeiten, kann bei schnell ablaufenden Prozessen die Reaktion auf ein Ereignis nicht immer rechtzeitig erfolgen. Eine Verkürzung der Zykluszeit kann meist nur durch zusätzlichen Aufwand bei der Hardware erreicht werden und würde das Problem im Allgemeinen lediglich verschieben. Bei neuen Anforderungen müsste die Hardware wieder aufgerüstet werden. Da eine sehr schnelle Reaktion nicht auf alle Ereignisse, sondern meist nur auf ein oder einige wenige

---

[76] Für dieses Uhrenproblem existieren außer der Uhrensynchronisation noch andere Verfahren (siehe zum Beispiel [50]).

Ereignisse erfolgen muss, kann für diesen Fall die laufende Bearbeitung unterbrochen werden. Dieses Prinzip einer *asynchronen* Bearbeitung eines Ereignisses nennt man *Interrupt*. Nach der Bearbeitung eines Interrupts durch eine Interrupt-Service-Routine (ISR) wird die Bearbeitung des unterbrochenen Programms an der Stelle der Unterbrechung fortgesetzt. Bild 3.64 zeigt das Prinzip des Interrupts als Sequenz-Diagramm.

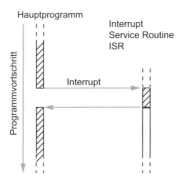

Abbildung 3.64. Sequenzdiagramm für eine Programmunterbrechung durch einen Interrupt

Wenn ein Programm Interrupts nutzt, muss der Programmierer beachten, dass ein Interrupt jederzeit eintreffen kann und dass sich nach der Bearbeitung eines Interrupts die Werte von Variablen geändert haben können. Das folgende Beispiel zeigt eine Operation auf einem Stack, die von einem Interrupt unterbrochen wird[77].

```
Hauptprogramm              Interrupt-Service-Routine (ISR)
  ...                        ...
  i: sp := sp + 1;           j: y := stack[sp];
i+1: stack[sp] := x;       j+1: sp := sp -1;
  ...                        ...
```

In diesem Beispiel führt das Hauptprogramm eine *push*-operation auf *stack* aus, während die ISR auf *stack* eine *pop*-Operation ausführt. Wenn der Interrupt so ausgelöst wird, dass die ISR genau zwischen den Zeilen i und $i+1$ des Hauptprogramms ausgeführt wird, wird der Wert der Variablen y nach der Anweisung j der ISR falsch und der Wert der Variablen x überschreibt den letzen Stackeintrag.[78]

---

[77] Für das Verständnis dieses Beispiels sind grundlegende Kenntnisse der Programmierung erforderlich. Vor jeder Anweisung ist eine Zeilennummer gefolgt von einem Doppelpunkt angegeben.

[78] Das führt bei einem zu Beginn leeren Stack zu einem Schreiben auf eine unerlaubte Adresse und kann weitere schwerwiegende Folgen haben.

Ein weiteres typisches Beispiel ist die Abfrage des Wertes einer Variablen. Wenn in einem Programm anschließend eine bedingte Anweisung erfolgt, deren Bedingung von diesem Variablenwert abhängt, kann sich der Wert dieser Variablen inzwischen geändert haben. Damit ist möglicherweise eine zuvor geprüfte Bedingung nicht mehr wahr:

```
Hauptprogramm              Interrupt-Service-Routine (ISR)
...                        ...
if (a <> 0) {              a := 0;
  b := 1 / a;              ...
  ...
}
...
```

Je nach dem Zeitpunkt des Interrupts kann in obigem Beispiel eine Division durch Null auftreten, obwohl die Bedingung $a \neq 0$ zuvor getestet wurde. Hier muss entweder sichergestellt werden, dass die ISR nicht auf gemeinsamen Variablen arbeitet, oder der Zugriff auf gemeinsame Variable muss geschützt werden. Da sich gemeinsame Variablen im Allgemeinen nicht vermeiden lassen, muss der *wechselseitige Ausschluss* zwischen dem Hauptprogramm und der ISR zugesichert werden. Folgende grundlegenden Methoden.[79] zur Realisierung des wechselseitigen Ausschlusses sind möglich:

- Abschaltung des Interrupts für die Dauer des kritischen Abschnitts.
- Einsatz von Sperr- und Warnvariablen nach dem Algorithmus von Dekker.[80]
- Nutzung von Semaphoren nach Dijkstra[81].
- Konstrukte, die in die jeweilige Programmiersprache integriert sind und meist auf der Anwendung von Semaphoren beruhen. Hierzu zählen insbesondere die Monitor-Konzepte nach Hoare[82] und Mesa[83].

Neben der Bearbeitung von Interrupts ist auch das Auslösen von Interrupts zu betrachten. Grundsätzlich können Interrupts durch die Hardware oder durch Hardwarebaugruppen oder durch die Betriebs- und die Anwendungssoftware ausgelöst werden. Abbildung 3.65 zeigt den prinzipiellen Anschluss eines Barcode-Scanners über eine Schnittstelle an einen PC. Wenn der Scanner einen Barcode liest, werden die Daten an den Schittstellenbaustein übertragen.

Dieser signalisiert einem weiteren Hardwarebaustein – dem Interrupt Controller – ein Ereignis. Darauf hin unterbricht der Interrupt-Controller den

---

[79] Diese Methoden werden hier nur erwähnt und nicht weiter behandelt, siehe hierzu beispielsweise [45].
[80] Dekker, niederländischer Informatiker
[81] Edsger Wybe Dijkstra, niederländischer Informatiker (*1930 †2002)
[82] Charles Antony Richard Hoare, britischer Informatiker (*1934)
[83] Der Mesa-Monitor wurde Ende der 1970er Jahre von einer Gruppe bei Xerox entwickelt.

3.4 Hardwarekomponenten

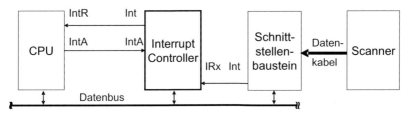

Abbildung 3.65. Unterbrechung der CPU durch einen von einem Scanner ausgelösten Interrupt.

Programmablauf der CPU. Der aktuelle Zustand des Rechners[84] wird auf einen Stack kopiert und die CPU bearbeitet ein anders Programm – die Interrupt Service Routine (ISR). Die Startadresse dieser ISR wird vom Betriebssystem geliefert und ist auf fest vereinbarten Adressen in der so genannten *Interrupt Vektor Tabelle* abgelegt.[85] Nach Abarbeitung der ISR wird der zuvor auf dem Stack gesicherte Systemzustand wieder geladen und das zuvor bearbeitete Programm an der richtigen Stelle fortgesetzt.

Merkmal	Ausprägung (Klassen)
Art der Messgröße	physikalische Größen wie beispielsweise Masse, Beschleunigung, Länge, Winkel, Geschwindigkeit und Drehzahl oder Anwesenheit und Identität von Objekten.
Dimension	0-, 1-, 2- oder 3-dimensional
Erfassung der Messgröße	taktil, nicht taktil
Messprinzip	direkt, indirekt
Messverfahren	optisch, mechanisch, magnetisch, induktiv, akustisch, strahlungs- und radioaktiv-basiert
Darstellung der Messgröße	zeitkontinuierlich oder zeitdiskret, wertkontinuierlich oder wertdiskret

Tabelle 3.13. Beispiel einer Interrupt Vektor Tabelle

Die Familie der Prozessoren der Firma Intel unterstützen 256 Interrupts. Viele davon werden für Software Interrupts benutzt. Der Vektor hat eine feste Hauptspeicheradresse und eine feste Größe. Die Reihenfolge der Einträge in dieser Tabelle ist dabei von Betriebssystem zu Betriebssystem unterschiedlich. Die Prinzipien sind innerhalb einer Prozessorfamilie gleich. Tabelle 3.13

---

[84] Hierzu zählen im Wesentlichen der Programmzähler und die Resister der CPU
[85] Dieses häufig eingesetzte Prinzip wird auch *Vektor-Interrupt* genannt.

zeigt eine solche Tabelle, wie sie typischerweise von PC-Betriebssystemen zur Verfügung gestellt wird.

3.5 Kommunikation in der Automatisierung

Automatisierungsgeräte werden im Allgemeinen in eine Umgebung integriert, die eine Kommunikation mit anderen Geräten erfordert. Die Kommunikationspartner können so genannte intelligente Feldgeräte, andere Automatisierungsgeräte der gleichen oder einer höheren oder niedrigeren Hierarchiestufe sowie übergeordnete Rechnersysteme sein (siehe Abschnitt 3.8.2). Die folgenden Abschnitte behandeln die Kommunikation aus Sicht der Automatisierungtechnik. Für die Vertiefung dieses Gebietes sei auf die Spezialliteratur – beispielsweise [46] – verwiesen.

3.5.1 Prinzipien der Kommunikation

In der Automatisierungstechnik hat sich der Begriff *Telegramm* für standardisierte Datensätze, die zwischen Automatisierungsgeräten ausgetauscht werden, etabliert. Höhere Kommunikationslevel bieten *Dienste* zur Durchführung komplexerer Aufgaben. Ein Beispiel für einen solchen Dienst ist die Synchronisation von Variablenwerten, der Variablendienst. Dieser synchronisiert die Werte von Variablen zwischen verschiedenen Automatisierungsgeräten, ohne dass ein Programmierer Details der Kommunikation kennen muss. Auf einem vergleichbaren Abstraktionsniveau können auch Funktionen über ein Netzwerk auf externen Rechnern ausgeführt werden.[86] Für den Softwareentwickler ist das Netzwerk transparent.

Die folgenden Ausführungen beziehen sich auf das Modell des Datentelegrammes. Ein solches Telegramm wird häufig durch die Hersteller von automatisierten Anlagen definiert, so dass hier nur einige Prinzipien vorgestellt werden.

Stream- und Message-basierte Übertragung: Zwischen den Teilnehmern einer Kommunikation kann ein Datenstrom, oft auch als *Stream* bezeichnet, ausgetauscht werden. Ein Stream weist keinerlei Struktur auf. Ein Telegramm muss dann so aufbereitet werden, dass es beim Empfänger wieder restauriert werden kann. Im Folgenden werden Telegramme betrachtet, die über Streams übertragen werden. Ein Telegramm, wie es in der Automatisierungstechnik eingesetzt wird, hat typisch folgenden Aufbau:

| Startzeichen | Kopf | Daten | Prüfsumme | Endezeichen |

Die keinste Einheit ist häufig ein Byte. Das Startzeichen leitet das Telegramm ein und das Endezeichen begrenzt es. Diese beiden Zeichen zählen zu

---

[86] In der objektorientierten Programmierung sind auch Methodenaufrufe möglich.

den Steuerzeichen[87]. Steuerzeichen dürfen an keiner anderen Stelle des Telegrammes eingesetzt werden. Da das Auftreten dieser Zeichen im Allgemeinen aber nicht zu verhindern ist, muss jede andere Nutzung durch ein führendes Zeichen – ein Fluchtsymbol (Escape-Zeichen) – gekennzeichnet werden. Diese Technik wird auch *Byte-Stuffing* genannt (siehe [46]). Typische Steuerzeichen aus dem oft eingesetzten ASCII-Zeichensatz sind in Tabelle 3.14 aufgeführt.

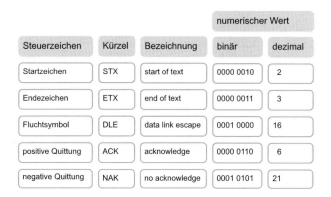

Tabelle 3.14. Auswahl einiger häufig genutzter Steuerzeichen des ASCII-Zeichensatzes

Es existieren auch Telegramme, in denen das Fluchtsymbol *vor jedem* Steuerzeichen gesendet wird. Bei Bit-orientierter Codierung tritt ein ähnliches Problem auf. So ist im Ethernet[88] beispielsweise die Folge 01111110 das Start- und als Endezeichen für einen Frame[89]. Es muss also verhindert werden, dass diese Bitfolge im weiteren Verlauf eines Telegrammes auftritt. Die Lösung des Problems ist das Einfügen einer zusätzlichen Null nach dem Auftreten von fünf aufeinander folgenden Einsen, wenn diese Bitfolge außerhalb der Begrenzerzeichen auftritt. Der Empfänger überliest die 0, die nach dem Bit-Muster 011111 auftritt. Dieses Verfahren wird analog zu der Byte-orientierten Übertragung *Bitstuffing* genannt.

Der auf das Startzeichen folgende Kopf wird auch *Header*[90] genannt und kann eine feste oder eine variable Länge haben. In der Praxis wird häufig eine feste Länge genutzt. Damit entfällt die Aufgabe, ihn von den Nutzdaten zu trennen. Der Header enthält typisch allgemeine Informationen über den Sender, den Empfänger und über die Art der folgenden Nutzdaten. Die *Art*

---

[87] Steuerzeichen werden gelegentlich auch Metazeichen genannt.
[88] Das Ethernet ist ein auch in der Automatisierungstechnik auf unterster Ebene häufig eingesetztes Übertragungsprotokoll.
[89] Die Datenübertragung erfolgt in kleinen Einheiten, die je nach der betrachteten Ebene als Block, Package oder Frame bezeichnet wird.
[90] Der Begriff *Header* ist allgemein üblich und wird auch im Folgenden verwendet.

der Daten wird oft durch einen *Funktionscode* (FNC) spezifiziert. Es wird davon ausgegangen, dass ein Telegramm beim Empfänger zur Ausführung einer Funktion führt. Diese *Funktion* wird dann durch den FNC gekennzeichnet, und die Parameter sind im Datenteil dieses Telegrammes enthalten. So kann beispielsweise der Funktionscode R eine Weiche in die Position *rechts* stellen. Oft werden Funktionscodes eingesetzt, deren genaue Semantik durch einen oder mehrere Parameter spezifiziert wird. Auf welche Weiche sich dieser Funktionsaufruf bezieht, ist am Empfänger zu erkennen. Alternative Arten der Codierung sind in Abschnitt 3.5.2 dargestellt.

Häufig enthält der Header auch eine *Telegrammnummer*, die als fortlaufend aufsteigende Zahl – für jeden Empfänger getrennt – verwaltet wird. Der Empfänger muss die Telegrammnummer auswerten. Lücken in der Telegrammnummersequenz deuten auf eine fehlerhafte Datenübertragung hin und sollten durch unterlagerte Schichten vermieden werden. Wenn solche Schichten nicht existieren, muss der Sender im Allgemeinen zur Wiederholung der fehlenden Telegramme aufgefordert werden. Trotz einer gesicherten Transportverbindung zwischen den beiden Teilnehmern kann es nach *Störungen* und einem Wiederanlauf der Anlage oder Teilen der Anlage zu einem *Versatz* in den Telegrammen – insbesondere zu der wiederholten Übertragung eines bereits erfolgreich gesendeten Telegrammes – kommen. Wenn alle Kommunikationspartner den Stand der letzten gesendeten beziehungsweise empfangenen Telegrammnummer verwenden, kann die wiederholte Übertragung des letzten Telegrammes nicht zu Fehlern führen. Wird die Telegrammnummer $n+1$ erwartet und ein Telegramm mit der Nummer n oder einer kleineren Nummer empfangen, wird das entsprechende Telegramm beim Empfänger – ohne eine Rückmeldung zum Sender – verworfen. Diese Fälle treten in der Praxis logistischer Systeme häufig auf, da mechanische Störungen, Betätigung einer Nothalteinrichtung, entladene Batterien, temporäre Abschattungen einer drahtlosen Kommunikation oder instabile Anwendersoftware zu einem Neustart einzelner Komponenten führen können. In all diesen Fällen erwartet der Betreiber einen problemlosen Weiterbetrieb ohne Eingriffe eines Bedieners.

Bei variabler Länge der Nutzdaten enthält der Header oft noch eine Längenangabe über die Anzahl der folgenden Bytes. Dabei ist häufig auch die Prüfsumme eingeschlossen. Falls eine solche Längenangabe unterstützt wird, kann auf das Endezeichen verzichtet werden. Damit bei fehlerhaft erzeugten oder bei fehlerhaft übertragenen Telegrammen der Empfänger wieder korrekt auf den Start des folgenden Telegrammes synchronisieren kann, werden gelegentlich sowohl ein Längenzähler als auch ein Endezeichen eingesetzt.

Der Datenteil enthält die Nutzdaten und kann eine feste oder eine variable Länge aufweisen. Die Prüfsumme wird in der Regel nur dann eingesetzt, wenn die zugrunde liegende Transportschicht nicht sicher oder wenn sie gar nicht existiert. Die Prinzipien der Berechnung und der Auswertung der Prüfsumme werden weiter unten behandelt. Für das Endezeichen gelten die gleichen

Aussagen, die über das Startzeichen gemacht wurden. Auf das Endezeichen des Telegrammes folgt unmittelbar das Startzeichen des Folgetelegrammes. Hieraus folgt, dass eines der beiden Zeichen redundant ist: Ein *Trennzeichen* zwischen jeweils zwei Telegrammen wäre ausreichend. Zwei Zeichen erhöhen jedoch die Redundanz und damit auch die Zuverlässigkeit der Kommunikation. Da Telegramme in der Regel nicht zeitlich lückenlos aufeinanderfolgen, ist die Trennung in zwei Zeichen sinnvoll.

Typisch für eine streamorientierte Datenübertragung[91] sind Schnittstellen, die auf RS232[92], RS485[93], USB[94], CAN-Bus[95] oder dem TCP-Protokoll[96] eines Rechnernetzes basieren. Dem stehen messageorientierte Verfahren[97] gegenüber, deren am weitesten verbreitete Ausprägung das UDP-Protokoll ist. UDP wird auch als *Datagramm* bezeichnet, was bereits eine Ähnlichkeit mit den hier behandelten Telegrammen assoziiert.

Broadcast- und Multicast-Kommunikation: In verteilten Systemen kann eine Nachricht an *alle* Kommunikationspartner sinnvoll sein. Insbesondere zum dynamischen Aufbau von Systemstrukturen kann eine Nachricht an alle – zunächst noch unbekannten – Teilnehmer erforderlich sein (siehe [50]). So können dann beispielsweise aus zunächst gleichberechtigten Partnern Strukturen aufgebaut werden, um beispielsweise einen „Master" zu ermitteln, der dann an der Spitze einer Systemhierarchie steht.[98]

Sind die Teilnehmer bekannt, können sie eine Multicast-Gruppe bilden und Nachrichten können dann an alle in dieser Gruppe registrierten Teilnehmer gesendet werden. Der Vorteil gegenüber Einzelübertragungen besteht in der besseren Performance, wenn die unterlagerten Schichten Multicast-Kommunikation unterstützen. So können beispielsweise an einem Bussystem oder bei einer Funkübertragung mehrere Teilnehmer gleichzeitig empfangen.

---

[91] Streamorientierte Verfahren basieren auf einem Zeichenstrom – meist einem Strom von Bytes. Jede Anwendung muss ihre Nachrichten aus diesem Strom selektieren. Zuviel oder zu wenig gelesene Zeichen führen zu einem Versatz, der fehlerhafte Folgenachrichten verursacht.

[92] RS232 ist eine byteorientierte, asynchrone Schnittstelle, die mit elektrisch unsymmetrischen Spannungen arbeitet.

[93] RS485 ist eine byteorientierte, asynchrone Schnittstelle, die mit elektrisch symmetrischen Spannungen arbeitet und deswegen unempfindlicher gegenüber elektromagnetischen Feldern ist als eine Schnittstelle nach RS232.

[94] USB (universal serial bus) ist eine busfähige, elektrisch symmetrische Schnittstelle, die bis zu 127 Kommunikationspartner zulässt.

[95] CAN-Bus (Controller Area Network) gehört zu den Feldbussen und arbeitet asynchron und seriell.

[96] TCP (transmission control protocol)

[97] Messageorientierte Verfahren übertragen als kleinste Einheit eine *Message* die einem Datenblock entspricht.

[98] Der im Text beschriebene Sachverhalt entspricht dem *Election*-Problem, das in verteilten Systemen relevant ist.

Synchrone und asynchrone Datenübertragung: [99] Das Senden einer Nachricht kann beim Eintritt eines bestimmten Ereignisses spontan erfolgen. Da der Empfänger jederzeit mit dem Eintreffen der Nachricht – auch während der Bearbeitung anderer Aufgaben – rechnen muss, liegt eine asynchrone Kommunikation vor. Das Eintreffen einer solchen asynchronen Nachricht wird auch als *Event* bezeichnet.

Die Alternative ist eine Anfrage des Empfängers an den Sender. Der Sender muss auf jede Anfrage antworten, auch wenn keine Nachrichten vorliegen. Diese Art der synchronen Kommunikation wird *Polling* genannt. Polling basiert auf zyklischen Abfragen mit der Pollzeit T, die zwischen jeweils zwei Abfragen liegt. T darf nicht zu kein gewählt werden, da sonst sehr viel Rechen- und Kommunikationsleistung auch dann benötigt wird, wenn keine Nachrichten zu übertragen sind. Wird T zu groß gewählt, reagiert das System langsam, da – unter Vernachlässigung anderer Einflüsse – die mittlere Latenzzeit $T/2$ beträgt.

Eine Mischform liegt bei Speicherprogrammierbaren Steuerungen (SPS) vor, die zyklisch arbeiten. Hier werden alle Nachrichten vom Laufzeitsystem empfangen und bis zum Start eines neuen Zyklus gepuffert. So kann asynchron empfangen und synchron verarbeitet werden.

ARQ- und FEC-Übertragung: Da es auf dem Übertragungsweg zwischen Sender und Empfänger durch den Einfluss von Störungen zu einer Verfälschung der Nachricht kommen kann, sind Sicherungsverfahren erforderlich. Die beiden Prinzipien, die zur Anwendung kommen, sind das ARQ- und das FEC-Verfahren. *ARQ* steht für *automatic repeat request* und bedeutet, dass der Empfänger eine Wiederholung der Sendung der Nachricht beim Sender anfordern kann. Dazu ist es erforderlich, dass eine fehlerhaft übertragene Nachricht als solche erkannt wird. Hierzu werden Prüfsummen (siehe Seite 219) eingesetzt. Dieses Verfahren setzt einen Rückkanal vom Empfänger zum Sender voraus, der häufig existiert. In echtzeitfähigen Kommunikationssystemen ist der Einsatz von ARQ-Verfahren nur bedingt möglich, da eine oder mehrere Wiederholungen zu nichtdeterministischen Latenzzeiten führen. Damit kann keine obere Zeitschranke für die Datenübertragung garantiert werden. *FEC* steht für *forward error correction*. Im Gegensatz zu ARQ benötigt das FEC-Verfahren keinen Rückkanal. Die Nachricht wird so erweitert, dass sie eine Redundanz enthält, die es dem Empfänger ermöglicht, die ursprüngliche Nachricht zu rekonstruieren. Vergleichbare Problemstellungen liegen bei der automatischen Identifikation vor. In Abschnitt 2.7 wird ein Verfahren für solche selbstkorrigierenden Codes vorgestellt, das auch in der Kommunikationstechnik eingesetzt wird.

---

[99] Auf physikalischer Ebene existieren ebenfalls synchrone und asynchrone Übertragungsverfahren, die hier jedoch nicht betrachtet werden.

3.5.2 Codierung in der Datenübertragung

Grundsätzlich wird zwischen einer bitweisen und einer zeichenweisen Datenübertragung unterschieden. Während auf den unteren Ebenen eines Kommunikationssystems bitweise übertragen wird, kommt auf den höheren Ebenen ausschließlich die zeichenorientierte – meist byteorientierte – Übertragung zum Einsatz.

Präsentation: Die Nutzdaten können in unterschiedlichen Formaten übertragen werden. Diese Präsentation der Daten kann von einer sehr kompakten binären Form, die nur maschinenlesbar ist, bis zu einer selbstbeschreibenden Langform im Klartext reichen. Darüber hinaus sind Darstellungen von fester und von variabler Länge üblich. Zur Kommunikation mit SPS-Steuerungen werden fast ausschließlich feste Längen eingesetzt. Dabei unterliegt die Struktur einer vorgegebenen – meist projektspezifischen – *Reihenfolge*. Um spätere Erweiterungen zu ermöglichen, werden häufig Platzhalter vorgesehen, die zwar Speicher belegen und das Kommunikationssystem belasten, die aber nicht vom Empfänger ausgewertet werden müssen. Die Präsentation mit fester Länge wird fast immer mit einer *positionsbezogenen* Darstellung der Werte eingesetzt. Das bedeutet, dass ein Datum an einer bestimmten relativen Position eine bestimmte Bedeutung hat.

Die in der Praxis gebräuchlichen Arten, die Nutzdaten zu präsentieren, werden am Beispiel eines Vertikalförderers dargestellt. Die möglichen Operationen, die ausgeführt werden können sind

- anfahren einer Position i,
- aufnehmen einer Last von links oder von rechts und
- abgeben einer Last nach links oder nach rechts.

Tabelle 3.15 zeigt einen solchen Telegrammaufbau unter Einsatz fester Strukturen. In dieser Tabelle sind zwei Befehle für zwei unterschiedliche Förderer dargestellt. Die ersten vier Zeichen spezifizieren den Förderer VF01 beziehungsweise VF02, auf den sich der folgende Befehl bezieht. Drei Befehle stehen zur Verfügung:

P zur Positionierung auf eine Ebene. Die Ebene wird durch eine folgende zweistellige Zahl spezifiziert.
I zum Beladen. Die Richtung, aus der die Transporteinheit aufgenommen werden soll, wird in dem nachfolgenden Zeichen mit L für links oder R für rechts angegeben.
O zum Entladen. Die Richtung wird wie beim Beladen spezifiziert.

Die Tabelle zeigt eine Codierung im ASCII-Code, die ausschließlich druckbare Zeichen verwendet. Dabei ist zu beachten, dass die Ebene häufig zweistellig mit führenden Nullen angegeben wird, auch wenn weniger als zehn Ebenen zur Verfügung stehen. In späteren Ausbaustufen könnte sich die Zahl der Ebenen erhöhen und der zur Verfügung stehende Wertebereich würde

⋮	⋮
V	0101 0110
F	0100 0110
0	0011 0000
1	0011 0001
P	0101 0000
0	0011 0000
2	0011 0010
⋮	⋮

⋮	⋮
V	0101 0110
F	0100 0110
0	0011 0000
2	0011 0010
I	0100 1001
L	0100 1100
@	0100 0000
⋮	⋮

Tabelle 3.15. Befehle an einen Vertikalförderer

dann nicht mehr ausreichen. Der Befehl zum Beladen benötigt für den Parameter L nur eine Stelle. Damit der Datensatz die gleiche Länge wie der Verfahrbefehl hat, folgt auf das L ein Füllzeichen. Hier wurde das @-Zeichen verwendet, damit bei Druckausgaben auch ein Zeichen zu sehen ist. Rechts neben den Zeichen zeigt die Tabelle auch die Binärcodierung nach ASCII. Es gibt Codierungen, die zwischen Groß- und Kleinschreibung der Buchstaben unterscheiden (case-sensitive) und Codierungen, die unempfindlich bezüglich der Groß-/Kleinschreibung (case-insensitive) sind. Im ASCII-Code findet diese Unterscheidung nur in einem Bit statt. Alle Kleinbuchstaben beginnen mit der Bitfolge 011, alle Großbuchstaben beginnen mit 010. Durch ein Ausblenden des dritten Bit durch eine UND-Verknüpfung mit 1101 1111 oder Einblenden dieses Bit durch ODER-Verknüpfung mit 0010 0000 kann das entsprechende Byte in Klein- oder in Großbuchstaben konvertiert werden.

Die Daten können auch kompakter dargestellt werden, um Speicherplatz und Übertragungszeit zu sparen. Auch wenn logistische Prozesse relativ langsam ablaufen, ist bei einer Vielzahl von fördertechnischen Objekten und bei Einsatz schmalbandiger oder stark gestörter Übertragungsmedien sowie bei der Verwendung leistungsschwacher Hardware eine kompaktere Darstellung zu bevorzugen. So kann die Information bitweise codiert werden (siehe Tabelle 3.16).

Obj	Fnc	Par
0001	1010	0010

Tabelle 3.16. Befehl in binärer Darstellung.
Objekt: Vertikalförderer 1, Funktion: Positionieren, Parameter: Ebene 2

Um ein Höchstmaß an FLexibilität zu erreichen, wird anstelle der festen, positionsbezogenen Codierung das so genannte *Key-Value-Verfahren* eingesetzt. Die Bedeutung eines Datums ist dabei nicht mehr an seine Position innerhalb des Datensatzes gebunden; sondern sie wird durch einen *Schlüssel* festgelegt. Damit ist die Reihenfolge im Datensatz nicht festgelegt; mit den Vorteilen einer einfachen Erweiterbarkeit und der Möglichkeit, mit einer variablen Anzahl von Daten zu arbeiten. Diese Art der Präsentation hat durch den Einsatz von *XML* eine weite Verbreitung gefunden. Insbesondere wird XML zwischen der Leit- und der administrativen Ebene eingesetzt. Durch die zunehmende Leistungsfähigkeit der Automatisierungsgeräte zeichnet sich ein Trend ab, die Key-Value-Codierung auch bis auf die Feldebene einzusetzen. Es folgt eine Key-Value-Codierung für dieses Beispiel.

`OBJ=VF01 FNC=P PAR=02`

Dabei steht auf der linken Seite des Gleichheitszeichens der Key und auf der rechten Seite der Value. Diese Paare werden in der obigen Darstellung durch Leerzeichen voneinander getrennt. Da der Key die Bedeutung des Value beschreibt, sind auch andere Reihenfolgen zulässig.

Prüfsummen: Zur Sicherung der Integrität werden *Prüfsummen*[100] eingesetzt. Grundsätzlich gilt, dass durch eine Prüfsumme nicht alle Fehler entdeckt werden können. Die Wahrscheinlichkeit der Erkennung eines Fehlers kann jedoch durch Einsatz geeigneter Verfahren sehr hoch getrieben werden.

In Folgenden werden zwei einfache Verfahren für Prüfsummen vorgestellt: Das Parity- und das CRC-Verfahren.

Das Parity-Verfahren basiert auf einer Modulo-Addition aller Nutzdatenbit. *Odd-Parity* p_{odd} berechnet sich aus der Summe n der 1-Bit zu $p_{odd} = n \bmod 2$. Für *Even-Parity* p_{even} gilt $p_{even} = (n+1) \bmod 2$[101].

	Datenbyte	even parity	odd parity
	0101 0110	0	1
	0100 0110	1	0
	0011 0000	0	1
	0011 0001	1	0
even parity	0001 0001	0	1
odd parity	1110 1110	0	1

Tabelle 3.17. Beispiel einer Parity-Berechnung

Bei einer zeichenorientierten Übertragung, beispielsweise der byteorientierten Übertragung wird zwischen einer *Quer-* und einer *Längsparity*-Berechnung unterschieden. Bei der Querparity-Berechnung werden alle Bit

---

[100] Der Begriff *Summe* ist dabei symbolisch; außer einer Summe sind viele andere mathematische Verfahren zur Berechnung von Prüfsummen möglich.
[101] Mit anderen Worten wird auf eine gerade (even) oder eine ungerade (odd) Anzahl von Bit ergänzt.

eines Bytes addiert und aus dieser Summe n das Paritybit errechnet, das dann unmittelbar hinter den Nutzdatenbit übertragen wird. Querparity-Berechnungen werden oft durch die Hardware unterstützt.

Für die Berechnung einer Prüfsumme wird das Längsparity-Verfahren eingesetzt. Die Berechnung erfolgt durch Addition aller Bit des jeweils betrachteten Datenblockes, die sich innerhalb eines Bytes an der gleichen Position befinden. Aus der entsprechenden Modulo-Berechnung ergibt sich ein zusätzliches Byte, das Längsparity-Byte[102]. Die Tabelle 3.17 zeigt ein Beispiel für die Anwendung von Parity-Bit.

Das so berechnete Längsparity-Byte wird als Prüfsumme an den Empfänger übertragen. Dieser führt die gleichen Berechnungen über den Block der zu sichernden Daten durch. Wenn die Ergebnisse übereinstimmen, sind alle ungeradzahligen Fehler ausgeschlossen. Geradzahlige Bit-Fehler können nicht entdeckt werden. Wenn Querparity-Bit ebenfalls übertragen werden, können einzelne fehlerhaft übertragene Bit korrigiert werden. Die Positionen der Quer- und Längsparityfehler bestimmen das fehlerhafte Bit, das durch Invertierung korrigiert werden kann.

Eine wesentliche Verbesserung kann durch den Einsatz von *CRC-Prüfsummen*[103] erreicht werden. Dieses Verfahren ermöglicht die Erkennung von 1-Bit-Fehlern, jede ungerade Anzahl von verfälschten Bit sowie einige Bündelfehler, das sind zusammenhängende Folgen von fehlerhaften Bit. Der Schlüssel zur Berechnung der Prüfsumme liegt in einem so genannten *Generatorpolynom* $g(x)$. Dieses Generatorpolynom muss sowohl dem Sender als auch dem Empfänger bekannt sein. Der Sender interpretiert die Bit, über welche die Prüfsumme berechnet werden soll, als Polynom und dividiert dieses durch das Generatorpolynom. Diese Division basiert auf einer Modulo-2-Arithmetik. Der Divisionsrest ist die Prüfsumme. Die Stellenzahl einer CRC-Prüfsumme ist immer genau so groß, wie der Grad k des Generatorpolynons. Ein einfaches Beispiel nach [44] soll das Verfahren verdeutlichen. Die Nachricht 100101 entspricht dem Polynom $x^5 + x^2 + 1$. Als Generatorpolynom wird $x^3 + x + 1$ angenommen. Um die Division ganzzahlig durchzuführen, wird die Nachricht zunächst mit x^k multipliziert. Vereinfacht bedeutet das, dass die Nachricht rechts mit k Nullen aufgefüllt wird. Für dieses Beispiel ergibt sich die Rechnung nach Abbildung 3.5.2.

Der so erhaltene Rest der Division wird als Prüfsumme der Nachricht nachgestellt. In diesem Beispiel ergibt sich 100101110. Der Empfänger führt nun auf der gesamten Bitfolge – Nachricht einschließlich der Prüfsumme – eine Division durch das Generatorpolynom durch. Wenn der Rest r dieser Rechenoperation $\neq 0$ ist, liegt mit Sicherheit ein Fehler in der Datenübertragung vor. Im Fall $r = 0$ ist die Übertragung mit großer Wahrscheinlichkeit korrekt. Durch Einsatz eines höheren Grades des Generatorpolynoms und

---

[102] Die Längsparity-Berechnung kann auch auf die Querparity-Bit angewendet werden.

[103] engl.: cyclic redundancy check

```
1 0 0 1 0 1│0 0 0 : 1 0 1 1 = 1 0 1 0 1 0        1 0 0 1 0 1│1 1 0 : 1 0 1 1 = 1 0 1 0 1 0
1 0 1 1                                           1 0 1 1
─────                                             ─────
0 1 0 0                                           0 1 0 0
0 0 0 0                                           0 0 0 0
─────                                             ─────
  1 0 0 1                                           1 0 0 1
  1 0 1 1                                           1 0 1 1
  ─────                                             ─────
    0 1 0│0                                           0 1 0│1
    0 0 0│0                                           0 0 0│0
    ─────                                             ─────
      1 0│0 0                                           1 0│1 1
      1 0│1 1                                           1 0│1 1
      ─────                                             ─────
        0│1 1 0                                           0│0 0 0
        0│0 0 0                                           0│0 0 0
        ─────                                             ─────
      Rest = 1 1 0                                      Rest = 0 0 0
```
(a) Generierung der Prüfsumme   (b) Auswertung der korrekt übertragenen Nachricht

Abbildung 3.66. Beispiel für eine CRC-Berechnung. Aus der Nachricht 100101 wird mithilfe des Generatorpolynoms 1011 die CRC-Prüfsumme zu 110 berechnet.

durch geeignete Wahl der Koeffizienten kann die Restfehlerwahrscheinlichkeit weiter verringert werden. Tabelle 3.18 zeigt Standard-Generatorpolynome, die häufig eingesetzt werden.

Norm	Generatorpolynom
CCITT	$x^{16} + x^{12} + x^5 + 1$
CRC-12	$x^{12} + x^{11} + x^3 + x^2 + x + 1$
CRC-16	$x^{16} + x^{15} + x^2 + 1$

Tabelle 3.18. Häufig eingesetzte Generatorpolynome

Im praktischen Einsatz werden die Prüfsummen häufig durch spezielle Hardwarebausteine berechnet. In einzelnen Anwendungsfällen kann jedoch eine Softwarelösung erforderlich werden. Unabhängig von der Umsetzung und unabhängig von dem eingesetzten Verfahren bleibt immer eine Restfehlerwahrscheinlichkeit.

3.5.3 Protokollstack

Schichtenmodelle stellen *ein* Prinzip der Strukturierung von Software dar. Im Bereich der Kommunikationstechnik wird dieses Prinzip besonders erfolgreich eingesetzt. Eine Schicht (*Layer*) stellt – unter Nutzung der Dienste der untergeordneten Schicht – Dienste für die übergeordnete Schicht bereit. Schichtenmodelle in der Kommunikationstechnik werden auch als *Protokollstack* bezeichnet.

In diesem und in den folgenden Abschnitten wird das in der Kommunikationstechnik weit verbreitete und anerkannte *ISO/OSI-Referenzmodell* (siehe Abbildung 3.67) zugrunde gelegt. Mithilfe des ISO/OSI-Modells lässt sich die Kommunikation über elektronische Medien durch sieben Schichten darstellen, die, hierarchisch aufgebaut, den Informationsfluss vom physischen Medium bis zur Applikation (zum Beispiel ein WMS) beschreiben. Applikationen stehen über die Schichtenfolge $6 \to 5 \to 4 \to 3 \to 2 \to 1 \to$ Übertragungsmedium $\to 1 \to 2 \to 3 \to 4 \to 5 \to 6$ miteinander in Verbindung. Da auf der Empfangsseite die Schichten in umgekehrter Reihenfolge durchlaufen werden, spricht man auch von einem *Protokollstack*. Tabelle 3.19 beschreibt die Aufgaben der einzelnen Schichten. Die Schichten 1 bis 4 bezeichnet man auch als transportorientierte Schichten, die Schichten 5 bis 7 als applikationsorientierte Schichten. Detailliertere Beschreibungen sind beispielsweise in [46] zu finden.

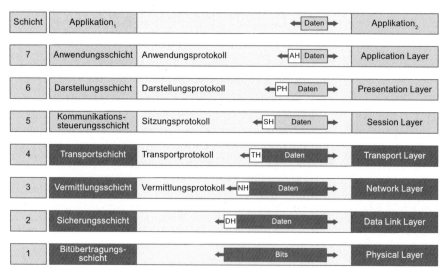

Abbildung 3.67. Das ISO/OSI-Referenzmodell. Auf der linken Seite des Protokollstacks sind die Schichten mit den deutschen, auf der rechten Seite mit den englischen Begriffen beschriftet Für weitere Erläuterungen zu den Schichten siehe Tabelle 3.19.

---

[102] MAC: Medium Access Control
[103] LLC: Logical Link Control

3.5 Kommunikation in der Automatisierung

Nr.	Schicht	Aufgaben
7	Applikation	Anwendungsprogramm, das unter Nutzung des Protokollstacks mit einer oder mehreren anderen Anwendungen kommuniziert.
6	Präsentation	Vereinheitlichung einer applikationsunabhängigen Darstellung von Datentypen im Netzwerk. Beispielsweise werden ganze Zahlen netzwerkseitig immer in einer bestimmten Reihenfolge dargestellt, während die applikationsseitige Darstellung von der Hardware des Rechners abhängt.
5	Sitzung	Für die Dauer der Laufzeit einer Applikation werden hier Zustandsdaten gehalten. Insbesondere für Fehlerfälle werden so genannte Synchronisationspunkte verwaltet.
4	Transport	Die Sendedaten werden in Pakete zerlegt. Die Reihenfolge empfangener Pakete wird sichergestellt.
3	Vermittlung	Die Pakete, die nicht für diesen Rechner bestimmt sind, werden an einen Nachbarrechner weitergeleitet. Diese Vermittlung kann über mehrere Rechner erfolgen. Die Wegefindung nennt man Routing. Die Rechner, welche diese Schicht nur als Vermittlungsknoten zwischen benachbarten Rechnern realisieren und die empfangenen Pakete nicht an höhere Protokollschichten weiterleiten, nennt man Router.
2	Sicherung	Sicherung der korrekten Übertragung der Daten. Die Korrektheit wird zwar auch in den höheren Schichten überprüft. Dieser Schicht kommt aber eine besondere Bedeutung zu, da sie die erste Schicht ist, die direkte Verbindung zur Hardware hat und hier – je nach eingesetztem Übertragungsmedium und dem Zugriffsverfahren sowie der aktuellen Störsituation – eine große Fehlerhäufigkeit zu erwarten ist. Die kleinste Einheit der zu übertragenden Daten nennt man hier Frame. Diese Schicht wird in zwei Subschichten aufgeteilt. Die MAC-Schicht[97] regelt den Zugriff auf das Medium. Beispielsweise werden hier Kollisionen in Bussystemen behandelt. Die LLC-Schicht[98] ist für die sichere Übertragung der Daten zuständig. Die Frames werden um Prüfsummen erweitert. Quittungsframes bestätigen den korrekten Empfang von Frames.
1	Bitübertragung	Spezifikation von physikalischen Anforderungen wie beispielsweise von Kabeln, Steckern und Spannungspegeln.

Tabelle 3.19. Schichten des ISO/OSI-Referenzmodells und ihre Bedeutung

3.5.4 Medium-Zugriffsverfahren

In der Automatisierungstechnik werden überwiegend Bussysteme eingesetzt. Busse stellen eine direkte Verbindung zwischen allen Teilnehmern dar. Durch diese Verbindungsstruktur kann gleichzeitiges Senden zu Kollisionen der Datenpakete führen. Um einen störungsfreien Datenaustausch sicherzustellen, sind daher Regeln erforderlich, die den Buszugriff[104] der Teilnehmer steuern.

---

[104] Ähnliche Verfahren sind bei der drahtlosen Kommunikation erforderlich, da sich hier ebenfalls viele Teilnehmer ein Medium teilen.

CSMA/CD – Carrier Sense Multiple Access/Collision Detect: ist ein dezentrales Zugriffsverfahren, dass prinzipiell jedem Teilnehmer zu jeder Zeit das Versenden eines Telegrammes ermöglicht. Bei diesem Verfahren prüfen die Teilnehmer vor dem Senden, ob andere Stationen den Bus nutzen (CSMA). Findet keine Kommunikation statt, kann ein Telegramm abgesetzt werden. Aufgrund der Signallaufzeiten, die bei ausgedehnten Netzwerken nicht mehr zu vernachlässigen sind, können zwei Telegramme, die von unterschiedlichen Teilnehmern versendet werden, das Übertagungsmedium teilweise gleichzeitig belegen. Im Falle einer solchen Kollision wird der Sendebetrieb abgebrochen und das Telegramm nach einer zufallsbestimmten Zeit erneut versandt (CD). CSMA/CD ist als Zugriffsverfahren für Busse mit vielen Teilnehmern konzipiert (z.B. Ethernet), die Konfiguration des Busses beschränkt sich auf die eindeutige Teilnehmeradressierung. Durch das nicht deterministische Zugriffsverfahren ist ein solcher Bus nicht echtzeitfähig.

Die Probematik der Kollisionen besteht in der Automatischen Identifikation. Beim Lesen von RFID-Transpondern können sich mehrere im Antennefeld befinden und gleichzeitig antworten (siehe hierzu Abschnitt 2.11.7).

Master-Slave bezeichnet ein Verfahren, bei dem ein Teilnehmer (Master) zentral die Kommunikation auf dem Bus steuert und Senderechte an die anderen Teilnehmer (Slaves) vergibt. Alle Slaves werden durch den Master *zyklisch* angesprochen, die Zugriffshäufigkeit auf einzelne Slaves kann im Busmaster parametriert werden.

Auf diese Weise bekommt jeder Teilnehmer in festgelegter Reihenfolge und für eine definierte Zeit Zugriff auf den Bus, die Forderung nach Echtzeitfähigkeit ist somit erfüllt. Nachteilig ist, dass bei Ausfall des Busmasters keine Kommunikation mehr stattfinden kann. Die Datenübertragung zwischen zwei Slaves ist hier aufwändiger, da sie in zwei Telegrammschritten über den Master erfolgt. Bei wachsender Teilnehmerzahl steigt die Zykluszeit, die Teilnehmerzahl ist aus diesem Grund beschränkt. Zudem muss der Master bei Hinzufügen oder Abschalten eines Teilnehmers jeweils neu konfiguriert werden.

Token-passing bezeichnet ein Kommunikationsverfahren, bei dem reihum zwischen allen Teilnehmern ein spezielles Telegramm (Token) ausgetauscht wird. Bei Erhalt des Tokens empfängt ein Teilnehmer die Sendeberechtigung und kann Datentelegramme auf dem Bus absetzen. Nach einer definierten Zeit wird das Token an den nächsten Teilnehmer weitergereicht.

Da die Tokenverweildauer durch den Controller vorgegeben ist, ergibt sich pro Umlauf eine definierte Antwortzeit. Die Teilnehmer können direkt miteinander kommunizieren, es entsteht kein Kommunikationsoverhead wie beim Master-Slave-Verfahren. Auch hier wächst die Umlaufzeit mit der Teilnehmerzahl, ebenfalls können Teilnehmer nur durch anschließende Neukonfiguration des Busses auf- oder abgeschaltet werden.

In der Tabelle 3.20 sind einige Feldbussysteme mit ihren Eckdaten beschrieben.

Bussystem (Hersteller)	Anzahl der Busteilnehmer ohne (mit) Repeater	Übertragungsrate, maximale Leitungslänge	Buszugriffsverfahren
Ethernet	100 (offen)	100 MBit/s, 500 m	CSMA/CD
PROFIBUS-FMS (Siemens)	32 (127)	93.75 kBit/s, 500 m ... 1.5 MBit/s, 200 m	Token-passing kombiniert mit Master-Slave
PROFIBUS-DP	32 (126)	9.6 kBit/s, 1200 m ... 12 MBit/s, 100 m	
PROFIBUS-PA	32 (126)	31.25 kBit/s, 1900 m	
CAN (Bosch)	32 (offen)	10 kBit/s, 5000 m ... 1 MBit/s, 25 m	CSMA/CD
LON (Echelon)	32 (offen)	39 kBit/s, 1200 m ... 1.25 MBit/s, 20 m	CSMA/CD
Interbus-S (Phoenix Contact)	256 (256)	500 kBit/s, 12800 m	Summenrahmen
ASI (Siemens, Pepperl+Fuchs)	31(31)	167 kBit/s, 100 m	Master-Slave

Tabelle 3.20. Vergleich verschiedener Feldbussysteme

3.6 Programmiersysteme für die Automatisierungstechnik

In der Automatisierungstechnik werden sowohl spezialisierte integrierte Programmiersysteme als auch klassische Systeme, bestehend aus einem Betriebssystem, einem Laufzeit- und einem Programmentwicklungssystem, eingesetzt.

Spezielle Programmiergeräte erlauben die Erstellung von Programmen sowie die Fehlersuche bei der Inbetriebnahme.

Als Programmiersprachen eignen sich alle imperativen Sprachen wie beispielsweise C, C++, PASCAL, MODULA, ADA oder JAVA[105]. Für den Einsatz in der Automatisierungstechnik existieren viele firmeninterne Programmiersysteme, die oft auf einer speziellen Implementierung einer Zustandsmaschine (siehe Abschnitt 3.2.2) basieren.

Ein Beispiel für eine spezielle Sprache, die auch für die Automatisierungstechnik eingesetzt wird, ist FORTH[106]. Sie arbeitet nach dem Prinzip der Postfix-Darstellung, in der zuerst die Operanden und dann der Operator geschrieben werden. So kann der logische Ausdruck $a \wedge (b \vee c)$, wie er der üblichen Infix-Darstellung entspicht, in $a\,b\,c \vee \wedge$ umgesetzt werden. Wie aus diesem Beispiel bereits ersichtlich, werden in FORTH keine Klammern benötigt. Ursprünglich war eine der Intentionen, ohne Einsatz eines Übersetzers die Ausführungsgeschwindigkeit der Programme zu verbessern. Dieser Aspekt ist jedoch durch den Einsatz von modernen Compilern und Interpretern zu vernachlässigen.

Standardisierte Programmiersprachen, welche die Bedürfnisse der Automatisierungstechnik abdecken und die auf breiter Basis eingesetzt werden, sind die Sprachen nach DIN-EN-IEC 61131. Die folgenden Abschnitte behandeln diese Sprachen.

3.6.1 DIN-EN-IEC 61131

In den folgenden Abschnitten werden die Programmiersprachen nach DIN-EN-IEC 61131-3 kurz vorgestellt. Weitere Informationen können der Norm selbst entnommen werden, und bei Einsatz spezieller Programmiersysteme kann auf die Dokumentation des Herstellers zurückgegriffen werden. Alle Sprachen dieser Familie basieren auf dem Konzept der zyklischen Programmbearbeitung, wie es für SPS typisch ist (siehe Abbildung 3.68)

Abbildung 3.68. Zyklische Arbeitsweise einer SPS

Dieses Modell der Programmabarbeitung gilt auch, wenn beispielsweise ein Industrie-PC eingesetzt wird. Das eigentliche Programm ist ein Bestandteil eines Automatisierungssystems. Das zugrunde liegende Softwaremodell ist hierarchisch aufgebaut:

---

[105] Bei Einsatz der Sprache Java ist der Einfluss der automatischen Speicherverwaltung zu berücksichtigen.
[106] entwickelt von Charles H. Moore

Konfiguration: Ein komplettes Automatisierungssystem, das auch die Software beinhaltet.
Ressource: Ein autonomes Subsystem, das im Allgemeinen auf einem eigenen Automatisierungsgerät oder auf einem eigenen Prozessor läuft.
Task: Fasst Programme mit gleichem Zeitverhalten und gleicher Priorität zusammen (beispielsweise periodisch alle 10 ms oder ereignisgesteuert).
Programm: Umfasst einen oder mehrere Funktionsbausteine und/oder Funktionen.
Funktionsbaustein: Algorithmus mit Speicherfähigkeit. Ein Funktionsbaustein kann Funktionsbausteine und Funktionen aufrufen.
Funktion: Unterprogramm ohne Speicherfähigkeit. Eine Funktion kann Funktionen aufrufen.
Netzwerk: Parallel abzuarbeitende Algorithmen innerhalb eines Funktionsbausteins oder einer Funktion.

Die Norm spezifiziert fünf Programmiersprachen:

- textbasierte Spachen
  - Strukturierter Text (ST)/Structured Text (ST)
  - Anweisungsliste (AWL)/Instruction List (IL)
- graphikorientierte Spachen
  - Kontaktplan (KOP)/Ladder Diagram (LD)
  - Funktionsbausteinsprache (FBS)/Funktion Block Diagram (FBD)
  - Ablaufsprache (AS)/Sequential Function Chart (SFC)

Die folgenden Abschnitte gehen detailliert auf die einzelnen Programmiersprachen ein. Für das Verständnis ist die Beherrschung einer imperativen Programmiersprache – vozugsweise ADA oder Pascal – hilfreich.

3.6.2 Datentypen nach DIN-EN-IEC 61131

Die unterschiedlichen Programmiersprachen aus der DIN-EN-IEC 61131 basieren auf den gleichen Datentypen. Da die Programmiersprachen auch untereinander gemischt eingesetzt werden können, ist die Verwendung gleicher Datentypen eine wichtige Voraussetzung. Alle Typen können nach Tabelle 3.21 in eine Hierarchie eingeordnet werden.

Die konkreten Ausprägungen verfügen über zwei, einen oder gar keine führenden Buchstaben, die – wenn vorhanden – den beanspruchten Speicherbereich und/oder die Einschränkung auf positive Werte (U für *unsigned*) beschreiben. Für den Speicherbedarf gilt:

Tabelle 3.21. Hierarchie der Datentypen nach DIN-EN-IEC 61131

- 1 Bit : BOOL
- 8 Bit : BYTE
- 8 Bit : S-Präfix (Beispiele: SINT, SWORD)
- 16 Bit : WORD
- 16 Bit : INT
- 32 Bit : L-Präfix (Beispiele: LINT, LWORD)
- 32 Bit : D-Präfix (Beispiele: DINT, DWORD)

So bedeutet etwa ULINT eine vorzeichenlose (U), 32-Bit belegende (L) ganze Zahl (INT).

Hier werden exemplarisch einige Literale – Darstellungen für konstante Werte – für numerische und logische Werte sowie für Zeichenfolgen und für Zeiten vorgestellt. Allgemein gilt, dass zur Verbesserung der Lesbarkeit Unterstriche als Trennzeichen verwendet werden können. Beispiele für Zahlen sind: 1.2, -1.2 und 1_024.

Jedem Literal kann ein Typ (siehe oben) und eine Zahlenbasis unter Einsatz des Trennzeichens #vorangestellt werden: 2#10_0000_0000, 10#1024, 1024 und 16#200 sind wertmäßig gleich und entsprechen der Darstellung als Dual-, Dezimal- und Hexadezimalzahl. Bei zusätzlicher Angabe des Datentyps führt UINT#8#705 ale vorzeichenlose ganze Zahl zur Zahlenbasis 8 (Oktalzahl) zu dem Bitmuster 0000000111000101.

Boolsche Werte können wahlweise mit 0 oder FALSE sowie mit 1 oder TRUE spezifiziert werden. Beispiel: BOOL#0 oder BOOL#FALSE.

Für die Angabe von Zeit und Datum sind ebenfalls verschiede Darstellungen möglich. Eine Zeit*dauer* 14 Millisekunden kann mit TIME#14ms oder 3 Stunden und 10 Minuten mit TIME#3h_10m_0s beschrieben werden. Ein Zeit*punkt* kann beispielsweise mit DATE_AND_TIME#2005-06-15-10:30:03.20 angegeben werden. Der Aufbau ist aufgrund des weitgehend intuitiven Aufbaus der Literale leicht zu verstehen. Für weitere Details sei auf die DIN-EN-IEC 61131 und Programmierhandbücher verwiesen.

Zusammengesetzte Typen fallen unter den Oberbegriff ANY_DERIVED. Hier kann der Programmierer mit Strukturen und Arrays arbeiten. Diese Sprachelemente sind den Programmiersprachen PASCAL und ADA sehr ähnlich:

```
TYPE
    DREHZAHL      : LINT (-1000*60 .. 1000*60) := 0;
    RFZ_ANTRIEB   : STRUCT
                      fahrAntrieb : DREHZAHL;
                      hubAntrieb  : DREHZAHL;
                      LAM_Antrieb : DREHZAHL;
                    END_STRUCT
    GASSEN        : SINT (1..8);
    RFZ           : ARRAY [GASSEN] OF RFZ_ANTRIEB;
    BETRIEBSZEIT  : TIME := 0;
END_TYPE
```

Um die Datentypen der zu lösenden Aufgabe jeweils optimal anzupassen, können die Wertebereiche eingeschränkt und für Variablen ein Initialwert angegeben werden. Durch die Einschränkung der Wertebereiche und durch Vergabe von Initialwerten wird der Programmierer gezwungen, sich mit den Datentypen intensiver auseinanderzusetzten, und die Ergebnisse werden durch den Programm-Code dokumentiert. In Verbindung mit einem strengen Typkonzept kann ein Compiler bereits viele potenzielle Fehlerquellen melden.

Vor der Benutzung müssen von den Typen noch Instanzen, die Variablen, angelegt werden:

```
VAR
  rfz : RFZ;
  t   : BETRIEBSZEIT;
END_VAR
```

Es existiert noch eine Vielzahl weiterer Attribute, um Variableneigenschaften zu modifizieren. Hierzu zählen unter anderem ein Schreibschutz, die Speicherung auf vorgegebene Adressen, Zugriffsbeschränkungen für andere Programmteile sowie eine Deklaration als Ein- oder Ausgabewert. Mit den so definierten Variablen können alle Programme, unabhängig von der jeweiligen DIN-EN-IEC 61131-Sprache, arbeiten. Neben dieser Langform existiert auch eine Kurzform für die Definition von Variablen, die häufig – insbesondere bei kleineren Projekten – eingesetzt wird. Dabei verzichtet man bewusst auf eine detaillierte Typisierung und legt durch Namenskonventionen fest, welchen Speicherbedarf die Variable nutzt und auf welcher Adresse sie abgelegt wird.

Syntax	Semantik
%QX75	Ausgangsbit 75
%IW215	Eingangswort auf der Adresse 215
%QB7	Ausgangsbyte auf der Adresse 7
%MD48	Merker Doppelwort auf der Adresse 48

Tabelle 3.22. Beispiele für Kurzformen der Variablendefinition (nach DIN-EN-IEC 61131)

Für Speicherorte stehen I für Eingänge, Q für Ausgänge und M für den Arbeitsspeicher zur Verfügung. Der Speicherbedarf wird mit X für Einzelbit, B für ein Byte, W für 2 Bytes, D für 4 Bytes und L für 8 Bytes spezifiziert. Die Kurzformen werden durch ein %-Zeichen eingeleitet. Tabelle 3.22 zeigt einige Beispiele für die Anwendung der Kurzformen.

3.6.3 Funktionen und Funktionsbausteine

Funktionen sind gekapselte Programmteile, die auf einem Satz von *aktuellen Parametern* Operationen ausführen und ein Ergebnis liefern. Dabei dürfen, je nach Art der Parameterübergabe, auch die Parameterwerte verändert werden. Beispiele für Funktionen sind die Bestimmung des größten gemeinsamen

3.6 Programmiersysteme für die Automatisierungstechnik

Teilers oder des Maximums von zwei ganzzahligen Werten sowie die Berechnung komplexer logischer Verknüpfungen. Funktionen dienen der Strukturierung von Programmen, der Vermeidung der Wiederholung gleicher Programmteile und der Wiederverwendung bereits getester Einheiten.

Funktionen dürfen keine internen Zustandsvariablen enthalten. Das bedeutet, dass ein Aufruf mit den gleichen Parameterwerten auch immer die gleichen Ergebnisse liefern muss.[107] *Funktionsbausteine* dürfen auch interne Zustände halten. Das bedeutet, dass ein Funktionsbaustein – im Gegensatz zu einer Funktion – instanziiert werden muss. Das Ergebnis ist ein für jede Instanz eigener Satz von Zustandsvariablen. Jedes Programmiersystem wird mit einer großen Anzahl von vorgefertigten Funktionen und Funktionsbausteinen ausgeliefert. Dennoch ist es sinnvoll, dass Anwendungsspezifische Aufgaben durch eigene Bausteine programmiert und in vielen Projekten verwendet werden.

Ein einfaches Beipiel für einen Funktionsbaustein ist die Auswertung von Inkrementalgebersignalen[108] nach Abschnitt 3.2.2. Ein solcher Funktionsbaustein benötigt drei Parameter:

- I für die erste Lichtschranke l
- Q für die zweite Lichtschranke r
- P für die Initialisierung des absoluten Weges x

Als Ergebnis wird der gemessene Weg zurückgegeben. Der Aufruf dieses Funktionsbausteines soll jederzeit möglich sein, auch wenn sich die Eingangssignale nicht geändert haben. Das bedeutet für den in Abschnitt 3.2.2 angegebenen Automaten eine geringfügige Erweiterung. In jedem Zustand wird ein Ereignis akzeptiert, das sinngemäß dem eigenen Zustand entspricht und das in den eigenen Zustand „wechselt". Hierdurch wird dann die erwartete Ausgabe stattfinden.

```
TYPE
    (* Zustand des Automaten *)
    STATE     : (S0, S1, S2, S3, S4) := S0;
    (* Bewegungsrichtung           *)
    DIRECTION : SINT (-1..1);
    LEFT      : CONSTANT DIRECTION := -1;
    UNDEF     : CONSTANT DIRECTION :=  0;
    RIGHT     : CONSTANT DIRECTION :=  1;
    (* Position                    *)
    LENGTH    : LINT := 0;
END_TYPE
```

---

[107] Diese Eigenschaft ist auch unter der Bezeichnung *reentrant* (ablaufinvariant) bekannt.
[108] Die am Markt erhältlichen Geräte verfügen im Allgemeinen über eine Auswertung. Dennoch zeigt dieses Beispiel eine Technik, mit der die Ergenisse der Analyse aus Abschnitt 3.2.2 in ein Programm umgesetzt werden können.

```
FUNCTION increment : DIRECTION
  VAR_IN_OUT
    x : LENGTH;         (* transienter Parameter *)
  END_VAR
  x := x + 1;           (* Positionsberechnung  *)
  increment := RIGHT;   (* Rückgabewert setzen  *)
END_FUNCTION


FUNCTION_BLOCK positionTrack : LENGTH
  (* Parameter dieses Blocks *)
  VAR_INPUT
    i, q    : BOOL;
    set     : BOOL;
    preset  : LINT;
  END_VAR
  VAR_OUTPUT
    dir : DIRECTION;
    pos : LINT;
  END_VAR
  (* lokale Variablen *)
  VAR
    state : STATE := STATE_0;
    evt   : SINT;
  END_VAR
  (* Testen, ob der Absolutwert gesetzt werden muss *)
  IF set THEN
    pos   := preset:
    state := STATE#S0;
  END_IF

  (* Berechnung eines "Events" aus i und q    *)
  (* Abbildung von i und q auf die Werte 0..3 *)
  event := 0;
  IF q THEN evt := evt+1 END_IF;
  IF i THEN evt := evt+2 END_IF;
  (* Implementierung eines Mealy-Automaten    *)
  CASE (state) OF
    S0: (* Initialisierung, keine Ausgaben *)
        pos := preset;
        CASE (event) OF
          B#00: state := STATE#S1
          B#01: state := STATE#S2
          B#10: state := STATE#S3
```

```
            B#11: state  := STATE#S4
        END_CASE
   S1: CASE (event) OF
        B#00: state  := STATE#S1;
              dir := increment (x:=pos);
        B#01: state  := STATE#S1
              dir := decrement (x:=pos);
        (* Fehlerfälle: *)
        B#10,
        B#11: state  := STATE#S0;
       END_CASE
   ... sinngemäß bis S4 fortführen ...
   ELSE (* kann nicht auftreten *)
  END_CASE

END_FUNCTION_BLOCK
```

3.6.4 Anweisungsliste

Die Anweisungsliste (AWL) ist eine klassische Methode der textbasierten Programmierung von SPS.

Rechnermodell: Das zugrunde liegende Rechnermodell ist eine so genannte Ein-Adress-Maschine. Viele Operationen benötigen zwei Operanden. Eine Ein-Adress-Maschine kann für jede Anweisung maximal einen Operanden oder die Adresse eines Operanden bereitstellen. Der andere Operand wird in einem so genannten Akkumulator – kurz Akku, einem speziellen internen Register – gespeichert. Dabei stellt der Akku den ersten Operanden zur Verfügung und die jeweilige Anweisung den zweiten. Anweisungen, die nur einen Operanden benötigen, beziehen sich immer auf den Akku.
Die AWL erweitert dieses Basismodell einer Ein-Adress-Maschine um einen Speicher für Zwischenergebnisse. Dieser Speicher kann nicht explizit adressiert werden, sondern er steht nur indirekt über Klammerung zur Verfügung.

Syntax der AWL: Die AWL ist in der DIN-EN 61132 definiert. Jede Anweisung muss in einer neuen Zeile beginnen. Eine Anweisung besteht aus einer optionalen Sprungmarke, einem Operator mit einem optionalen Modifizierer und einem Operanden. Der Operand ist ebenfalls optional[109]. Für den Fall eines Funktionsaufrufes sind mehrere Parameter zulässig, die dann als komma-separierte Liste an der Position des Operanden aufgeführt werden.

---

[109] Der erste Operand befindet sich im Akku, so dass einstellige Operatoren keinen weiteren Operanden benötigen.

Auf den Operanden kann ein Kommentar folgen, der mit (* und *) geklammert werden muss. Abbildung 3.69 zeigt ein Beispiel für den Test $a < x < b$.

AWL-Programm mit Kommentaren	Zwischenergebnisse
s: LD x (* lade x in den Akku *)	x ←
GT a (* vergleiche mit unterem Grenzwert *)	$x > a$ ←
AND((* speichere Zwischenergebnis *)	$x > a$ ←
LD x (* lade x in den Akku *)	x / $x > a$ ←
LT b (* vergleiche mit oberem Genzwert *)	$x < b$ / $x > a$ ←
) (* verknüpfe die Teilergebnisse mit AND *)	$x > a \wedge x < b$ ←

Abbildung 3.69. AWL Beispiel mit Klammerung

Operatoren der AWL: Die Tabelle 3.23 zeigt den gesamten Befehlsvorrat der AWL.

Beipiel Rolltor: Das Beispiel in Tabelle 3.24 stellt einen Auszug der AWL-Codierung des Beispiels Rolltor aus Abschnitt 3.2.1 dar.

Funktionen und Funktionsbausteine in AWL: Der Aufruf von Funktionen und von Funktionsbausteinen erfolgt mit dem CAL-Operator, gefolgt von den aktuellen Parametern.

Zusammenfassung: Obwohl die AWL nicht sehr ausdrucksstark ist und das zugrunde liegende Rechnermodell sehr restriktiv ist, wird sie in der Praxis immer noch häufig eingesetzt. Es existieren andere Programmiersprachen, die der üblichen Schreib- und Denkweise wesentlich weiter entgegen kommen, wie das oben angegebene Beispiel der Prüfung eines Wertebereiches zeigt. So kann

3.6 Programmiersysteme für die Automatisierungstechnik

Operator	Modifizierer	Bedeutung
LD	N	speichert den Wert des Operanden in den Akku
ST	N	speichert den Wert des Akkus in den Operanden
S		setzt den Inhalt des Akkus auf *true*
R		setzt den Inhalt des Akkus auf *false*
AND	N, (	logisches UND
&	N, (	logisches UND
OR	N, (	logisches ODER
XOR	N, (	logisches Exklusiv-ODER (Antivalenz)
NOT		logische Negation oder Einer-Komplement
ADD	(	Addition
SUB	(	Subtraktion
MUL	(	Multiplikation
DIV	(	Division
MOD	(	Modulo-Division
GT	(	Vergleich auf größer
GE	(	Vergleich auf größer oder gleich
EQ	(	Vergleich auf gleich
NE	(	Vergleich auf ungleich
LE	(	Vergleich auf kleiner oder gleich
LT	(	Vergleich auf kleiner
JMP	C, N	Sprung zu einer Marke
CAL	C, N	Aufruf eines Funktionsbausteins
RET	C, N	Rücksprung aus einem Funktionsbaustein
)		Bearbeitung einer zurückgestellten Operation

Tabelle 3.23. AWL-Operatoren nach DIN-EN-IEC 61131.

```
LD      T_heben     (* Laden des Tasterzustandes T_heben      *)
ANDN    T_senken    (* UND-Verknüpfung mit dem negierten      *)
                    (* Tasterzustand T_senken                 *)
ANDN    T_oben      (* UND-Verknüpfung mit dem negierten      *)
                    (* Zustand des oberen Endschalter T_oben  *)
ST      M_heben     (* Motor einschalten, Drehrichtung "heben" *)
LD      T_senken    (* Laden des Tasterzustandes T_senken     *)
ANDN    T_heben     (* UND-Verknüpfung mit dem negierten      *)
                    (* Tasterzustand T_heben                  *)
ANDN    T_unten     (* UND-Verknüpfung mit dem negierten      *)
                    (* Tasterzustand T_unten                  *)
AND     L           (* UND-Verknüpfung mit dem Zustand der    *)
                    (* Lichtschranke L                        *)
ST      M_senken    (* Motor einschalten, Drehrichtung "senken" *)
```

Tabelle 3.24. Beispiel für ein AWL-Programm zur Steuerung des Rolltores.

das Beispiel in einigen Programmierspachen durch x>a AND x<b formuliert werden.

3.6.5 Graphisch orientierte Sprachen

Die DIN-EN-IEC 61131 definiert die drei graphischen Programmiersprachen Ablaufsprache, Funktionsbausteinspracheund Kontaktplan(siehe oben). In diesem Abschnitt werden Gemeinsamkeiten dieser Programmiersprachen dargestellt. Eine graphische Darstellung wird auch als *Netzwerk* bezeichnet. Ein Netzwerk kann durch Vektorgraphiken, durch alphanumerische Standardzeichen oder durch semigraphische Zeichensätze erfolgen. Hierdurch wird eine größere Unabhängigkeit von den einzusetzenden Geräten erreicht. Tabelle 3.25 zeigt die möglichen Graphikelemente in Darstellung durch alphanumerische Zeichen.

Die entsprechenden Semi- und Vollgraphikdarstellungen können sinngemäß aus dieser Tabelle abgeleitet werden. Ein Block kann über so viele Ein- und Ausgänge verfügen, wie die jeweilige Anwendung erfordert. Jedes Netzwerk muss in seinem Gültigkeitsbereich eindeutig benannt werden. Hierzu dient die Netzwerkmarke, die für jedes Netzwerk genau einmal vorhanden sein muss.

Die hier behandelten graphischen Sprachen verfügen über einen *Fluss*, der sprachspezifisch interpretiert werden muss. Die Ablaufsprachebenötigt einen *Aktivitätsfluss*, die Funktionsbausteinspracheeinen *Signalfluss* und der Kontaktplaneinen *Stromfluss*. Die jeweilge Bedeutung wird in den folgenden Abschnitten beschrieben. Grundsätzlich gilt, dass alle Flüsse von links nach rechts und von oben nach unten gerichtet sind. Abweichungen von diesen Flussrichtungen müssen durch Pfeile gekennzeichnet werden. Schleifenstrukturen können zu semantischen Problemen führen und sind im Allgemeinen nicht zulässig. Implizite Schleifen über Konnektorvariablen sind jedoch möglich, da die Bearbeitung sequenziell erfolgt.

3.6.6 Funktionsblock-Sprache FBS

Die Funktionsblock-Sprache ist an die Blockdarstellung elektrischer Schaltnetze angelehnt. Für bestimmte Anwendungen kann diese Art der Darstellung sinnvoll sein. Bei komplexeren Aufgaben, die Fallunterscheidungen oder Schleifen erfordern, sind die textbasierten Sprachen geeigneter. Das Beispiel der Wegmessung zeigt die Anwendung der Funktionsbausteinsprache. Die Darstellungen erfolgen in Anlehnung an die Norm semigraphisch. Die Deklaration der Funktionsblocks wird ebenfalls graphisch dargestellt, und sie entspricht formal einem späteren Aufruf (siehe Abbildung 3.70). Die Namen der formalen Parameter befinden sich in dem Blocksymbol, der Name des Blocks ist immer in der ersten Zeile angeordnet. Außerhalb des Blocks befinden sich die Typen der Parameter. Der Rumpf kann ebenfalls in FBS programmiert

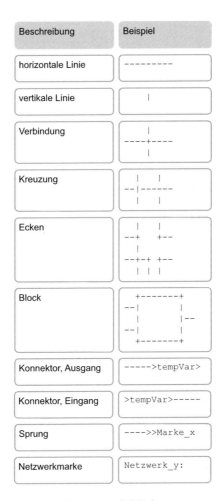

Tabelle 3.25. Darstellung von Linien und Blöcken

```
FUNCTION_BLOCK
            +---------------+
            | positionTrack |
    BOOL----|i           dir|----DIRECTION
    BOOL----|q              |
    BOOL----|set            |
    LINT----|preset      pos|----LINT
            +---------------+
(* Hier folgt der Rumpf *)
END_FUNCTION_BLOCK
```

Abbildung 3.70. Deklaration eine Funktionsblocks in FBS

238   3. Automatisierungstechnik

werden. Eine direkte Umsetzung des Mealy-Automaten in FBS ist möglich, führt aber zu einer aufwändigen Lösung. Hier bietet die FBS vorgefertigte Bausteine, die eine Auswertung erleichtern.[110] Abbildung 3.72 zeigt den Aufruf des Funktionsbausteins in KOP.

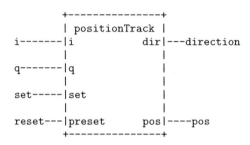

```
                +---------------+
                | positionTrack |
    i-------|i            dir|---direction
                |               |
    q-------|q               |
                |               |
    set-----|set             |
                |               |
    reset---|preset    pos|----pos
                +---------------+
```

Abbildung 3.71. Einbindung eines Funktionsblockes in ein FBS-Programm

Abbildung 3.71 zeigt den Aufruf des Funktionsbausteins in FBS. Die FBS-Programmiersysteme werden im Allgemeinen mit einer umfangreichen Bibliothek von vorgefertigten Funktionen und Funktionsbausteinen ausgeliefert.

3.6.7 Kontaktplan KOP

Der Kontaktplan hat für logische Verknüpfungen eine eigene Darstellungsmethode, die in Anlehnung an elektrische Relaisschaltungen entstanden ist.[111] Abschnitt 3.2.1 beschreibt die elementaren Verknüpfungen. Das gesamte Programm ist zwischen zwei Stromschienen eingebettet. Eingänge werden durch ---[]---, negierte Eingänge durch ---[\]--- und Ausgänge durch ---()--- dargestellt. Die Verknüpfungen können nur strukturiert angewendet werden. Eingänge können nicht als „Kontakt" beliebig mit dem restlichen Netzwerk verbunden werden.[112]

Abbildung 3.72 zeigt den Aufruf des Funktionsbausteins in KOP.

3.6.8 Ablaufsprache AS

Die Ablaufsprache AS ist eine Ausprägung der in Abschnitt 3.2.3 beschriebenen Schrittketten. Dabei werden nicht nur die graphischen Elemente – die Syntax der Ablaufsprache– beschrieben, sondern auch die Bedeutung – die Sematik – ist festgeschrieben.

---

[110] Eine für die FBS adäquate Lösung basiert auf Flip-Flops und einem Zählerbaustein.
[111] Aus diesem Grund nennt man logische Verknüpfungen auch *Netzwerk*.
[112] So genannte „Brückenstrukturen" sind beispielsweise nicht zulässig.

3.6 Programmiersysteme für die Automatisierungstechnik 239

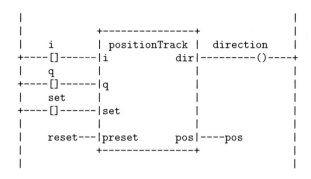

Abbildung 3.72. Einbindung eines Funktionsblockes in ein KOP-Programm

Abbildung 3.73 zeigt für das Beispiel des Inkrementalgebes aus Abschnitt 3.2.2 den Rumpf des Funktionsblockes in der Ablaufsprache.

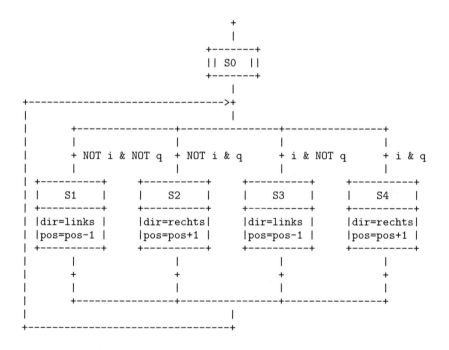

Abbildung 3.73. Rumpf eines Funktionsblocks in AS.

Die Hauptstruktur ist eine alternative Verzweigung. Für jede Kombinationsmöglichkeit der Eingangssignale i und q existiert genau ein Zweig. Die

Vorbedingungen schließen sich gegenseitig aus, so dass hier kein Konflikt entstehen kann. Aufgrund der einfachen Struktur und des damit verbundenen hohen Dokumentationswertes ist die Implementierung des Rumpfes des Funktionsbausteins in der Funktionsbausteinspracheeine gute Lösung.

3.7 Bedienen und Beobachten

Das Bindeglied zwischen dem Bediener einer Anlage und dem Automatisierungssystem bildet die *Mensch-Maschinen-Schnittstelle*, auch *HMI*[113] genannt. Angesicht steigender Anforderungen an logistische Systeme nimmt auch die Funktionalität des HMI stetig zu. HMI-Geräte sowie kompatible, durchgängige HMI-Software einschließlich einer Visualisierungssoftware sind wesentliche Bestandteile heutiger Fertigungsanlagen und -abläufe. Maschinen und Anlagen sicher und einfach zu bedienen und Daten präzise abzugleichen sind nur einige Ansprüche, die an reibungsloses Bedienen und Beobachten gestellt werden.

Die Norm DIN-EN-ISO 9241 enthält Empfehlungen zum Bereich Ergonomie für Software und gibt Anhaltspunkte für die methodische und inhaltliche Umsetzung der Bedienerschnittstellen:

- Aufgabenangemessenheit
  - Funktionalität der Aufgabe angemessen
  - Vermeidung unnötiger Interaktionen
- Selbstbeschreibungsfähigkeit
  - Verständlichkeit durch Hilfen
  - Rückmeldungen
- Steuerbarkeit
  - Steuerung der Dialoge durch den Benutzer
- Erwartungskonformität
  - Konsistenz
  - Anpassungsmöglichkeiten
- Fehlertoleranz
  - leichte Korrekturmöglichkeiten
  - unerkannte Fehler verhindern nicht das Benutzerziel
- Individualisierbarkeit
  - Anpassbarkeit an Benutzer und Arbeitskontext
- Lernförderlichkeit
  - Anleitung des Benutzers
  - kurze Lernzeit

---

[113] HMI: engl. Human Machine Interface

DIN-EN-ISO 9241 definiert:

„Eine Benutzerschnittstelle – oder Mensch-Maschine-Schnittstelle – ist der Teil eines Programms, der den Datenaustausch zwischen einem technischen Gerät und seinem Benutzer durchführt."

Im Computerbereich unterscheidet man im Wesentlichen folgende Varianten:

Command Line Interpreter, CLI: Der Benutzer gibt per Tastatur Kommandos ein, die Ausgaben erfolgen im Allgemeinen als Text. Shell-Programme (Beispiel: bash, cshell) sind ein Beispiele für CLIs.

Text User Interface, TUI: Zeichenorientierte Benutzerschnittstellen sind ebenfalls textbasiert, erfordern jedoch vom Benutzer keine Kommandoeingabe. Sie präsentieren sich meist in Form von Menüs, die mit der Tastatur – gelegentlich auch mit der Maus – bedient werden.

Graphical User Interface, GUI: Mit graphischen Benutzeroberflächen lassen sich komplexe Bedienkonzepte gestalten, die üblicherweise mit einer Maus bedient werden. KDE[114] und die Microsoft-Windows-Bedienoberfläche sind Beispiele für GUIs.

Voice User Interface, VUI: Über sprachbasierte Benutzerschnittstellen kommuniziert der Benutzer per gesprochenem Wort mit einem System. Ausgaben bestehen entweder aus vorab aufgezeichnetem Ton oder erfolgen dynamisch synthetisiert. Eingaben erfordern eine Spracherkennung wie sie beispielsweise für *Pick by Voice*-Systeme eingesetzt werden.

Haptic User Interface, HUI: Haptische – den Tastsinn betreffende – Benutzerschnittstellen reagieren auf Bewegung des Benutzers. Beispiele sind Datenhandschuh oder Kamerabeobachtung.

3.7.1 Funktionen einer Bedienerschnittstelle

Die Endgeräte sind erst durch den Einsatz entsprechender Software in der Lage, eine Mensch-Maschine-Schnittstelle zu realisieren. Hierzu sind eine Reihe von Funktionen bereitzustellen, die auf den jeweiligen operativen Prozess abgestimmt sind. Die Funktionen arbeiten im Wechselspiel zwischen Ein- und Ausgaben und sollen den Bediener einerseits sinnvoll führen, aber andererseits ihn nicht ohne Grund zu einer festen Reihenfolge zwingen. Insbesondere muss – soweit möglich – eine begonnene Funktion abgebrochen werden können.

Für die Auswahl einer auszuführenden Funktion werden meist hierarchisch organisierte Auswahlmenüs angeboten. Die Auswahl der nächsten Ebene und die Rückkehr in die übergeordnete Ebene stellen die statische Navigation durch die Auswahlmenüs dar. Dem steht als dynamische Navigation der Rücksprung auf die zuletzt ausgewählte Ebene gegenüber. Ein Rücksprung kann bei der dynamischen Navigation durch einen Vorwärtssprung

---

[114] K Desktop Environment ist eine frei verfügbare Arbeitsumgebung

wieder aufgehoben werden. Bei Einsatz dieser Navigationsmethode sollte zur Vermeidung von Fehlern sichergestellt werden, dass Eingabefelder, die bei einer früheren Funktionsausführung mit Werten belegt wurden, nach einem dynamischen Rücksprung wieder mit den Voreinstellungen belegt werden.

Für die Eingabewerte sind sinnvolle Vorgaben vorzusehen und alle vom Bediener eingegebenen Werte auf Plausibilität zu prüfen. Das bedeutet, dass nur erlaubte Zeichen eingegeben werden dürfen, Wertebereiche eingehalten werden müssen und keine Abhängigkeiten zwischen einzelnen Parametern verletzt werden können.

Die an einem Arbeitsplatz oder an einem Gerät ausführbaren Funktionen werden einer oder mehreren *Rollen* zugewiesen. Beispiele für Funktionen sind Sperren/Freigeben von Paletten und Lagerorten sowie Ändern einer Palettenbelegung. Beispiele für Rollen sind Wareneingangsprüfung, Qualitätskontrolle und Disposition. In einem angenommenen Fall dürfen sowohl die Wareneingangsprüfung als auch die Qualitätssicherung Paletten sperren, während nur die Qualitätssicherung gesperrte Paletten wieder freigeben darf. Lagerorte können beispielsweise nur von der Disposition gesperrt und freigegeben werden

3.7.2 Zugangskontrolle

Um Funktionen in einer Logistiksoftware auszuführen, sollte aus Sicherheitsgründen immer eine Zugangskontrolle stattfinden. Der Administrator hinterlegt hierzu Personennamen, Zugangsdaten und die Rollen, die diese Person annehmen darf. Zugangsdaten können Kennworte (Passwords) oder biometrische Daten sein. Bei Arbeitsbeginn muss sich jede Person an ihrem Arbeitsplatz anmelden und für diese Zugangskontrolle dann auch die Zugangsdaten – beispielsweise durch Eingabe des Kennwortes oder durch einen Scan der Iris – bereitstellen (siehe auch Abbildung 2.3). Nach erfolgreicher Anmeldung kann der Arbeitsplatz für die Rollen genutzt werden, für die er ausgelegt ist und für die auch eine Berechtigung für den jeweiligen Bediener vorliegt. Ein Abmelden sollte explizit durch den Bediener erfolgen. Alternativ oder zusätzlich kann nach Ablauf einer gewissen Zeit, in der keine Eingaben erfolgen, der Arbeitsplatz gesperrt oder der Bediener implizit abgemeldet werden.

Ein gesperrter Arbeitsplatz kann nur durch eine nochmalige erfolgreiche Zugangskontrolle des bereits angemeldeten Bedieners freigegeben werden. Alternativ oder zusätzlich können auch die Arbeitsplätze, für die eine Berechtigung besteht, eingeschränkt werden. Dann kann anstelle des rollenbezogenen Zugangs (beispielsweise für die Rollen „Einlagern" oder „Kommissionieren") ein ortsbezogener Zugang – beispielsweise zu genau einem oder zu mehreren definierten I-Punkten oder Kommissionierplätzen – zugesichert werden. Weitere Einschränkungen können bis auf die erlaubten Einzelfunktionen im Sinne von Berechtigungsprofilen (beispielsweise „Stammdatenauskunft" oder „Sperren/Freigeben von Chargen") erfolgen. Die Zugangsbeschränkung auf erlaubte Zeitfenster (beispielsweise „Arbeitstage" oder „Schicht") bietet weitere Sicherheit.

3.7.3 Internationalisierung und Lokalisierung

Internationalisierung in der Softwareentwicklung bedeutet, ein Programm so zu gestalten, dass es ohne Änderung des Quellcodes an andere Sprachen und Kulturen angepasst werden kann (siehe [3]). Die Durchführung dieser Anpassungen erfolgt in einem zweiten Schritt und wird als Lokalisierung bezeichnet.

Internationalisierte Programme weisen folgende Eigenschaften auf: Ausführbares Programm und Benutzungsoberfläche sind voneinander getrennt. Hierzu eignet sich das weiter unten beschriebene MFC-Konzept. Textdaten mit den lokalitätsbezogenen Daten sind in externen Dateien abgelegt und werden nach Bedarf geladen. Landesspezifische Konventionen wie beispielsweise Datum/Uhrzeit, Dezimaldarstellung, Währungssymbole und spezifische Zeichensätze müssen unterstützt werden.

Grundsätzlich können die Ein- und Ausgaben bedienerabhängig, standortabhängig oder nach einem Firmen- oder einem internationalen Standard erfolgen. Dialogtexte können in der jeweiligen Landessprache des Bedieners dargestellt werden. Die Auswahl kann manuell oder über das Bedienerprofil der Zugangskontrolle erfolgen. Die Endgeräte müssen über entsprechende Zeichensätze oder über die Fähigkeit verfügen, ihren Zeichensatz von einem externen Gerät zu beziehen. Die rechnerinterne Darstellung muss hier eine Unterstützung bieten. Da die üblicherweise benutzte 8-Bit-Codierung für einzelne Buchstaben oft nicht ausreicht, wurde der Unicode, eine 16-Bit-Codierung, zur Unterstützung der multilingualen Textbearbeitung eingeführt.[115]

Die Darstellung des Datums und der Uhrzeit sollte in einer unverwechselbaren Form erfolgen. Abweichend hiervon sind Darstellungen möglich, die am Standort des Betreibers üblich sind. Dezimalbrüche können in der Punkt- oder Kommanotation dargestellt werden. Häufig wird auch eine standortübliche Darstellung gewählt. Die physikalischen Größen – wie beispielsweise Gewicht oder Abmessungen – sollten dem internationalen Standard (MKS-System: Meter, Kilogramm, Sekunde) entsprechen. Umrechnungen zwischen unterschiedlichen Größen sollten im Bereich der Identifikation von Ladeeinheiten und Produkten durch geeignete Funktionen möglich sein. Neuere Programmiersprachen – wie beispielsweise die Programmiersprache Java – unterstützen die Internationalisierung durch entsprechende Datentypen und Bibliotheken.

3.7.4 Hilfesysteme

Zur Unterstützung der Bediener existieren Handbücher, die jedoch meist nicht für den operativen Betrieb, sondern zu Schulungszwecken genutzt wer-

---

[115] Eine 8-Bit-Codierung bietet $2^8 = 256$ und eine 16-Bit-Codierung $2^{16} = 65536$ unterschiedliche Codewörter.

den. Zur Unterstützung können diese Handbücher auch online verfügbar gemacht werden, was auch eine Suche über den Inhalt, über Stichworte und über den gesamten Text (Volltextsuche) ermöglicht.

Wichtiger als die Online-Handbücher ist jedoch eine kontextsensitive Hilfe, die abhängig von der gerade ausgeführten Funktion einen kurzen Hinweis geben sollten. Insbesondere ist die Anzeige der möglichen Eingabewerte oder Wertebereiche hilfreich. Adaptive Verfahren können abhängig von der Vorgeschichte des Bedienerdialoges gezielte Hinweise geben. Adaptive Hilfesysteme werden heute meist nur in einer sehr rudimentären Form eingesetzt. Häufig wird stattdessen bei mehrfachen Fehleingaben immer ein festes Vorgehen, das oft in einem Verweis auf das Online-Handbuch besteht, programmiert. Zusätzliche Hilfsdienste können von Fall zu Fall sinnvoll sein:

- elektronische Notizzettel als Ersatz für „fliegende Zettel"
- ennerbetriebliches elektronisches Mailsystem mit einer direkten Kopplung zur jeweiligen Logistikapplikation
- arbeitsplatzbezogene To-Do-Listen zur schichtübergreifenden Kommunikation
- arbeitsplatzbezogene Kalender für die Erfassung von Wartungsterminen und der Ankündigung außergewöhnlicher Ereignisse

3.7.5 Endgeräte

Endgeräte sind alle Ein-/Ausgabegeräte, die – im Gegensatz zu Sensoren und Aktoren, welche die Schnittstelle zur Fördertechnik bilden – in direktem Bezug zu einem Bediener stehen. Diese Ein-/Ausgabegeräte werden oft zu komplexen Einheiten für spezielle Einsatzzwecke zusammengestellt. Beispiele sind

- Bildschirmarbeitsplätze mit Mausbedienung und der Ausgabe von Warntönen über einen Lautsprecher,
- Funkterminals mit einer Textanzeige, einer numerischen Tastatur und einem Barcodeleser und
- Zustandsanzeige durch eine Kontrolllampe und Quittierung durch die Betätigung eines Tasters.

So existieren beispielsweise für die Kommissionierung spezielle Endgeräte. Abbildung 3.74 zeigt ein so genanntes Headset für die Pick-to-Voice-Kommissionierung. Abbildung 3.75 zeigt das Beispiel Pick-to-Light. Pick-to-Light ist ein Kommissionierprinzip, bei dem mithilfe einer Anzeige dasjenige Fach gekennzeichnet wird, aus dem der Artikel entnommen werden soll. Dabei können auch die Entnahmemenge und – je nach Anwendungsfall – auch weitere Informationen angezeigt werden. Zur Quittierung und zur Korrektur stehen dem Kommissionierer verschiedene Eingabetasten zur Verfügung.

3.7 Bedienen und Beobachten

Abbildung 3.74. Endgeräte für eine Kommissionierung nach dem Pick-to-Voice-Prinzip. Quelle: DLoG GmbH, Olching

Abbildung 3.75. Anzeige und Bedieneinheit für eine Kommissionierung nach dem Pick-to-Light-Prinzip. Quelle: KBS Industrieelektronik GmbH, Freiburg

3.7.6 Visualisierung

Zur Konstruktion von Benutzer-Schnittstellen wird in neueren Systemen meist das Model-View-Controller-Konzept (MVC) eingesetzt. Es besteht aus den drei Objekten

- Model,
- View und
- Controller

Das Model-Objekt stellt die Kernfunktionalität und das Anwendungsobjekt dar, das View-Objekt seine Präsentation – meist eine Bildschirmpräsentation – und das Controller-Objekt bestimmt die Möglichkeiten, mit denen die Benutzer-Schnittstelle auf Eingaben des Benutzers reagieren kann. Das MVC-Konzept basiert auf einer strikten Trennung zwischen den *Anwendungsdaten*, den *Sichten* auf diese Anwendungsdaten und der steuernden *Logik*.

Die Vorteile des MVC-Konzeptes sind eine große Flexibilität sowie ein hohes Maß an Wiederverwendbarkeit. MVC ist heute einer der Grundpfeiler im Design moderner Webapplikationen.

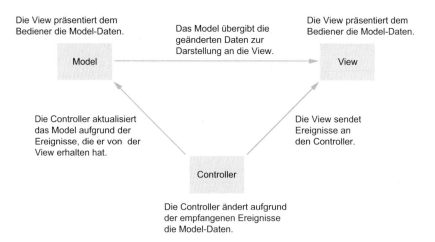

Abbildung 3.76. Prinzip des Model-View-Controller-Konzeptes

Viele Hersteller von Automatisierungsgeräten bieten spezielle Hard- und Software zur Visualisierung an. Damit können Anlagenteile graphisch präsentiert werden und ihre Zustände können als numerische Werte, als Farben oder Formen dargestellt werden. Die Graphik steht dabei in einem direkten Zusammenhang mit Variablenwerten. Die Systeme sind oft mit speziellen Features wie beispielsweise einem Farbumschlag bei Erreichen eines kritischen Wertes oder der Bereitstellung von Detailinformationen auf Anforderung ausgerüstet.

3.8 Systemsicht

In den vorangegangenen Abschnitten sind jeweils unterschiedliche Einzelaspekte logistischer Systeme betrachtet worden. In diesem Abschnitt folgt eine globale Sicht auf ein gesamtes *System*, das aus einzelnen Komponenten aufgebaut ist.

3.8.1 Diagnose

Während der Betriebsphase entstehen unter realen Arbeitsbedingungen Ausnahmezustände und Fehler. Um einen solchen Fehler zu beheben, muss er zunächst erkannt werden. Im nächsten Schritt muss der Fehler diagnostiziert werden, das heißt, seine Ursache muss gefunden werden. Die Fehlerbehebung überführt das System wieder in einen korrekten Zustand. Abbildung 3.77 zeigt die Schritte vom Eintritt eines Ereignisses über die Fehlererkennung und die Fehlerdiagnose bis zur Fehlerbehebung.

Es gibt Fälle, in denen die Fehlerdiagnose nicht eindeutig ist oder zu gar keiner Ursache führt. Für die Fehlerbehebung ist die Kenntnis der Ursache

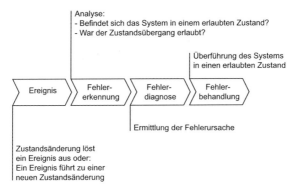

Abbildung 3.77. Fehlerfälle: Vom Ereignis bis zur Fehlerbehandlung.

nicht immer erforderlich. Ziel der Fehlerbehebung ist die Überführung des Systems in einen korrekten Zustand. Dieser Zustand muss erlaubt sein und zu dem zu steuernden physischen System konform sein.

Wünschenswert ist eine automatische Diagnose. Es existieren modellbasierte und signalbasierte Methoden zur automatischen Diagnose. Beispielsweise wird in einem Automatenmodell nicht in jedem Zustand jedes Ereignis erwartet. Tritt dennoch ein solches unerwartetes Ereignis ein, kann das Ereignis falsch sein oder der Zustand ist nicht der richtige. Im zweiten Fall kann ein Ereignis in der Vergangenheit falsch gewesen sein. Durch eine „Rückwärtsverfolgung" kann so eine Menge von möglichen Ursachen ermittelt werden.[116] Ein einfaches Beispiel einer signalbasierten Methode ist die 2-aus-3-Auswertung (siehe Abschnitt 2.7.1).

Zur Verdeutlichung dient das folgende Beispiel. Ein Regalbediengerät soll eine Ladeeinheit von einem Ort q zu einem anderen Ort z transportieren. Dabei können folgende Ereignisse eintreten:

- Zeitüberschreitung bei der Fahrt nach q
- q ist nicht belegt
- Zeitüberschreitung bei der Fahrt nach z
- z ist belegt
- spontane Fehlermeldung des RFZ

Für den Fall eines nicht belegten Quellplatzes zeigt die Abbildung 3.78 die möglichen Ursachen und ihre Behebung.

Nicht jedes Ereignis muss ein Fehler sein. Abbildung 3.79 zeigt auf der linken Seite Ausnahmesituationen, die von einem Hardwarefehler bis zu einem Hinweis an den Bediener reichen.

Alle Ereignisse, die Ausnahmen und die regulären Ereignisse werden protokolliert und oft auch archiviert. Diese Daten bilden die Basis für eine Aus-

---

[116] Dieses Beispiel ist vereinfacht, zeigt jedoch ein Prinzip einer modellbasierten Diagnose. Weitere Methoden sind in [15] beschrieben.

248   3. Automatisierungstechnik

Abbildung 3.78. Fehlerdiagnose in einem Hochregallager bei leerem Quellplatz

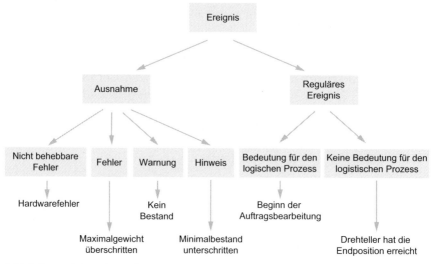

Abbildung 3.79. Ausnahmen und Fehler.

wertung, die in Form einer Zeitreihe, eines Histogrammes oder eines Satzes von Kenndaten erfolgen kann.

Abbildung 3.80 zeigt zwei Möglichkeiten der Darstellung von Ereignissen. Insbesondere die Zeitreihen eignen sich, Diagnosen auch im Nachhinein durchzuführen und Schwachstellen zu erkennen. Das Datenvolumen kann sehr große Ausmaße annehmen, so dass gelegentlich die Ereignisse auch als Histogramm erfasst werden. Wenn für die Analyse keine Kausalitäten berücksichtigt werden müssen, ist diese kompakte und speichersparende Darstellungsform ausreichend.

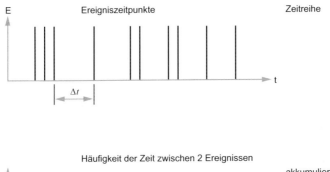

Abbildung 3.80. Zeitreihe und Histogramm

3.8.2 Systemstrukturen

Systeme sind aus Grundelementen, den Systembausteinen oder den Komponenten aufgebaut. Jeder dieser Bausteine verfügt über jeweils einen oder mehrere Ein- und Ausgänge. Spezialfälle sind die Quellen, die nur Ausgänge, und die Senken, die nur Eingänge aufweisen. Nach außen ist nur das *Verhalten* eines Bausteins wichtig, nicht jedoch seine genaue Arbeitsweise. Es werden zustandsfreie und zustandsbehaftete Bausteine unterschieden. In vielen Fällen können die Bausteine auch parametriert werden. Parameter beeinflussen das Verhalten eines Bausteins. Beispiele für Parameter sind Überwachungszeit oder Pufferkapazität. Bausteine mit gleichartigen Schnittstellen können miteinander verbunden werden. Eine *Struktur* ist die Gesamtheit der Beziehungen zwischen den Teilen eines Ganzen.

Verbindungen können verzweigen, um mehrere Nachfolgerbausteine mit einem Vorgänger zu verbinden. Unter der Vielfalt der möglichen Strukturen werden einige gesondert betrachtet.

Ein solcher Baustein kann eine Komponente eines logistischen Systems wie beispielsweise ein ganzer Kommissionierbereich oder ein Wareneingang sein. Andere Beispiele aus dem Gebiet der Fördertechnik sind Sortieranlagen, Palettierbereiche, ein Förderabschnitt oder eine Weiche.

Im Folgenden werden grundlegende Strukturen aufgelistet.

Kettenstruktur: Kettenstrukturen sind typisch für eine Transportkette oder eine sequenzielle Ausführung von Bearbeitungsschritten. Bei Ausfall eines Kettengliedes wird das gesamte System gestört. Abhilfe für die Überbrückung kurzfristiger Störungen ist eine starke Entkopplung durch Puffer. Je nach dem abgebildeten System kann es sich dabei um Material- oder Datenpuffer handeln.

Parallelstruktur: Parallelstrukturen können zur Schaffung von Redundanz und zur Durchsatzerhöhung eingesetzt werden. Im Bereich der hochzuverlässigen Systeme wird diese Redundanz genutzt, um beispielsweise durch ein 2-aus-3-Verfahren einen Fehler zu erkennen und trotz eines Fehlers weiterarbeiten zu können (siehe auch Abschnitt 2.7.1).

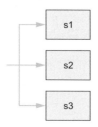

Hierarchische Struktur: Hierarchische Strukturen sind typisch für die Automatisierungstechnik wie etwa die Unterteilung in Leitebene und Feldebene (siehe Abbildung 3.1). Hierarchien sind einfache Strukturen, mit denen auch komplexe Systeme beherrscht werden können. Da jedes Teilsystem immer genau in ein übergeordnetes System eingebettet ist, ist beispielsweise die Kommunikation zwischen benachbarten Teilsystemen nur über die höheren Hierarchieebenen möglich.

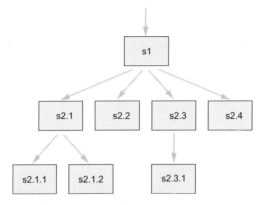

Rückgekoppelte Systeme: Rückgekoppelte Systeme werden beispielsweise in der Regelungstechnik eingesetzt (siehe Abbildung 3.3).

Vermaschte Systeme: Systeme, die keinerlei Struktureinschränkungen unterliegen, sind vermascht. Im Allgemeinen ist nicht jedes Teilsystem mit jedem anderen verbunden. Vermaschte Systeme bilden die Grundlage von echt verteilten Systemen. Dabei sind die Verbindungen häufig zeitvariant.

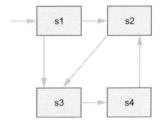

Geschichtete Systeme: Schichtenmodelle werden in der Softwaretechnik mit Erfolg eingesetzt, siehe zum Beispiel den Protokollstack in der Kommmunikationstechnik in Abschnitt 3.5.3. Das Konzept der Schichtung kann auch auf Schichtung vermaschter Systeme angewendet werden. So kann beispielsweise die operative Ebene mit der Steuerungsebene über Sensoren und Aktoren gekoppelt werden.

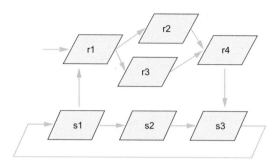

Die hier aufgezeigten Stukturen werden in der Praxis häufig untereinander gemischt. Die hohe Dynamik, die in der Welt der Logistik anzutreffen ist, erfordert ein hohes Maß an Flexibilität. Der Einsatz geeigneter Systemstrukturen ist ein Mittel, die Komplexität zu beherrschen und geforderte Flexibilität sicherzustellen.

4. Praxisbeispiele

Dieser Abschnitt zeigt drei Anwendungen der bisher beschriebenen Basistechniken der Automatischen Identifikation und der Automatisierung.[1] Alle Projekte sind unter realistischen Bedingungen in ein Gesamtsystem integriert. Damit können komplette Abläufe projektübergreifend getestet werden. Diese Kopplung betrifft sowohl den Daten- als auch den Materialfluss und umfasst auch die Kopplung zu übergeordneten Systemen. Zu allen drei Beispielen sind im World Wide Web weitere Informationen[2] erhältlich.

4.1 AutoID-Abstraktionsschicht

Zur Integration der verschiedenen Geräte zur automatischen Identifikation von Objekten in ein übergeordnetes System bedarf es eines Bindegliedes. Die verschiedenen Geräte können unter anderem

- Barcodescanner,
- RFID-Lesegeräte,
- Magnetkartenleser oder
- Klarschriftleser

sein. Dabei ist es durchaus möglich, dass sich mehrere Geräte unterschiedlicher ID-Techniken, wie zum Beispiel Barcodescanner und RFID-Lesegeräte, im Einsatz befinden. Auch können die Geräte einer Gruppe, also zum Beispiel die Barcodescanner, von unterschiedlichen Herstellern sein und keine einheitlichen Protokolle besitzen.

Das übergeordnete System kann zum Beispiel durch

- eine Materialflusssteuerung (MFS),
- ein Lagerverwaltungsprogramm (LVS) oder

---

[1] Alle drei vorgestellten Projekte wurden am Fraunhofer Institut für Materialfluss und Logistik in Dortmund entwickelt.
[2] Zu diesen Informationen zählen Screenshots, Videos, Dokumentationen, ausführbare Beispielprogramme und teilweise auch Quelltexte. Es handelt sich hier um laufende Projekte, so dass hier auch mit laufenden Aktualisierungen zu rechnen ist. Die jeweiligen URL sind in den einzelnen Kapiteln angegeben.

- ein Warenwirtschaftssystem (WWS)

gegeben sein. Die Aufgabe des übergeordneten Systems besteht in der Regel nicht in der Verwaltung und Kontrolle diverser Geräte der automatischen Identifikation, das System muss lediglich auf die Identifikatoren lesend – gegebenenfalls auch schreibend – zugreifen können.

Das Bindeglied, eine Software, soll einerseits auf unterster Hardwareebene die Geräte verwalten, Befehle versenden und eingehende Meldungen sinnvoll interpretieren können und andererseits die Informationen dem übergeordneten System in einer leicht weiterzuverarbeitenden Form zur Verfügung stellen. Weiterhin soll es den Anforderungen dieses übergeordneten Systems an die AutoID-Geräte gerecht werden, indem es die Befehle in einer einheitlichen Form entgegennimmt und individuell der unteren Ebene übergibt. Das Bindeglied bildet eine Abstraktionsschicht, einen AutoID Abstraktionslayer.

An diese Abstraktionsschicht wird eine Anzahl von Anforderungen gestellt. Die minimalen Anforderungen sind dabei die Folgenden:

Investitionssicherheit: Die Abstraktionsschicht muss langlebig und re-leasefähig[3] sein. Weiterhin muss sichergestellt sein, dass Erweiterungen auch nach langer Zeit noch vorgenommen werden können. Letzteres kann unter anderem durch Offenlegung des Codes (open source) und durch die Wahl einer geeigneten Programmiersprache erreicht werden.

Plattformunabhängigkeit: Die Abstraktionsschicht soll auf den unterschiedlichsten Rechnersystemen und unter verschiedenen Betriebssystemen laufen können. Eine Plattformunabhängigkeit wird durch die Wahl einer Programmiersprache und Verzicht auf Zugriffe auf Systemebene erreicht.

Skalierbarkeit: Sie eröffnet die Möglichkeit des Wachstums des Systems: Die Einbindung neuer AutoID-Geräte soll mit einem vertretbaren Ressourcenverbrauch, also einem möglichst geringen Anschaffungsaufwand auf der Serverseite erfolgen.

Robustheit: Im Falle von Ausfällen einzelner Komponenten des Systems soll die gesamte Software stabil weiterarbeiten und ein Wiederanfahren der ausgefallenen Komponente gut unterstützen. Solche Robustheit ist unter anderem durch den Einsatz einer Datenbank zu erreichen.

Einfache Integration unterschiedlicher und neuer Geräte: Durch entsprechende Dokumentation und ein verständliches Konzept muss die Integration neuer AutoID Hardware problemlos möglich sein.

Einfache Konfiguration und Benutzerfreundlichkeit: Die vorhandenen Geräte müssen leicht umkonfiguriert werden können, wenn zum Beispiel eine IP-Adresse geändert wird. Auch hier hilft eine entsprechende Dokumentation des Gesamtsystems sehr.

---

[3] Mit Releasefähigkeit ist der Zustand gemeint, dass ein Releasewechsel nicht zu einer kompletten Erneuerung der zuprogrammierten Teile führt. Durch eine Schnittstellengarantie soll sichergestellt sein, dass zumindest die alten Schnittstellen weiterhin unterstützt werden.

Zu- und Abschaltung von Geräten zur Laufzeit: Einzelne angeschlossene AutoID-Geräte müssen abgeschaltet, ausgetauscht und wieder zugeschaltet oder durch andere Geräte ersetzt werden können, ohne das gesamte System anhalten zu müssen.

Offenheit: Das System muss so aufgebaut sein, dass auch zukünftige Identifikationsmedien und die zugehörigen AutoID Geräte damit angesprochen und verwaltet werden können. Offene und erweiterbare Schnittstellen erfüllen diesen Anspruch.

Viele weitere Anforderungen an einen Abstraktionslayer für Geräte der automatischen Identifikation sind vorstellbar.

4.1.1 udc/cp

Am Fraunhofer-Institut für Materialfluss und Logistik IML in Dortmund wurde eine AutoID-Abstraktionsschicht entwickelt, das *udc/cp*, das *unified data capture/communication protocol*[4]. Die Idee war dabei nicht nur, die obigen Anforderungen an eine AutoID-Abstraktionsschicht zu realisieren und eine neue Software zu entwerfen. Die Entwicklung von udc/cp war auch getrieben durch die Anforderung, es innerhalb des hausinternen Materialflusssystems der Demonstrationsanlage (siehe Abschnitt 4.3) einsetzen zu können, wobei folgende Probleme besonders zu berücksichtigen waren:

- Da es sich bei der hausinternen Anlage auch um eine Versuchsanlage handelt, bei der sich die Aufstellungsorte der AutoID Geräte ändern können, muss eine Zu- und Abschaltung der Geräte zur Laufzeit möglich sein.
- Um das Arbeiten mit unterschiedlichen Geräten wechselnder Hersteller ermöglichen zu können, muss die Anlage zur Laufzeit auf einfache Art umkonfiguriert und fehlende Treiber müssen hinzugefügt werden können.
- Die Anlage muss mit den unterschiedlichsten AutoID Geräten umgehen können, die Abstraktionsschicht muss an eine übergeordnete Software einen für das System standardisierten Identifikator liefern, unabhängig von der Art des angeschlossenen Gerätes.

Weiterhin existierte die Forderung, die erfassten Daten gewinnbringend aufzuwerten und unnötige Informationen zu kapseln. Der Schaffung eines *logistischen Datensatzes* wurde durch die Beantwortung der drei „W-Fragen" realisiert:

- Was wurde identifiziert (welches Label oder welcher Transponder)?
- Wo wurde identifiziert (an welchem Montageort steht der Reader)?
- Wann wurde identifiziert (die Systemzeit des Rechners)?

---

[4] Siehe auch [7].

Ausgeliefert an die übergeordnete Schicht wird der logistische Datensatz[5], der aus den erfassten ID-Daten besteht und vom udc/cp-System mit der Orts- und der Zeitangabe der Erfassung erweitert wird. Dagegen wird die Information über die Hardware, die die Identifikation ermittelte, nur auf explizite Anfrage ausgeliefert, weil diese Information für eine übergeordnete Schicht nicht von Interesse ist. udc/cp wurde in der Programmiersprache Java[6] ent-

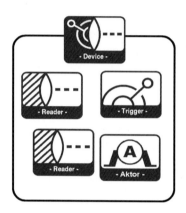

Abbildung 4.1. Zusammensetzung eines Devices aus verschiedenen Readern, Trigger und Aktor

wickelt, um eine Portierung auf die verschiedenen Systeme, vor allem auf die im industriellen Umfeld stark vertretenen Systeme auf Basis von Unix, Windows und Linux, zu erleichtern.

4.1.2 Devices

Auf der Feldebene beginnt zum Beispiel der Barcode-Handscanner mit beweglichem Strahl[7] den Lesevorgang erst dann, wenn er durch einen Tastendruck aktiviert oder „getriggert" wird.

---

[5] Der Aufbau eines logistischen Datensatzes mit noch mehr Informationen wurde in [33] angedacht; der von udc/cp aufgebaute logistische Datensatz ist minimaler. Da weitere Informationen, zum Beispiel das erfassende Lesegerät, nicht unbedingt von einer übergeordneten Software benötigt werden und auf Nachfrage dennoch geliefert werden können, ist die Beantwortung der drei „W-Fragen" als logistischer Datensatz ausreichend.

[6] Die Programmiersprache Java hat sich neben anderen Hochsprachen, wie zum Beispiel C und $C++$, inzwischen als Lehrsprache etabliert. Dadurch ist sichergestellt, dass auch in vielen Jahren noch Software-Entwickler an einem in Java programmierten System arbeiten und Änderungen und Erweiterungen vornehmen können.

[7] Siehe Abschnitt 2.8.2.

Das AutoID-Abstraktionslayersystem udc/cp unterteilt Geräte in die drei Gruppen der

- Trigger,
- Reader und
- Aktoren.

Ein Trigger ist ein Objekt, das einen Zustandswechsel mit einem Triggersignal quittiert. Ein Trigger wird etwa durch eine Lichtschranke oder einen Taster repräsentiert.

Ein Reader ist ein Gerät, das, durch ein Triggersignal angestoßen, Informationen einliest und zur Weiterverarbeitung zur Verfügung stellt. Reader sind zum Beispiel Barcodescanner oder RFID-Schreib- und Lesestationen.

Ein Aktor ist ein Gerät, eine Maschine oder ein Objekt, das eine Handlung ausführt. Als Beispiel für Aktoren können Verzweigungen oder Stellmotoren genannt werden[8].

Es lassen sich mehrere Reader, die mit unterschiedlichen physikalischen Prinzipien arbeiten[9], oder Reader gleichen Typs und mehrere unterschiedliche Trigger zu einem logischen *Device* zusammenschalten. Abbildung 4.1 zeigt den schematischen Aufbau eines logischen Devices, das in der Abbildung aus je zwei Triggern und zwei Readern aufgebaut ist; die unterschiedlichen Graustufen zeigen dabei an, dass es sich um verschiedene Geräte handelt.

Beispielsweise lassen sich zwei Trigger, ein Transponderreader und ein Barcodeleser, zu einem Device zusammenfassen. Ein anderes Beispiel wäre das Device, das aus einem zyklisch arbeitenden Softwaretrigger und einer RFID-Station oder mehreren Triggern und verschiedenen Lesegeräten gebildet wird.

Die Definition der verschiedenen Devices erfolgt durch XML-Dateien. Der Vorteil dieser Zusammenfassung von verschiedenen Geräten zu logischen Einheiten besteht in der Möglichkeit, autarke Aktionsorte zu schaffen: Den Anwender und die übergeordnete Software interessiert nicht, durch welchen Trigger welches identifikationserfassende Gerät angesprochen wurde, sondern nur, dass das Device einen Gegenstand an einem bestimmten Ort zu einer bestimmten Zeit identifiziert hat.

Hat beispielsweise eine Förderstrecke wie in Abbildung 4.2 dargestellt zwei RFID-Lesestationen und einen Trigger in Form einer Lichtschranke, um einen einseitig belabelten Gegenstand identifizieren zu können, so würde udc/cp mit diesen zwei Lesestationen und der Lichtschranke ein Device bilden, dem Device einen eindeutigen Namen zuordnen und nur noch übermitteln, dass eine Identifikation an genau diesem Device mit dem zugeordneten Namen erfolgte. Intern differenziert udc/cp die Reader des Devices derart, dass bei

---

[8] Aktoren werden im Rahmen dieses Buches nicht weiter betrachtet.
[9] Mit unterschiedlichen physikalischen Prinzipien arbeiten etwa Barcodescanner und RFID-Lesegeräte. Während die Barcodescanner einen Barcode optisch abtasten, nehmen RFID-Leser über elektromagnetische Wellen oder über Induktion den Kontakt zu einem Transponder auf.

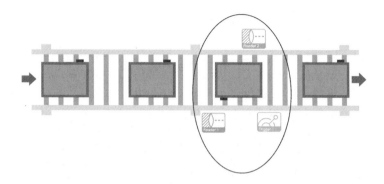

Abbildung 4.2. Stetigförderer mit einseitig belabelten Transporteinheiten

einem weiteren Zugriff auf den Informationsträger der betreffende Reader zuerst befragt wird.

4.1.3 Architektur der Devices

Um ein Device aus mindestens einem Reader und einem Trigger aufbauen zu können, wie es in Abbildung 4.3 durch eine Lichtschranke und ein RFID-Lesegerät dargestellt ist, kann auf die implementierten Reader und Trigger aus der Bibliothek des udc/cp-Systems zurückgegriffen werden. Bei Bedarf müssen die fehlenden Softwarekomponenten erstellt werden. Der Bau eines Readers für ein Transponderlesegerät und eines Triggers sollen in diesem Abschnitt exemplarisch dargestellt werden, dabei werden grundlegende Kenntnisse der objektorientierten Programmierung und der Programmiersprache Java vorausgesetzt.

Die Implementierung eines Triggers erfolgt durch die Erweiterung der Klasse `TriggerAbstract`[10], die schon die wesentlichen Teile der Funktionalität bereitstellt. In der abgeleiteten Klasse muss nur noch an geeigneter Stelle die Methode `sendTriggerEvent(true)` beziehungsweise die Methode `sendTriggerEvent(false)` aufgerufen werden, also etwa dann, wenn eine Zustandsänderung an einem Schalter festgestellt wurde.[11]

Das Implementieren einer Leserklasse, hier insbesondere einer Klasse zur Ansteuerung eines Transponderlesegerätes, erfordert die Erweiterung der abstrakten Klasse `de.fraunhofer.iml.udccp.foundation.common.ReaderAbstract`. Für ein allgemeines Identifikationserfassungsgerät müssen nur die zwei Methoden

---

[10] Die Klasse `TriggerAbstract` befindet sich im Paket `udccp.jar` im Pfad `de.fraunhofer.iml.udccp.foundation.common`.

[11] Unter `de.fraunhofer.iml.udccp.example.triggers` im Paket `udccp.jar` sind Beispiele enthalten, unter anderem, wie ein Aufruf eines Triggersignals bei der Betätigung einer auf dem Bildschirm befindlichen Schaltfläche (Button) mit der Maus erzeugt werden kann.

Abbildung 4.3. Lichtschranke und RFID-Lesegerät

- `public abstract void start()` und
- `public abstract Identificator[] findIdentificators()`[12]

der abstrakten Mutterklasse implementiert werden, dagegen muss für ein RFID-Lesegerät etwas größerer Programmieraufwand betrieben werden. Der Grund liegt darin, dass ein Transponder in der Regel als mobiles Datengerät angesehen werden kann und neben seiner eindeutigen Identifikationsnummer auch über in Blöcke aufgeteilten Speicherplatz verfügt. Um mit einem Transponderlesegerät arbeiten zu können, müssen die folgenden Methoden implementiert werden:

- `public abstract void start()`
- `public abstract Transponder[] findTransponders()`
- `public abstract int[] readFromTransponder(Transponder t, intblock, int bloecke)`
- `public abstract int getBlockSize(Transponder t)`
- `public abstract int getNumberOfBlocks(Transponder t)`

Die Methode `start()` wird vom Server aufgerufen, sobald er nach seiner Instantiierung bereit ist, Daten von einem Schreib-Lesegerät zu verarbeiten. Die Methode `start()` muss also so implementiert sein, dass vor ihrem Aufruf die Abarbeitung der anderen zu implementierenden Methoden gesperrt ist.

Die Methode `findTransponders()` soll ein Array von Transponderobjekten[13] zurückliefern. Dabei steht ein Transponderobjekt für einen im Moment

---
[12] Die Methode `findIdentificators()` liefert ein Array von Identifikationsobjekten zurück.
[13] Das Transponderobjekt ist eine objektorientierte Erweiterung des Identifikatorobjekts.

260   4. Praxisbeispiele

des Aufrufes im Lesefeld der Antenne erfassten Transponder. Das Transponderobjekt muss mit der eineindeutigen ID des erfassten Tags, der Anzahl der Blöcke und der Blockgröße des Tags versehen sein. Ist kein Transponder im Lesefeld des Readers, wird ein leeres Array zurückgegeben. Die Rückgabe von null zeigt einen Fehler im System.

Über readFromTransponder(...) wird erwartet, dass ein vom Lesegerät identifizierter Transponder angesprochen und blockweise ausgelesen werden kann. Da manche Transponder und Lesegeräte ein Multiblocklesen[14] nicht unterstützen, muss eine Implementierung hier das Lesen mehrerer Blöcke über ein mehrfaches Lesen der einzelnen Blöcke realisieren. Zurückgeliefert wird das gelesene Bytemuster als Array von int-Werten, ohne Kontroll- und Steuerzeichen, Prüfsummen und andere Informationen des Lesegerätes. Im Falle eines Fehlers beim Lesen, sofern der Fehler erkannt werden kann, muss eine TransponderException generiert werden.

Bei der Implementierung der Methode getBlockSize(...) muss die Blockgröße des Tags zurückgeliefert werden.

Die letzte zu implementierende Methode ist getNumberOfBlocks(...), welche die Anzahl der Blöcke des Transponders zurückliefern soll. Die beiden letzten Methoden, also die Methoden getBlockSize(...) und getNumberOfBlocks(...), liefern im Fall der Unlesbarkeit der Werte eine negative Zahl.

Die Zusammenbindung von Readern und Triggern zu Devices kann nun über XML-Skripte erfolgen und wird an Beispielen in Abschnitt 4.1.6 aufgezeigt.

4.1.4 Server und Listener

Der *udc/cp-Server* stellt die Verwaltungseinheit des udc/cp-Systems dar. Aus Readern und Triggern gebildete Devices müssen mit einem eindeutigen Namen beim udc/cp-Server registriert werden. Das kann initial beim Start der Software durch Übergabe einer Konfigurationsdatei im XML-Format geschehen, in der die Devices deklariert sind. Die Registrierung und Deregistrierung von Devices kann aber auch zur Laufzeit erfolgen, ohne den Server anzuhalten. Die Einbindung neuer oder der Austausch vorhandener Lesegeräte ist damit zu jedem Zeitpunkt möglich.

Die Devices melden ihre erfassten Identifikationen an den Server. Der Server bietet Schnittstellen an, um *Listener* anzuschließen. Ein am Server registrierter Listener wird über erfasste Identifikationen mittels eines Eventsystems informiert. Jeder Listener bekommt einen logistischen Datensatz pro gelesenem Datum zugesandt.

Auf AutoID-Medien, die neben der reinen Identifikationsnummer zusätzlichen Speicherplatz für weitere Information bieten und damit als mobile

---

[14] Unter Multiblocklesen versteht man das Lesen mehrerer Blöcke mit einem Funktionsaufruf, dem der Startblock und die Anzahl der Blöcke übergeben werden, die gelesen werden sollen.

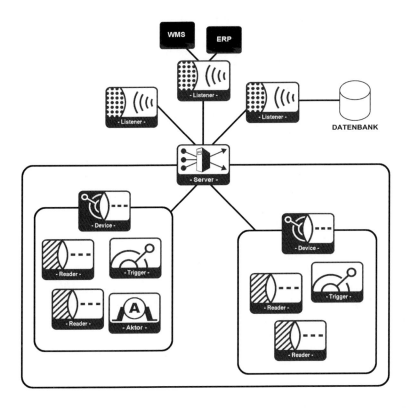

Abbildung 4.4. udc/cp: Beispielhafter Aufbau

Datenträger anzusehen sind, kann lesend und, sofern es unterstützt wird, schreibend zugegriffen werden. Dazu wird ein Listener zum Master eines Devices erhoben und ihm wird das exklusive Zugriffsrecht zugeteilt. Handelt es sich bei den AutoID-Medien, wie etwa beim Transponder, um blockorientierte Datenträger, können über *mappings* (Abbildungstabellen) Attributnamen, -typ und -adresse (Block, Offset) definiert werden. Der Master eines Devices kann dann, ohne die unterliegende Blockstruktur des Transponders zu kennen, über die Attributnamen auf die Inhalte des Transponders zugreifen. Kommen typfremde Transponder in den Kreislauf, können andere oder weitere Attribute definiert werden. Natürlich ist der traditionelle Informationszugriff über das Auslesen der einzelnen Blöcke weiterhin möglich.

Die am udc/cp-Server registrierten Listener werden, sobald ein Zugriff auf Attribute oder Blöcke erfolgt und sofern das von den Listenern gewünscht ist, mit weiteren Informationen versorgt:

- Wer hat gelesen/geschrieben
- Was wurde gelesen/geschrieben
- Wann wurde gelesen/geschrieben

- Wo wurde gelesen/geschrieben

Die Listener können dem udc/cp initial beim Start des Systemes über eine XML-Konfigurationsdatei bekannt gemacht werden. Wie auch bei den Devices ist eine Registrierung und Deregistrierung von Listenern zur Laufzeit möglich. Der Aufbau einer XML-Datei wird in Abschnitt 4.1.6 exemplarisch aufgezeigt. Verschiedene Anforderungen, die bei der Erstellung des Gesamtsystems noch nicht absehbar waren, können durch die spätere Schaffung neuer Listener befriedigt werden.

Die Kopplung zu externer Software, die auf AutoID-Informationen zugreifen will, wie etwa ein ERP-System oder ein WMS, erfolgt ebenfalls über einen Listener. Durch Implementierung des Listener-Interfaces kann eine beliebige Software in die Lage versetzt werden, sich als Listener beim udc/cp-Server zu registrieren. Abbildung 4.4 zeigt beispielhaft eine udc/cp-Konfiguration.

4.1.5 Architektur des Listeners

In diesem Abschnitt wird die Programmierung eines Listeners erklärt, dabei werden wieder grundlegende Kenntnisse der objektorientierten Programmierung und der Programmiersprache Java vorausgesetzt.

Der Server stellt die Möglichkeit zur Verfügung, verschiedene Devices zu verwalten und deren gelesene Identifikatoren als Events zu verteilen. Verteilt werden die Events an Listener. Eine Klasse, die das `ListenerInterface`[15] erfüllt und beim Server als Listener angemeldet ist, wird die Events über die Identifizierung einer AutoID-Marke erhalten. Das folgende Interface ist zu implementieren, damit eine Klasse als Listener fungieren kann:

```
public interface ListenerInterface {
  public void setServer(Server server);
  public void setName(String name);
  public String getName();
  public void start();
  public void foundIdentificators(Identificator id[],
    Device device);
  public void setActive(boolean active);
  public boolean isActive();
}
```

Nach dem Start des Listeners teilt sich der Server dem Listener über die Methode `setServer(...)` mit. Bei der Programmerstellung kann der übergebene Wert `server` gespeichert werden, da hierüber auf den Server zugegriffen werden kann. Sollte der Listener über das XML-Skript instantiiert worden sein, teilt der Server ihm seinen im XML-Skript definierten Listenernamen über

---

[15] Das `ListenerInterface` ist im `udccp.jar` im Pfad `de.fraunhofer.iml.udccp.foundation.common` zu finden.

die Methode `setName(...)` mit. Dieser Wert muss gespeichert werden, da er jederzeit über `getName()` abgefragt werden kann. Sobald der Server alle Initialisierungsarbeiten beendet hat und bereit ist für seine eigentliche Arbeit, wird der Listener mittels der Methode `start()` aktiviert.

Um den Listener zur Laufzeit zu aktivieren bzw. deaktivieren, muss die Methode `setActive()` implementiert werden. Werden nun von einem Device ein oder mehrere Identifikatoren gemeldet, wird am Listener die Methode `foundIdentificators(...)` aufgerufen, der ein Array der gefundenen Identifikationsobjekte und das Device, an dem die Identifikation erfolgte, übergeben wird.

Wird mit AutoID-Geräten gearbeitet, die zum Beispiel auf Transponder, also auf Medien zugreifen, die als mobile Datenspeicher angesehen werden können, besteht die Möglichkeit, einen Listener als Blocklistener oder als Attributlistener zu implementieren. Auch die Implementierung eines Listeners als Block- und Attributlistener ist möglich.

Der Blocklistener kann nur auf einzelne Blöcke zugreifen und ist deshalb recht statisch, dennoch hat er seine Existenzberechtigung zum Beispiel in der durch ihn einfachen Möglichkeit des Duplizierens von RFID-Tags[16]. Ein Blocklistener muss zusätzlich zum obigen `ListenerInterface` das `BlockListenerInterface` implementieren.

Anders sieht es aus, wenn ein Listener in der Rolle des Attributlisteners arbeiten soll. Die Möglichkeit zur Definition von Attributen schafft Transparenz und ermöglicht es, mit den verschiedenen Transpondertypen, die sich durch Blockanzahl und Blockgröße unterscheiden, arbeiten zu können.

Ein Attributlistener hat zusätzlich zum `ListenerInterface` das `AttributListenerInterface` zu implementieren.

Für die unterschiedlichen Transponder werden Attribute definiert, und mit Hilfe eines XML-Skriptes wird festgelegt, in welchem Block oder welchen Blöcken sich welche Attribute befinden. Attribute können blockübergreifend definiert werden oder Teilblöcke einnehmen. Genauso können sie in einem Teilblock beginnen und/oder enden und blockübergreifend definiert sein.

Beim Lesen oder Schreiben mehrerer Attribute werden diese zusammenhängend angegeben, das udc/cp-System wickelt den optimalen Zugriff auf den Transponder ab. Wenn beispielsweise zwei Attribute gelesen werden sollen, die sich im gleichen Block befinden, dann wird nur ein lesender Zugriff auf diesen Block erfolgen. Wenn ein Teilblock geschrieben werden soll, muss das System die anderen in diesem Block befindlichen Informationen zuvor auslesen und mit den neuen Daten wieder sinnvoll zurückschreiben.

4.1.6 Konfiguration durch XML

Die Konfiguration des udc/cp-Systems erfolgt über eine XML-Datei, die dem udc/cp-Server beim Start übergeben werden muss. Dabei liest der Server

---

[16] Die eindeutige ID eines Transponders kann nicht dupliziert werden.

nicht nur die Einträge dieser Datei, auch die zur Laufzeit vorgenommenen Änderungen können in diese Datei geschrieben werden. Das Wurzelelement der XML-Datei ist `<udccp-config>`.

In der XML-Datei werden die Listener und die Master bestimmt, es wird der Name der Mappingdatei für blockorientierte mobile Speichermedien festgelegt und es werden die Devices definiert. Ein Device mit dem Elementnamen `<device>` kann aus mehreren Readern `<reader>` und mehreren Triggern `<trigger>` bestehen, wobei der Trigger optionaler Bestandteil eines Devices ist.

Sowohl das Device als auch der Trigger und der Reader benötigen eindeutige Namen, die als Attribut zu übergeben sind. Zusätzlich benötigen Trigger und Reader einen Attributeintrag zum Attribut `class`, das die Klasse angibt, die instantiiert werden muss.

Sei beispielsweise durch die Klasse `de.test.RFID-Reader` die Implementierung eines Readers und durch `de.test.TestTrigger` die eines Triggers gegeben, dann könnte das zugehörige XML-Skript wie folgt aussehen:

```
<udccp-config>
  <device name="DEV01">
    <trigger name="TRG01" class="de.test.TestTrigger"/>
    <reader name="RDR01" class="de.test.RFID-Reader"/>
  </device>
</udccp-config>
```

Der Server wird versuchen, über die Java-Aufrufe `Class.forName(name).newInstance()` die dem Trigger und dem Reader als Attribut `class` übergebenen Klassen `de.test.RFID-Reader` und `de.test.TestTrigger` zu instantiieren und diese dem neu definierten Device zuzuordnen, das unter dem eindeutigen Namen `DEV01` verwaltet wird.

Es liegt nahe, weitere Konfigurationsmöglichkeiten anzubieten: Beim Erstellen von Readern, Triggern und auch bei den Listenern ist es möglich, Methoden zu implementieren, die Argumente aus dem XML-Skript übernehmen. Diese Methoden müssen mit `set` beginnen und dahinter einen mit einem Großbuchstaben beginnenden Bezeichner enthalten. Diese Methoden erwarten genau ein Stringargument. So können beispielsweise zwei Methoden zum Setzen eines Hostes und eines Ports für die Konfiguration einer TCP/IP Verbindung oder etwa drei Methoden zum Setzen einer seriellen Schnittstelle, einer Baudrate und der übrigen Framing-Parameter (Bitzahl und Parity) implementiert werden. Zum Setzen eines Host-Rechners und einer Port-Adresse könnten diese Methoden dann wie folgt aussehen:[17]

```
public void setHost(String host) {
  this.host = host;
```

---

[17] Zu beachten ist hierbei, dass auch der Port, der vom Programm als int-Wert verwaltet wird, als String übergeben und von der Methode sinnvoll gewandelt werden muss.

```
}

public void setPort(String port) {
  this.port = Integer.parseInt(port);
}
```

Die Definition eines Devices und eine Übergabe der entsprechenden Parameter über das XML-Skript mit dem Wurzelelement `<udccp-config>` würde dann wie folgt aussehen:

```
<udccp-config>
  <device name="DEV01">
    <trigger name="TRG01" class="de.test.TestTrigger">
      <argument name="host" value="192.168.178.213"/>
      <argument name="port" value="10001"/>
    </trigger>
    <reader name="RDR01" class="de.test.RFID-Reader">
      <argument name="tty" value="/dev/tty0"/>
    </reader>
  </device>
</udccp-config>
```

Jeder Subelementeintrag `argument` in einem der Elemente `trigger`, `reader` oder `listener` des XML-Skriptes wird beim Starten des udc/cp-Servers durch diesen gelesen, der eingetragene Wert für `name` wird extrahiert, der erste Buchstabe in Großschreibung gewandelt und das Wort `set` davorgesetzt. Dann wird nachgesehen, ob in der über das Attribut `class` angegebenen Klasse die ermittelte Methode existiert. Sollte das so sein, wird die Methode mit dem als Attribut `value` übergebenen Wert aufgerufen, ansonsten wird eine Exception geworfen.

Für das obige Beispiel würden für den Trigger aus der Klasse `de.test.TestTrigger` die zwei Methoden

```
setHost("192.168.178.213");
setPort("10001");
```

und für den Reader aus der Klasse `de.test.RFID-Reader` die Methode

```
setTty("/dev/tty0");
```

aufgerufen werden. Nachdem alle Reader und Trigger der definierten Devices derart instantiiert und konfiguriert sind, wird vom Server die jeweilige `start()`-Methode aufgerufen und das System ist bereit, die verschiedenen Identifikatoren zu empfangen. Die Konfiguration der Listener und die Bestimmung eines Listeners zum Master eines Devices erfolgt analog.

Über die Konfigurationsdatei mit dem Wurzelelement `<udccp-config>`, die dem udc/cp-Server beim Start übergeben wurde, wird durch das Subelement `transponder-list` und das zugehörige Attribut `file` angegeben, in welcher Datei die Attributsdefinitionen für blockorientierte Speichermedien, wie etwa den Transponder, zu finden sind.

Diese Datei zur Definition der Attribute beinhaltet in einem Wurzelelement `<udccp-list>` die einzelnen Transpondertyp-Einträge. Dabei steht für jeden definierten Transpondertyp ein Transponder-Element mit den Attributen `bytesPerBlock` und `numberOfBlocks` zur Verfügung. Innerhalb dieses Elementes existieren beliebig viele Subelemente `data`, deren Beschreibung aus dem nachfolgenden Beispiel für zwei verschiedene Transpondertypen ersichtlich ist:

```
<udccp-list>

  <transponder bytesPerBlock="4" numberOfBlocks="28">
    <data name="UnitLoadName">
      <position block="1" byte="0" length="10"/>
      <type name="String"/>
    </data>
    <data name="UnitLoadNumber">
      <position block="3" byte="2" length="2"/>
      <type name="int"/>
    </data>
    <data name="Destination">
      <position block="4" byte="0" length="2"/>
      <type name="int"/>
    </data>
  </transponder>

  <transponder bytesPerBlock="4" numberOfBlocks="64">
    <data name="UnitLoadName">
      <position block="0" byte="0" length="16"/>
      <type name="String"/>
    </data>
    <data name="UnitLoadNumber">
      <position block="4" byte="2" length="2"/>
      <type name="int"/>
    </data>
    <data name="Destination">
      <position block="4" byte="0" length="2"/>
      <type name="int"/>
    </data>
    <data name="WE-Datum">
      <position block="60" byte="2" length="8"/>
      <type name="String"/>
    </data>
  </transponder>
```

```
</udccp-list>
```

Das Beispiel definiert Attribute für zwei verschiedene Transpondertypen, einmal einen mit 28 Blöcken à 4 Byte und einmal einen mit 64 Blöcken und auch 4 Byte pro Block. Dabei haben beide die Attribute `UnitLoadName`, `UnitLoadNumber` und `Destination`, jedoch an unterschiedlichen Orten und mit unterschiedlichen Längen. Der Tag mit 64 Blöcken zu je 4 Byte hat zusätzlich noch ein Attribut `WE-Datum`.

Sollte für einen Transponder eine Definition nicht existieren, so versucht das System, ihm eine existierende Definition eines kleineren Transponders zukommen zu lassen, allerdings kann sich „kleiner" nur auf die Anzahl der Blöcke und nicht auf die Bytegröße pro Block beziehen.

Vor der schreibenden Benutzung der Attribute sollte über den Server mit der Methode `getDataDescription(transponder)` ein `DataDescription-Array` eines jeden im System befindlichen Transpondertyps geholt und daraus die Länge eines einzelnen Feldes ermittelt werden.

4.1.7 Implementierte Listener

Das Listenerkonzept des udc/cp-Systemes erlaubt die flexible Erstellung von Software zur schnellen Analyse und Problemlösung, ohne das udc/cp-System anhalten zu müssen. Auch erlaubt das implementierte Listenerkonzept die dynamische Anbindung externer Programme und die Versorgung dieser Programme mit den logistischen Datensätzen. Dadurch muss während der Planungsphase eines Bereiches, in dem Geräte zur automatischen Identifikation von Objekten eingesetzt werden sollen, noch nicht bekannt sein, welche späteren Anforderungen an das System hinzukommen werden.

Zwei immer wieder benötigte Listener gehören zum Standard udc/cp-System:

- Der Persistenzlistener und
- der RMI-Listener[18].

Der Persistenzlistener schreibt, sofern er beim Server registriert wurde, alle Identifikationen und Informationen als logistische Datensätze in eine Datenbank. Auch die Daten über den lesenden und schreibenden Zugriff eines Masters – zum Beispiel auf einen Transponder – werden protokolliert und stehen für spätere Abfragen zur Verfügung. Die verwendete Datenbank ist durch den Einsatz des OR-Mappers[19] *hibernate*[20] frei wählbar.

---

[18] RMI steht für Remote Method Invocation, also Methodenfernaufruf und stellt ein Kommunikationsprotokoll der Programmiersprache Java dar.
[19] Der OR-Mapper ist ein System zur Umsetzung eines objektorientierten Modells in ein relationales Datenbankmodell.
[20] Siehe http://hibernate.org

Abfragen auf der Datenbank können dann entweder direkt über SQL-Statements oder, als Java Programme, mit Hilfe des OR-Mappers formuliert werden.

Wird durch eine Anbindung an ein WWS oder an ein ERP der Zugriff auf die Objekte hinter den Identifikatoren ermöglicht, bietet ein solches Datenbankkonzept neben der Möglichkeit eines umfangreichen *Tracking und Tracings* zum Beispiel auch eine Unterstützung bei der EU-Verordnung 178/2002[21].

Der RMI-Listener ermöglicht die einfache Anbindung übergeordneter Software wie beispielsweise WMS- und ERP-Systeme. Während der Persistenzlistener für die meisten Anforderungen schon ausreicht und nur in seltenen Fällen an eine bestimmte Problemstellung angepasst werden muss, stellt der RMI-Listener nur die Möglichkeit dar, als Listener auf einem entfernten Rechner am udc/cp-System partizipieren zu können. Beim RMI-Listener ist in jedem Fall noch die individuelle Anpassung nötig.

udc/cp erfüllt die anfänglich gestellten Forderungen. Weitere Informationen hierzu sind im World Wide Web unter http://www.udccp.de zu finden.

4.2 Steuerung fahrerloser Transportfahrzeuge

Unstetige Transporte können mit Fahrerlosen Transportfahrzeugen (FTF) ausgeführt werden (siehe Abschnitt 1). Zur Verteilung der Transportaufträge auf die Fahrzeuge einer Fahrzeugflotte und zur Überwachung der Transporte werden *Leitsysteme* eingesetzt. Das Gesamtsystem, das aus dem Leitsystem, den Fahrzeugen und ortsfesten Installationen besteht, wird als Fahrerloses Transportsystem (FTS) bezeichnet.

Unter der Bezeichnung *openTCS* wurde in einem Konsortium[22] ein System erstellt, das alle wesentlichen Anforderungen, die an ein FTS-Leitsystem gestellt werden, erfüllt. Darüber hinaus ist *openTCS* so konzipiert, das mit wenig Aufwand Fahrzeuge unterschiedlicher Hersteller integriert werden können[23].

Abbildung 4.5 zeigt ein einfaches Versuchssystem bestehend aus zwei Fahrzeugen. Ein Fahrzeug wird über eine optische Spur geführt, das andere basierend auf Lasernavigation.

---

[21] Die EU-Verordnung 178/2002 schreibt für alle Lebens- und Futtermittel herstellenden und vertreibenden Unternehmen die Rückverfolgbarkeit ihrer Produkte vor.

[22] Siehe http://www.openTCS.org/

[23] Die Fahrzeuge können in einem System auch mit unterschiedlichen Spurführungstechniken ausgestattet sein.

(a) FTF mit optischer Spurführung an einer Lastübergabestation. (b) Lasergeführtes FTF, beladen mit einer Europalette auf der Fahrt durch ein RFID-Gate.

Abbildung 4.5. Fahrerlose Transportfahrzeuge im Testfeld

4.2.1 Problemstellung

Der Aufbau von *openTCS* orientiert sich an einer VDI-Richtlinie, in der die Aufgaben eines FTS-Leitsystems beschrieben werden. Die VDI-Richtlinie 4451 Teil 6 definiert eine FTS-Leitsteuerung[24] wie folgt:

„Eine FTS-Leitsteuerung besteht aus Hard- und Software. Kern ist ein Computerprogramm, das auf einem oder mehreren Rechnern abläuft. Sie dient der Koordination mehrerer Fahrerloser Transportfahrzeuge und/oder übernimmt die Integration des FTS in die innerbetrieblichen Abläufe."

Die Funktionen können grob eingeteilt werden in

- Transportauftragsabwicklung,
- Servicefunktionen,
- FTS-interne Materialflusssteuerung und
- Benutzer-Interface.

Die VDI-Richtlinie 4451 Teil 7 beschreibt eine Struktur für FTS-Leitsteuerungen (siehe Abbildung 4.6 im folgenden Abschnitt). Den Kern bildet die *Transportauftragsabwicklung*. Darin werden den Fahrzeugen Transportaufträge zugeordnet. Der Vorgang dieser Zuordnung wird *Fahrzeugdisposition* oder kurz *Disposition* genannt. Ein Transportauftrag besteht aus einer Quelle und einem Ziel. Das disponierte Fahrzeug muss zunächst zur Quelle fahren[25] und dort die Last aufnehmen. Es folgt eine Fahrt zum Ziel[26] mit anschließender Lastabgabe. Jeder dieser beiden Teilauftäge bildet einen *Fahrauftrag*.

---

[24] Die Begriffe „FTS-Leitsystem" und „FTS-Leitsteuerung" werden synomym verwendet.
[25] Diese Fahrt wird Quellfahrt oder Leerfahrt genannt.
[26] Diese Fahrt wird Zielfahrt oder Lastfahrt genannt.

Ein Fahrauftrag besteht aus einer *Fahrt* und einer anschließenden *Aktion*. Die Fahrt zu einer Batterieladestation bildet damit einen Fahrauftrag mit der Aktion „laden". In Montagebereichen werden auch FTF eingesetzt, um Werkstücke über eine Folge von Bearbeitungsstationen zu transportieren. Derartige Aufträge bestehen aus einer Sequenz von Fahraufträgen.

Jeder Fahrauftrag wird in *Fahrbefehle* zerlegt. Abhängig von der Spurführungstechnik und von dem Steuerungskonzept des jeweiligen Fahrzeuges kann ein Fahrbefehl das Anfahren eines „Stützpunktes" oder das Anfahren des Zielpunktes des zugehörigen Fahrauftrages beinhalten. Im Allgemeinen wird eine Sequenz von Fahrbefehlen, die sich auf Punkte des Transportnetzes (siehe unten) beziehen, vom Leitsystem an das Fahrzeug gesendet.

Das *Transportnetz* besteht aus *Punkten*, die durch *Strecken* miteinander verbunden sind. Die Transportauftragsabwicklung entscheidet, *wann* der entsprechende Fahrbefehl an das Fahrzeug gesendet wird. Dabei sind Kollisionen der Fahrzeuge und Verklemmungssituationen – so genannte *Deadlocks* – zu vermeiden. Ein Deadlock liegt vor, wenn ein Fahrzeug A eine Strecke belegt, die von einem anderen Fahrzeug B benötigt wird und wenn gleichzeitig A eine Strecke benötigt, die von B belegt ist. Die Durchführung der Transporte muss dem Prinzip der *Fairness* folgen, das heißt, dass die Wartezeit eines Fahrzeuges beschränkt sein muss.[27] Für die Lösung dieser Aufgaben wird eine *Verkehrsregelung* eingesetzt. Die Aufgaben der Verkehrsregelung sind zusammengefasst:

- Vermeidung von Kollisionen
- Vermeidung von Deadlocks
- Sicherstellung der Fairness

Die *Servicefunktionen* sind für administrative Aufgaben erforderlich. Vor der Betriebsphase einer Anlage muss ein *Modell* erstellt werden. Diese *Applikationsmodellierung* erlaubt das Erstellen eines Transportnetzes, die Festlegung von Verkehrsregeln und die Definition der Fahrzeugeigenschaften. In einem Simulationsmodus kann das Modell getestet werden. So kann beispielsweise experimentell nachgewiesen werden, ob – unter einem gegebenen Lastprofil – die Anzahl der eingesetzten Fahrzeuge ausreichend ist.

Die *FTS-interne Materialflusssteuerung* zur Erzeugung von Transportaufträgen kommt zum Einsatz, wenn die An- oder Ablieferung von Transporteinheiten von der Quelle, dem Ziel oder einem Leitstand initiiert wird. Typisch ist die Anforderung einer Leerpalette für eine Arbeitsstation durch Tastendruck[28]. Aus einer im Vorfeld festgelegten oder aus einer durch die

---

[27] Ähnliche Situationen sind aus dem Straßenverkehr bekannt. Eine reine „rechts-vor-links"-Regelung kann dazu führen, dass ein Fahrzeug sehr lange durch den von rechts kommenden Querverkehr blockiert wird. Durch den Einsatz einer Ampelsteuerung kann Fairness hergestellt werden.

[28] Anstelle eines manuell betätigten Tasters kann auch ein Sensor den Bedarf an die Leitsteuerung melden. Analog zur Anforderung einer Transporteinheit kann

FTS-interne Materialflusssteuerung dynamisch bestimmten Quelle wird dann zu der anfordernden Stelle ein Transportauftrag erzeugt.

Über das *Benutzerinterface* können Transportaufträge eingegeben, geändert und gelöscht sowie alle Servicefunktionen genutzt werden. Das Benutzerinterface ist nicht an eine manuelle Bedienung gebunden. Übergeordnete Systeme, wie beispielsweise ein Transportleitsystem, ein Lagerverwaltungssystem oder eine Produktionssteuerung, können die Dienste eines FTS-Systems über diese Schnittstelle nutzen.

4.2.2 Architektur

Abbildung 4.6 zeigt die von einer voll ausgebauten FTS-Leitsteuerung abgedeckten Funktionen sowie die Schnittstellen zu ihrem Umfeld. Die folgenden Ausführungen beziehen sich auf eine Realisierung durch *openTCS* .

openTCS orientiert sich im Wesentlichen an der Struktur nach VDI und deckt die gesamte Transportauftragsabwicklung und fast alle Servicefunktionen ab. Die Leitsteuerung wird als *Server* auf einem Rechner betrieben. Für die Anlagenmodellierung sowie für die Bedienung und Visualisierung stehen Programme zur Verfügung, über die der Bediener mit der Steuerung kommuniziert. Diese Programme (Client-Programme) können auf demselben Rechner ausgeführt werden, auf dem auch die Leitsteuerung läuft. In räumlich groß ausgedehnten Hallen kann ein abgesetzter Betrieb über einen oder mehrere zusätzliche Rechner sinnvoll sein. Die Bedienprogramme können auch mehrfach gestartet werden und simultan mit der gleichen Leitsteuerung arbeiten. Insbesondere für die Visualisierung können so mehrere Rechner an unterschiedlichen Orten das Prozessabbild anzeigen. Die Grundlage bildet das Model-View-Controller-Konzept (siehe Abschnitt 3.7.6). In der hier vorliegenden Ausprägung werden das Model und der Controller durch die Leitsteuerung realisiert, während die Bedienprogramme die View darstellen. Damit arbeiten mehrere Views über genau einen Controller mit einem Model. Durch die Existenz eines Controllers können eventuell auftretende Konflikte zwischen verschiedenen Bedienstationen geregelt werden.[29] Das Model liegt ebenfalls nur einmal vor. Es existieren keine Kopien, und jede Änderung an dem Model wirkt sich auf *alle* Bedienstationen (Views) aus.[30]

Die zentrale Datenstruktur und die Basis für die Transportauftragsabwicklung bildet der *Fahrkurs*. Dieser wird in der Modellierungsphase mithilfe der Modellierungsapplikation, einem graphisch interaktiven Werkzeug, angelegt. Der Fahrkurs besteht aus dem Transportnetz und den damit verbundenen *Stationen* – Lastübergabestationen, Batterieladestationen und anderen.

---

die FTS-interne Materialflusssteuerung auch auf Anforderung einen Transportauftrag für die Abförderung einer Transporteinheit erzeugen.

[29] Zum Beispiel könnte ein Bediener einen Transportauftrag löschen, während ein anderer ein Attribut genau dieses Auftrages ändert.

[30] Eine Ausnahme bildet ein cache, der reine Lesekopien zur Verbesserung der Performance speichert.

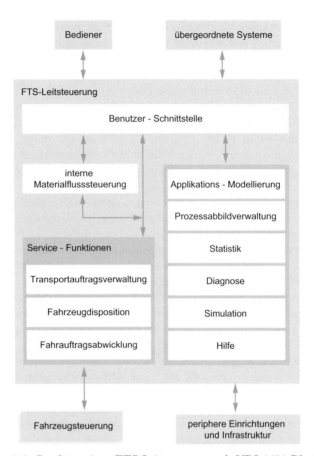

Abbildung 4.6. Struktur eines FTS-Leitsystems nach VDI 4451 Blatt 7

Fahrkurselemente: Zur Modellierung des Fahrkurses stehen unterschiedliche Elemente zur Verfügung:

- Eine Strecke verbindet genau zwei Meldepunkte (siehe unten). Eigenschaften von Strecken sind Länge, Höchstgeschwindigkeit, Fahrtrichtung und Fahrzeugaktionen. Die Strecken sind gerichtet und können von den Fahrzeugen vorwärts und/oder rückwärts befahren werden. Die Orientierung eines Fahrzeuges darf sich im Wegenetz nicht ändern.[31]
- An Meldepunkten melden sich die Fahrzeuge bei der Leitsteuerung.
- An Haltepunkten kann ein Fahrzeug anhalten. Der entsprechende Fahrbefehl beinhaltet dieses Anhalten. Der Vollzug des Haltevorganges wird an die Leitsteuerung gemeldet.

---

[31] Diese Eigenschaft gewährleistet beispielsweise, dass auch unsymmetrische Fahrzeuge, die eine Transporteinheit nur von einer Seite übernehmen und übergeben können, sich immer in der richtigen Position zur Übergabestation befinden.

- Ein Haltepunkt kann auch als Parkplatz genutzt weden, wenn er entsprechend gekennzeichnet ist. Ein Fahrzeug fährt auf einen Parkplatz, wenn kein Auftrag vorliegt.[32] Damit werden die Fahrstecken für andere Fahrzeuge frei.
- Übergabestationen können eine Transporteinheit vom Fahrzeug aufnehmen oder an ein Fahrzeug abgeben.
- An Ladestationen laden Fahrzeuge ihre Batterie auf, dieselbetriebene Fahrzeuge tanken dort.
- An einer Arbeitsstation hält das Fahrzeug, gibt seine Last jedoch nicht ab. Es erfolgt stattdessen eine Bearbeitung des Transportgutes direkt auf dem Fahrzeug.
- Ein Gerät ist beispielsweise ein Aufzug oder ein Drehteller. Es ist einem Melde- oder einem Haltepunkt zugeordnet und erweitert diesen um zusätzliche Funktionen.
- Referenzen verknüpfen Punkte[33] mit Übergabestationen, Ladestationen und Arbeitsstationen sowie Geräten. Die Eigenschaften einer Referenz werden durch die Station bzw. das Gerät bestimmt. So besitzt beispielsweise eine Referenz zwischen einem Meldepunkt und einer Übergabestation andere Eigenschaften als eine Referenz zwischen einem Meldepunkt und einem Gerät.

Abbildung 4.7 zeigt ein einfaches Modell eines Fahrkurses. Zwei der Haltepunkte sind durch ein P als Parkplatz gekennzeichnet. In der Mitte befindet sich eine Übergabestation t0001, die über je eine Referenz mit den Punkten p0002 und p0008 verbunden ist.

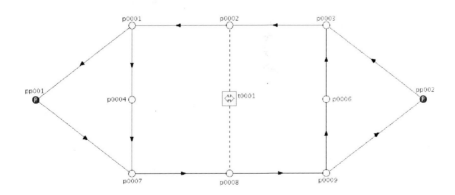

Abbildung 4.7. Modell eines Transportnetzes bestehend aus zehn Punkten, zwei Parkplätzen, zwölf Strecken und einer Übergabestation

---

[32] Dieses Prinzip wird auch *Ruhepunktstrategie* genannt.
[33] Die Bezeichnung „Punkte" wird als Oberbegriff für Melde- und Haltepunkte verwendet.

Jedes Fahrkurselement trägt einen eindeutigen Namen. Über diese Namen sind auch Bezüge aus externen Programmen zu den Fahrkurselementen möglich. So kann etwa eine Strecke unter Angabe ihres Namens gesperrt werden. In der graphischen Darstellung wird die zu sperrende Strecke „selektiert", ohne dass dem Bediener der Name bekannt sein muss. Die Fahrkurselemente mit ihren Attributen und ihren wechselseitigen Beziehungen werden in der Leitsteuerung verwaltet. Für die graphische Darstellung sind weitere Attribute erforderlich, die für den Betrieb eines FTS nicht erforderlich sind. Hierzu zählen beispielsweise Farben, Strichstärken, Kurvenformen für Strecken und Darstellungen der Punkte und Stationen sowie ihre (x,y)-Positionen auf der Anzeigefläche.

Wegenetz: Ein Wegenetz besteht aus den Fahrkurselementen Meldepunkt, Haltepunkt und Strecke und ist die Abbildung der Topologie, die nicht alle physischen Details des Fahrkurses beinhaltet. Insbesondere werden keine Hüllkurven betrachtet und die geometrische Lage der Meldepunkte wird nicht berücksichtigt. Die Länge der Fahrwege ist jedoch im Allgemeinen für die Wegewahl von grundsätzlicher Bedeutung und wird im Wegenetz gespeichert. Jede Strecke ist mit einer Weglänge parametriert. Hierdurch ergibt sich eine entfernungsbasierte Sicht auf das Wegenetz. Dieses Netz kann in Form einer Matrix ausgegeben und hinsichtlich seiner Eigenschaften ausgewertet werden.

Beispiele für die Netzanalysen sind nachfolgend aufgeführt:

- Die *Erreichbarkeit* zeigt, welche Punkte von welchen Punkten erreicht werden können.
- Netze, in denen nicht jeder Punkt von jedem erreicht werden kann, werden in *Teilnetze* zerlegt, in denen diese Eigenschaft gilt.[34]
- Strecken, die unter Anwendung des Prinzips des kürzesten Weges niemals befahren würden, werden durch andere Streckenfolgen (Pfade) *überdeckt*. Das kann ein Hinweis auf einen Modellierungsfehler sein. Eine Überdeckung kann aber auch erwünscht sein, wenn auch bei einer Streckensperrung noch alle Stationen erreichbar sein sollen.
- Die *Robustheit* ist ein Maß, das angibt, wie viele (und welche) Strecken gesperrt werden dürfen, ohne dass sich die Erreichbarkeit ändert.

Hierdurch werden dem Projektierer in der Modellierungsphase Hinweise auf mögliche Modellierungsfehler gegeben. Die bisher beschriebenen entfernungsbasierten Verfahren können auch auf die – für den Logistiker wichtigere – Fahrzeit angewendet werden. Hierzu verfügt jede Strecke über eine Maximalgeschwindigkeit, mit der sie befahren werden darf. Da nicht jedes Fahrzeug diese Geschwindigkeit erreichen kann, sind zusätzlich fahrzeugspe-

---

[34] In der Graphentheorie heißt ein solches Teilnetz *starke Komponente* eines gerichteten Graphen.

zifische Maximalgeschwindigkeiten zu berücksichtigen. So ergibt sich für jeden Fahrzeugtyp eine Matrix der Fahrzeiten.

```
                    E n t f e r n u n g s m a t r i x
================================   cm   ================================
  Punkt    |    0     1     2     3     4     5     6     7     8     9
-----------+------------------------------------------------------------
0: "p0001" |    0     0     0  2000     0     0     0     0  3000     0
1: "p0002" | 2000     0     0     0     0     0     0     0     0     0
2: "p0003" |    0  2000     0     0     0     0     0     0     0     0
3: "p0004" |    0     0     0     0     0  2000     0     0     0     0
4: "p0006" |    0     0  2000     0     0     0     0     0     0     0
5: "p0007" |    0     0     0     0     0     0  2000     0     0     0
6: "p0008" |    0     0     0     0     0     0     0  2000     0     0
7: "p0009" |    0     0     0     0  2000     0     0     0     0  4000
8: "pp001" |    0     0     0     0     0  3000     0     0     0     0
9: "pp002" |    0     0  4000     0     0     0     0     0     0     0
=========================================================================
```

Abbildung 4.8. Matrix der Entfernungen zwischen je zwei Punkten, die über eine Strecke miteinander verbunden sind. Die Daten beziehen sich auf das Modell aus Abbildung 4.7.

```
                    E n t f e r n u n g s m a t r i x
================================   cm   ================================
  Punkt    |    0     1     2     3     4     5     6     7     8     9
-----------+------------------------------------------------------------
0: "p0001" |    0 14000 12000  2000 10000  4000  6000  8000  3000 12000
1: "p0002" | 2000     0 14000  4000 12000  6000  8000 10000  5000 14000
2: "p0003" | 4000  2000     0  6000 14000  8000 10000 12000  7000 16000
3: "p0004" |14000 12000 10000     0  8000  2000  4000  6000 17000 10000
4: "p0006" | 6000  4000  2000  8000     0 10000 12000 14000  9000 18000
5: "p0007" |12000 10000  8000 14000  6000     0  2000  4000 15000  8000
6: "p0008" |10000  8000  6000 12000  4000 14000     0  2000 13000  6000
7: "p0009" | 8000  6000  4000 10000  2000 12000 14000     0 11000  4000
8: "pp001" |15000 13000 11000 17000  9000  3000  5000  7000     0 11000
9: "pp002" | 8000  6000  4000 10000 18000 12000 14000 16000 11000     0
=========================================================================
```

Abbildung 4.9. Matrix der Entfernungen zwischen je zwei Punkten. Diese Matrix ist eine Erweiterung der Matrix aus Abbildung 4.8 und beinhaltet nicht nur Einzelstecken, sondern auch Folgen von Strecken, die über mehrere Punkte führen.

Fahrzeugtreiber: Zur Integration eines Fahrzeuges in ein Leitsystem sind *Fahrzeugtreiber* erforderlich. Ein Fahrzeugtreiber bildet die Schnittstelle zwischen den innerhalb von *openTCS* standardisierten Befehlen und den Befehlen, die der jeweilige Fahrzeugtyp unterstützt. Zusätzlich muss in Richtung des Fahrzeuges das jeweilige Kommunikationsprotokoll beherrscht werden.

Für Tests und für den Simulationsbetrieb steht ein sogenannter *Loopback*-Treiber zur Verfügung. Dieser Treiber meldet nach Ablauf einer einstellbaren Zeit den Vollzug der Fahrbefehle, ohne dass ein physisches Fahrzeug beteiligt ist.

```
   Transportzeitmatrix
==================== s ====================
 Punkt      |  0  1  2  3  4  5  6  7  8  9
------------+-----------------------------------
 0: "p0001" |  0 14 12  2 10  4  6  8  3 12
 1: "p0002" |  2  0 14  4 12  6  8 10  5 14
 2: "p0003" |  4  2  0  6 14  8 10 12  7 16
 3: "p0004" | 14 12 10  0  8  2  4  6 17 10
 4: "p0006" |  6  4  2  8  0 10 12 14  9 18
 5: "p0007" | 12 10  8 14  6  0  2  4 15  8
 6: "p0008" | 10  8  6 12  4 14  0  2 13  6
 7: "p0009" |  8  6  4 10  2 12 14  0 11  4
 8: "pp001" | 15 13 11 17  9  3  5  7  0 11
 9: "pp002" |  8  6  4 10 18 12 14 16 11  0
============================================
```

Abbildung 4.10. Matrix der Transportzeiten zwischen je zwei Punkten für das Netz aus Abbildung 4.7. Die Werte sind für genau einen Fahrzeugtyp gültig.

4.2.3 Abwicklung eines Transportes

Die Abwicklung eines Transportes ist die Hauptaufgabe der Transportabwicklung nach VDI. Abbildung 4.11 zeigt ein typisches Szenario für den ungestörten Fall.
An dieser Abwicklung sind folgende Objekte beteiligt:

- Transportauftrag TA, der ausgeführt werden soll
- Dispatcher, der für TA ein freies Fahrzeug Fz bestimmt
- Folge von Fahraufträgen {FA}
- Router, der für jeden FA bei einem gegebenen Fahrzeug die Fahrzeit ermittelt
- Transportnetz, das die Weglängen und Maximalgeschwindigkeiten enthält
- Scheduler, der für die Ausführung unter Beachtung der Verkehrsregeln Strecken reserviert und freigibt
- Fahrzeugtreiber, der die Fahrbefehle für das Fahrzeug bestimmt, das Fahrzeug beauftragt und überwacht

Der *Dispatcher* (siehe unten) untersucht jeden neu eintreffenden Transportauftrag auf sofortige Durchführbarkeit. Hierzu ist ein freies Fahrzeug erforderlich.[35] Es werden dabei für *alle* freien Fahrzeuge für den zu disponierenden Auftrag die Fahrzeiten bestimmt. Diese Aufgabe übernimmt der *Router* (siehe unten), der auf den Daten des Transportnetzes arbeitet. Der Dispatcher bestimmt nun – aufgrund von vorgegebenen Auswahlkriterien – genau ein Fahrzeug[36], das dann diesem Auftrag zugeordnet wird.

---

[35] Falls kein freies Fahrzeug existiert, wird der Auftrag gespeichert. Wenn ein Fahrzeug frei wird, ist es ebenfalls Aufgabe des Dispatchers, für dieses Fahrzeug einen ausführbaren Auftrag zu suchen.

[36] Es gibt Fälle, in denen trotz freier Fahrzeuge keines ausgewählt wird, weil mit großer Wahrscheinlichkeit ein günstiger positioniertes Fahrzeug innerhalb einer kurzen Zeitspanne seinen aktuellen Auftrag abgearbeitet haben wird und diesen Auftrag übernehmen kann.

4.2 Steuerung fahrerloser Transportfahrzeuge 277

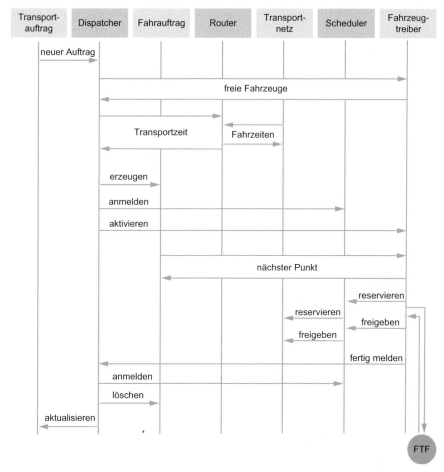

Abbildung 4.11. Vereinfachtes Sequenzdiagramm für die Abwicklung eines Fahrauftrages.

Der Transportauftrag wird in eine Folge von Fahraufträgen zerlegt und kann nun ausgeführt werden. Hierzu sind entsprechende Freigaben der Strecken erforderlich. Diese Verkehrsregelung wird durch den *Scheduler* (siehe unten) durchgeführt. Nach erfolgter Reservierung der Strecke sendet der Fahrzeugtreiber einen Fahrbefehl an das Fahrzeug. Nach Erreichen eines Meldepunktes wird die nächste Strecke angefordert und die letzte wieder freigegeben.

Wenn der Zielpunkt des Fahrauftrages erreicht ist, kann der Lastwechsel erfolgen.[37]

---

[37] Der Lastwechsel und die Zielfahrt sind in der Abbildung 4.11 aus Platzgründen nicht dargestellt.

4.2.4 Algorithmen

openTCS arbeitet im Wesentlichen mit drei Algorithmen:

- Wegefindung (Routing)
- Disposition
- Verkehrsregelung

Diese Algorithmen können für den jeweiligen Anwendungsfall spezifisch parametriert werden.

Routing: *openTCS* setzt ein statisches Routingverfahren nach dem Prinzip der kürzesten Fahrzeiten ein. Dieses Verfahren berücksichtigt Streckensperrungen[38] im Wegenetz. Abbildung 4.12 zeigt für das Modell aus Abbildung 4.7 alle Routen für den Fall, dass keine Strecke gesperrt ist. Das Matrixele-

```
========    R o u t e n    ========
 Punkt         | 0 1 2 3 4 5 6 7 8 9
---------------+--------------------
 0: "p0001"    | 0 3 3 3 3 3 3 3 8 3
 1: "p0002"    | 0 1 0 0 0 0 0 0 0 0
 2: "p0003"    | 1 1 2 1 1 1 1 1 1 1
 3: "p0004"    | 5 5 5 3 5 5 5 5 5 5
 4: "p0006"    | 2 2 2 2 4 2 2 2 2 2
 5: "p0007"    | 6 6 6 6 6 5 6 6 6 6
 6: "p0008"    | 7 7 7 7 7 7 6 7 7 7
 7: "p0009"    | 4 4 4 4 4 4 4 7 4 9
 8: "pp001"    | 5 5 5 5 5 5 5 5 8 5
 9: "pp002"    | 2 2 2 2 2 2 2 2 2 9
====================================
```

Abbildung 4.12. Matrix der Routen für die Transportzeitmatrix aus Abbildung 4.10. Ein Fahrzeug auf dem Punkt i soll zum Punkt j fahren. Das Matrixelement $m_{i,j}$ entspricht dem nächsten Punkt, der anzufahren ist.

ment $m_{i,j}$ entspricht dem nächsten Punkt, der von der Position i angefahren werden muss, wenn der Punkt j das Ziel ist. Das Ziel ist erreicht, wenn $i = j$ gilt. Falls keine Route existiert[39], ist $m_{i,j} = \infty$.

Disposition: Die Disposition ordnet einem Transportauftrag ein Fahrzeug zu. Dabei werden die Wege (Route) ermittelt und beim Scheduler angemeldet. Die Disposition arbeitet nach dem Prinzip des nächsten Nachbarn, das auch unter der Bezeichnung *nearest vehicle first* (NVF) bekannt ist. Ziel ist es, die unproduktiven Wege vom Standort des Fahrzeuges bis zur Lastaufnahme –

---

[38] Streckensperrungen können aufgrund von Störsituationen erforderlich werden. Die *Reservierung* einer Strecke für ein anderes Fahrzeug ist keine Streckensperrung.

[39] Dieser Fall sollte im ungestörten Fall nicht vorliegen, kann aber bei Streckensperrungen eintreten. Dann sind – falls keine Alternativroute existiert – einige Punkte nicht erreichbar.

die Leerfahrtwege – möglichst kurz zu halten. Dabei sind Randbedingungen wie Reihenfolgen und Prioritäten zu beachten. Andere Dispositionsverfahren arbeiten vorausschauend und berücksichtigen nicht nur die freien Fahrzeuge, sondern auch die in naher Zukunft frei werdenden.

Verkehrsregelung: Die Verkehrsregelung wird in *openTCS* durch den Scheduler durchgeführt. Die Ziele der Verkehrsregelung sind

- Kollisionsvermeidung,
- Deadlockvermeidung,
- Fairness.

Abbildung 4.13 zeigt einen einfachen Fahrkurs mit einer Engstelle. Der

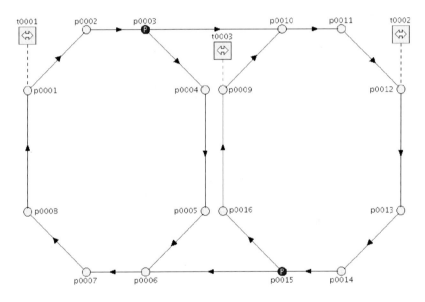

Abbildung 4.13. Modell eines Transportnetzes mit einer Engstelle. Die Strecken zwischen p0004 und p0005 einerseits und zwischen p0016 und p0009 andererseits dürfen nicht gleichzeitig befahren werden.

Scheduler stellt sicher, dass die beiden Strecken zwischen p0004 und p0005 einerseits und zwischen p0016 und p0009 andererseits nicht gleichzeitig befahren werden. Hierdurch werden Kollisonen verhindert. Falls sich auf den Punkten p0004 und p0016 je ein Fahrzeug befindet, liegt zwar keine Kollision, aber ein Deadlock vor. Unter der Voraussetzung, dass keines der Fahrzeuge rückwärts fahren kann, kommt es zu einer wechselseitigen Blockade. Das Eintreten einer solchen Situation muss ebenfalls verhindert werden.

4.2.5 Zusammenfassung

Das System *openTCS* deckt die wichtigsten Funktionen eines FTS ab. Es unterstützt unterschiedliche Typen von FTF und kann durch zusätzliche Fahrzeugtreiber an neue Fahrzeugtypen angepasst werden. Die realisierten Algorithmen decken die grundlegenden Anforderungen an ein Leitsystem ab, können aber auch ausgetauscht oder erweitert werden. So werden in *openTCS* zukünftig vermehrt optimierende Verfahren eingesetzt werden.

Mit *openTCS* steht ein Basissystem zur Verfügung, das auch in anderen Unstetigfördersystemen wie beispielsweise Elektrohängebahnen eingesetzt werden kann. Weitere Informationen hierzu sind im World Wide Web unter http://www.opentcs.org zu finden.

4.3 Materialfluss- und Transportsteuerung

Die Datenverarbeitung innerhalb eines Lagers lässt sich in die folgenden vier Bereiche unterteilen:

- **Warenwirtschaftssystem (WWS):** Die Aufgabenbereiche eines WWS sind beispielsweise der Einkauf, das Bestellwesen oder die Erfassung von Kundenaufträgen.
- **Lagerverwaltungssystem (LVS/WMS[40]):** Im LVS werden Lagerplätze und Bestände verwaltet, Kommissionieraufträge abgearbeitet und die Nachschubversorgung geregelt.
- **Materialflusssteuerung (MFS):** Die MFS verwaltet die Transportaufträge und führt Kommissionier- und Nachschubaufträge aus. Andere Aufgaben sind zum Beispiel das Routing und die verschiedenen Optimierungen.
- **Transportsteuerung (STR):** Die Transport- oder Fördersystemsteuerung wird in der Regel durch einen eigenen Prozessrechner ausgeführt, das kann zum Beispiel eine SPS sein.

Die Materialflusssteuerung ist zwischen der Lagerverwaltung und der Transportsteuerung angesiedelt und sorgt für die Ausführung der vom LVS generierten Transportaufträge. Dabei können Transportaufträge in Teilfahraufträge zerlegt werden. Die Fahraufträge werden an die Transportsteuerung durchgereicht. Die Transportsteuerung führt den Transport durch. Das störungs- und blockadenfreie Routing und die Verwaltung der Ressourcen sind weitere Aufgaben der MFS.

Am Fraunhofer IML in Dortmund wurde eine Demonstrations- und Testanlage erstellt, um Strategien der unterschiedlichsten Bereiche[41] sowie den

---

[40] WMS steht für Warehouse Managementsystem.
[41] Die Strategien behandeln beispielsweise das Routing, die Einlagerung, die Fehlerbehandlung, die Deadlockvermeidung oder das Kommissionieren.

4.3 Materialfluss- und Transportsteuerung 281

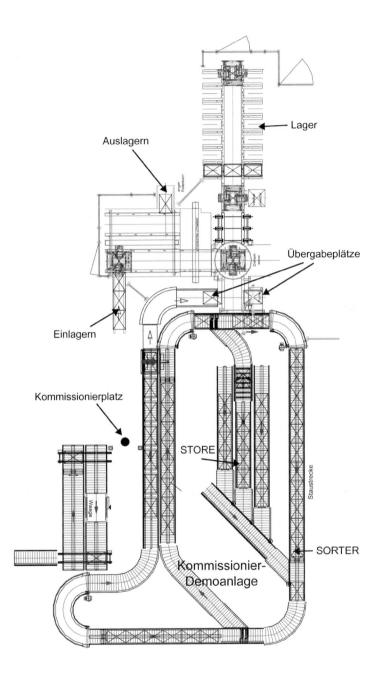

Abbildung 4.14. Schematische Darstellung der automatischen Demonstrationsanlage

Einsatz von verschiedenen AutoID-Systemen zu testen und vorzuführen. Abbildung 4.14 zeigt eine schematische Darstellung der Anlage. Die Demonstrationsanlage besteht aus zwei voneinander unabhängigen Teilbereichen:

- Der eine Teilbereich besteht aus einem Hochregal mit einer Gasse und zwei Regalreihen sowie je einem Ein- und Auslagerplatz und zwei Übergabeplätzen zu dem anderen Teilbereich, der Fördertechnikanlage. Dieser Teilbereich der Anlage ist in der oberen Hälfte der Abbildung 4.14 zu sehen. Das Hochregal wird von drei Multishuttles[42] bedient. Die Multishuttles können mithilfe eines Vertikalförderers die Ebenen wechseln und in die Vorzone mit den Übergabeplätzen fahren[43].
- Der andere Teilbereich ist eine Fördertechnikanlage zum Durchführen von Kommissionierungen mit einem Sortierbereich im Inneren; dieser Teilbereich ist in der unteren Hälfte der Abbildung 4.14 zu sehen. Der Sortierbereich *STORE* besteht aus drei Staustrecken[44], weitere zwei Staustrecken befinden sich hinter dem Übergabeplatz des Hochregales und vor dem Kommissionierplatz. Diese beiden letzten Staustrecken heißen *SORTER* und *KOMMISSIONIERPLATZ*.

Für das gesamte Lager, das über zwei verschiedene Fachhöhen verfügt, werden die gleichen Behälter benutzt. Die Behälter sind in drei unterschiedlichen Höhen vorhanden und werden artikelrein gefüllt. Jeder Behälter verfügt über einen 13,56 Mhz Transporder mit einer eindeutigen Identifikationsnummer.

Die Identifizierung der Behälter erfolgt mithilfe des udc/cp-Systems[45] über RFID-Lesegeräte. Im Bereich der Multishuttles ist lediglich am Einlagerplatz ein Lesegerät installiert. In der Fördertechnikanlage befindet sich vor jeder Weiche und am Ende jeder Staustrecke ein Schreib-/Lesegerät.[46]

In der Fördertechnikanlage wird eine automatische Weichensteuerung eingesetzt: Am Ende einer Staustrecke kann auf einen Transponder eine Kennung für das Ziel des Behälters geschrieben werden, die von den RFID-Lesegeräten an den Weichen gelesen und an die Weichensteuerung übergeben wird. Die Weichensteuerung wertet die Kennung aus. Bei einer Fördergeschwindigkeit von etwas über 0,4 Metern pro Sekunde müssen die Behälter zum Auslesen der benötigten Daten auf dem Transponder, also des Identifikators und des Blockes, in dem das Ziel hinterlegt ist, nicht angehalten werden. Da in der jeweiligen Weichensteuerung eine Wegetabelle vorliegt, wird die

---

[42] Ein Multishuttle ist ein automatisches Schienenfahrzeug, das einen Behälter beidseitig aufnehmen und abgeben kann. Es handelt sich um eine Entwicklung der Siemens Dematic AG und des Fraunhofer Instituts Materialfluss und Logistik

[43] Die Verwaltung der Multishuttles und insbesondere die Deadlockvermeidung übernimmt ein eigener Prozess, der Multishuttle-Prozess.

[44] Der *STORE* wird aus den drei Pufferbahnen *BUF1*, *BUF2* und *BUF3* gebildet, die in Abbildung 4.15 zusammen mit unterschiedlich hohen Behältern zu sehen sind.

[45] Siehe Abschnitt 4.1.

[46] Im Bereich der Weichen wird mit den Schreib-/Lesegeräten ausschließlich lesend auf die Daten zugegriffen.

Abbildung 4.15. Die drei Staustrecken *BUF1*, *BUF2* und *BUF3* bilden den *STORE*.

zugehörige Weiche automatisch in die richtige Richtung geschaltet. Weder das LVS noch das MFS müssen über weiterführende Informationen zur Topologie der Anlage verfügen, da durch die Vorgabe des Zieles die Weichensteuerung den Transport kontrolliert.

Da für das LVS eine Behälterverfolgung nicht mehr notwendig ist, hat es auch keine Kenntnis über die Orte der Behälter, es sei denn, ein Behälter befindet sich an einem der Orte *SORTER* oder *KOMMISSIONIERPLATZ*. An diesen beiden Stationen werden die Identifikatoren der Transponder auf den Behältern über udc/cp durch die RFID-Lesegeräte gelesen und dem LVS übergeben.

Am Ende der Staustrecke *SORTER* werden die Behälter aus dem Multishuttle-Regallager identifiziert. Diese Identifikation wird zur Verifikation dem LVS übergeben, das wiederum ein Ziel für jeden Behälter bestimmt. Dieses Ziel wird für die Weichensteuerung auf die Transponder geschrieben. Zu kommissionierende Behälter werden zum Kommissionierplatz geschickt, alle anderen in den inneren Umlauf *STORE*. Die genauen Orte der Behälter werden in einer weiteren Zwischenschicht, der automatischen Behältersteuerung *MF-Control* gehalten. MF-Control ist ein udc/cp-Listener[47] und empfängt die Identifikationen der Transponderlesegeräte. Von der SPS empfängt es die zugehörigen Lichtschrankensignale.[48]

---

[47] Siehe Abschnitt 4.1.4.
[48] udc/cp verwaltet die Transponderlesegeräte als Reader und die Lichtschranken als Trigger. Aus je einem Reader und einem Trigger wird ein udc/cp-Device gebildet.

Die Daten der Behälter am *KOMMISSIONIERPLATZ* werden benötigt, damit der Kommissionierer mit der zugehörigen Kommission beauftragt werden kann.

4.3.1 Transportsteuerung

An die Transportsteuerung werden folgende Anforderungen gestellt:

- Ausführbare Transportaufträge eines Behälters B von einer Quelle Q zu einem Ziel Z müssen so schnell wie möglich ausgeführt werden. [49]
- Wenn ein Transportauftrag ausgeführt wurde, muss eine Transportbestätigung gesendet werden.
- An Zusammenführungen von Transportstrecken müssen die Auftragsreihenfolgen eingehalten werden.

Um diesen Anforderungen zu genügen, muss auf die möglichen Probleme geachtet werden, die nachfolgend aufgezeigt werden. An einem Ausschnitt aus der Fördertechnikanlage, der in Abbildung 4.16 zu sehen ist, können diese möglichen Probleme zusätzlich beispielhaft dargestellt werden.

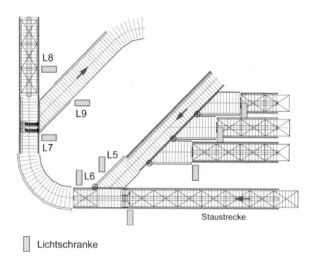

Abbildung 4.16. Beispiel einer Zusammenführung und einer Verzweigung in der Demonstrationsanlage

---

[49] Dabei ist ein Transportauftrag dann ausführbar, wenn an der Quelle Q ein Behälter B steht und am Ziel Z ein freier und nicht reservierter Ort verfügbar ist. Weiterhin muss auch der Weg von Q nach Z Beförderungskapazitäten bereit stellen.

Lückenloser Transport von Behältern: Ein lückenloser Transport von Behältern kann auftreten, wenn zum Beispiel eine Staustrecke mit einer permanent betriebenen Rollenbahn durch einen Stopper gebildet wird, der nur den vordersten Behälter stoppt und die weiteren Behälter dadurch anhält, dass er sie aufeinander auffahren lässt.

In Abbildung 4.16 ist eine solche Staustrecke unter anderem durch die Bahn *SORTER* gegeben. Wird nun der an vorderer Stelle stehende Behälter zum Transport beauftragt, kann durch die fehlende Lücke zwischen den Behältern das Ende des beauftragten Behälters nicht unbedingt bestimmt werden und es muss damit gerechnet werden, dass sich mehrere Behälter durch den Transportauftrag des einen in Bewegung setzen. An einer Lichtschranke können durch die fehlenden Lücken zwischen mehreren Behältern diese nur als ein Behälter erkannt werden. Als Konsequenz kann sich ergeben:

- Die Belegung der betroffenen Staustrecken ist falsch.
- Nachfolgende Behälter erhalten Aufträge der vorhergehenden Behälter.
- An Verzweigungsstellen kann es zu Fehlfahrten kommen.

Der Fehler wird vom MFS erst erkannt, wenn eine Staustrecke keine weiteren Behälter mehr enthält und ein existierender Transportauftrag nicht mehr zuzuordnen ist. Da alle vorherigen Aufträge „fehlerfrei" ausgeführt wurden, kann unter Umständen dieser Fehler erst bemerkt werden, wenn viele Behälter an falschen Orten angekommen sind.

Zur Lösung obiger Problemstellung gibt es zwei Ansätze: Entweder wird versucht, den Fehler zu vermeiden oder es wird versucht, den Fehler frühzeitig zu erkennen.

Um den Fehler zu vermeiden, werden besondere Fördertechnikelemente benötigt und das Problem auf Steuerungsebene gelöst. Es gibt folgende Lösungsmöglichkeiten:

- Blockstreckenkonzept: Jeder Behälterplatz einer Staustrecke ist ein separat anzusteuerndes Fördertechnikelement, das genau einen Behälter aufnehmen kann. Die Länge des Fördertechnikelements muss dabei größer sein als die Länge des Behälters. Zwischen zwei Behältern entsteht so automatisch eine Lücke.
- Vereinzelung: An Stellen, an denen Behälter lückenlos aufeinanderfahren können, werden Behälter durch unterschiedliche Geschwindigkeiten aufeinanderfolgender Fördertechnikelemente getrennt.

Damit werden im fehlerfreien Ablauf Lücken zwischen den Behältern erzeugt. Nach Störungen oder anderen Fehlern können jedoch auch weiterhin Behälter ohne Lücken transportiert werden.

Während die Fehlervermeidung auf der Ebene der Fördertechnik und damit auf der Hardware-Ebene stattfindet, wird bei der frühzeitigen Fehlererkennung auf die über der Hardware liegende Software-Ebene gewechselt: Die frühzeitige Fehlererkennung findet durch die Materialflusssteuerung statt. Dazu gibt es folgende Möglichkeiten:

- Einsatz von AutoID-Technik: Wenn an einem Punkt die Behälter identifiziert werden, fahren mehrere lückenlos aneinanderhängende Behälter zwar immer noch falsch, diese Falschfahrten werden jedoch spätestens durch den nächsten an diesem Punkt identifizierten Behälter erkannt, da nun ein anderer Behälter erwartet wurde.
- Zeitüberwachung: Aus der Zeit, in der die Lichtschranke unterbrochen war und der Geschwindigkeit der Fördertechnik kann die Länge eines Behälters ermittelt werden. Ist die Länge des erwarteten Behälters hinterlegt, kann verglichen werden, ob sie mit der errechneten Länge überein stimmt.[50]

In der Demonstrationsanlage wird das Problem der lückenlosen Fahrt von Behältern an der Staustrecke *SORTER* durch Vereinzelung gelöst. Der erste Behälter beschleunigt stärker als der nachfolgende, dadurch entsteht eine Lücke. Diese wird von der Lichtschranke erkannt und der zweite Behälter wird vom Stopper angehalten. Vor der Weiche befindet sich ein Lesegerät, an dem zusätzlich überprüft wird, ob dort der erwartete Behälter angekommen ist. An der Staustrecke *KOMMISSIONIERPLATZ*, an der ebenfalls ein RFID-Lesegerät installiert ist, wird das Problem durch das Blockstreckenkonzept umgangen.

Vermeidung von Behälterkollisionen: Kollisionen können an Zusammenführungen auftreten: Zwei oder mehr Behälter sollen zeitgleich auf ein Fördertechnikelement fahren. Wenn beide Behälter gleichzeitig losfahren, wird es in der Regel zu einer Kollision kommen. Ein weiterer Transport über die betroffenen Fördertechnikelemente ist dann nicht mehr möglich und es kommt zu einem Rückstau.
Als mögliche Lösungen bieten sich an:

- Synchronisation der Aufträge: Es befindet sich immer nur einen Behälter im Kollisionsbereich, weitere Behälter werden erst dann in diesen Bereich transportiert, wenn der vorhergehende den Kollisionsbereich verlassen hat. Die Synchronisation der Aufträge kann auf Steuerungsebene oder durch die MFS erfolgen.[51]
- Installation zusätzlicher Sensorik: Sollte der Kollisionsbereich mehrere Behälter aufnehmen können, so können durch Installation zusätzlicher Lichtschranken Kollisionen vermieden werden. Die Lichtschranken müssen

---

[50] In der Demonstrationsanlage beträgt die Fördergeschwindigkeit 0,4 Meter pro Sekunde, alle Behälter haben eine Länge von 60 Zentimetern. Daraus folgt, dass eine Lichtschranke $1\frac{1}{3}$ Sekunden bedämpft sein muss, damit davon ausgegangen werden kann, dass genau ein Behälter vorbei gefördert wurde.

[51] Auf Steuerungsebene darf immer nur ein Behälter beauftragt werden. Durch Installation von Lichtschranken kann erkannt werden, wann der Behälter in den kritischen Bereich fährt und wann er ihn wieder verlässt. Auf der MFS-Ebene wird der nächste Behälter erst dann beauftragt, wenn der vorhergehende Transportauftrag ausgeführt wurde. Der Vorteil der MFS-Lösung liegt darin, dass die MFS auch noch die Reihenfolge der Transportaufträge bestimmen kann.

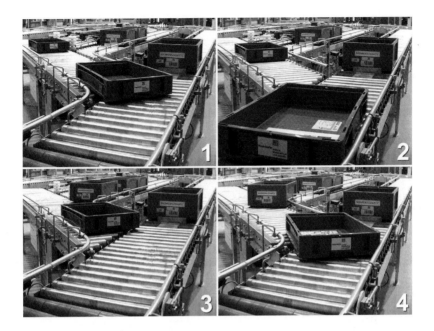

Abbildung 4.17. Beispiel einer Zusammenführung

so angebracht werden, dass Lücken für einzuschleusende Behälter erkannt werden.

In der Demonstrationsanlage wurde das Problem durch Synchronisation der Aufträge auf Steuerungsebene gelöst. So wird beispielsweise an der in Abbildung 4.16 aufgezeigten Zusammenführung ein Behälter aus dem *STORE* oder von der Bahn *SORTER* erst dann beauftragt, wenn die Lichtschranke *L6* das Passieren eines vorherfahrenden Behälters quittiert hat.

Abbildung 4.17 zeigt auf vier Bildern den kollisionsfreien Transport von Behältern. Auf Bild 1 sind zwei Behälter zu sehen, die die Bahn *BUF1*[52] verlassen haben. Der Behälter in der Bahn *BUF3* muss warten, bis die Strecke frei ist, und kann erst dann transportiert werden, was ab Bild 3 geschieht.

Weichensteuerung: Wenn zwei Behälter mit unzureichendem Abstand nach einer Weiche in unterschiedlichen Richtungen weitertransportiert werden sollen, kann es vorkommen, dass der zweite Behälter in die Richtung des ersten Behälters fährt, weil die Weiche zu spät die Richtungsänderung gewechselt hat.

Als Lösung bietet sich an:

- Lichtschranken hinter der Weiche: An beiden Abzweigungen werden Lichtschranken so installiert, dass die Steuerung erkennt, wann ein Behälter

---

[52] Siehe Abbildung 4.14.

die Weiche überfahren hat und der nächste Behälter losfahren kann. Der Durchsatz sinkt zwar, jedoch wird die Sicherheit erhöht.
- Synchronisation auf MFS-Ebene: Der Auftrag für den nächsten Behälter wird erst dann an die Transportsteuerung gesendet, wenn der vorherige Transportauftrag als ausgeführt quittiert wurde. Damit sollte sich kein Behälter mehr auf der Weiche befinden. Diese Lösung sollte jedoch nur zusätzlich zur Lösung auf Steuerungsebene eingesetzt werden.

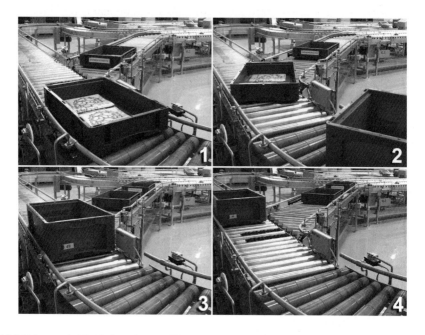

Abbildung 4.18. Beispiel einer Verzweigung

In der Demonstrationsanlage des Fraunhofer IML wurde nach der Weiche für jede Richtung eine Lichtschranke so installiert, dass die Weiche umschalten kann, bevor ein zweiter Behälter über die Weiche fährt. Der zweite Behälter wartet jetzt so lange vor der Weiche, bis der erste Behälter die Lichtschranke L8, die in Abbildung 4.16 zu sehen ist, passiert hat.

Auf den vier Bildern der Abbildung 4.18 ist der Transport über eine Weiche zu sehen. Bild 1 und Bild 2 zeigen das Abbiegen zweier Transportbehälter, auf den letzten beiden Bildern ist die Geradeausfahrt eines dritten Behälters zu sehen. Wenn der Abstand vom zweiten zum dritten Behälter zu gering ist, dann folgt der dritte Behälter dem zweiten, weil die Weiche die Richtungsänderung noch nicht zurückgeschaltet hat. Schaltet dann die Weiche die Richtungsänderung in dem Moment, in dem der dritte Behälter sich genau über den richtungsändernden Gummirollen[53] befindet, kann das zu einer Verkantung des Behälters und damit zu einer Störung der gesamten Teilstrecke führen. In dem Fall ist ein manuelles Eingreifen nötig.

Belegungsfehler: Das Zählen von Behältern auf Staustrecken auf Steuerungsebene erfolgt durch Auswerten der Lichtschrankensignale am Anfang und Ende der Staustrecke: Fährt ein Behälter auf eine Staustrecke, wird ein Belegungszähler inkrementiert; verlässt ein Behälter die Staustrecke, wird der Belegungszähler dekrementiert. Eine Anfangsbelegung kann die Steuerung nicht ermitteln, sie muss vom MFR übermittelt werden. Der Belegungszähler kann nun durch falsche Lichtschrankensignale den Wert so ändern, dass der Wert nicht mehr mit der tatsächlichen Belegung übereinstimmt. Eine Belegungsabfrage vom MFR würde jetzt zu einem fehlerhaften Ergebnis führen. Unter Umständen würde die Steuerung einen Transportauftrag in diese Staustrecke ablehnen, da der Belegungszähler besagt, dass die Staustrecke keinen freien Platz mehr hat.

Abbildung 4.19. Schwenkrollensorter: Verzweigung einer Rollenbahn

Um das Problem des Belegungsfehlers als mögliche Fehlerquelle zu minimieren, existieren folgende Möglichkeiten:

- Einzelplatzüberwachung: Nur wenn jede Position einer Staustrecke von einer Lichtschranke überwacht wird, kann eine genaue Belegung jederzeit ermittelt werden. Der finanzielle Aufwand steht jedoch nicht immer im Verhältnis zum Nutzen, deshalb wird in der Regel auf höhere Genauigkeit des Belegungszählers verzichtet.
- Verknüpfung mit Transportaufträgen: Der Zähler wird nur dann geändert, wenn ein Transportauftrag vorliegt. Wird die Lichtschranke abgeschattet, obwohl kein Transportauftrag vorliegt, so wird auch nicht gezählt.
- Zeitüberwachung: Aus der Zeit, in der die Lichtschranke aktiv war, und der Geschwindigkeit kann die Länge des Behälters ermittelt werden. Damit

---

[53] Die Gummirollen des Schwenkrollensorters sind in Abbildung 4.19 und im vierten Bild der Abbildung 4.18 zu sehen.

kann berechnet werden, ob ein Behälter eine Lichtschranke passiert hat oder ob es sich um ein Fehlsignal handelt.

Während die ersten beiden Möglichkeiten auf der Ebene der Steuerung (Hardware) stattfinden, findet die Zeitüberwachung auf der Seite des MFS (Software) statt. Alle drei Lösungsmöglichkeiten führen nicht zu einer absoluten Sicherheit, durch jede einzelne Lösung wird die Sicherheit jedoch erhöht.

In der Demonstrationsanlage in Dortmund wurden kombinierte Möglichkeiten realisiert, um die Sicherheit zu erhöhen.

Reihenfolge der Behälter: Es kann für den Ablauf wichtig sein, dass eine vorgegebene Reihenfolge der Behälter nicht verändert werden darf (zum Beispiel bei Kommissionierungen). Insbesondere bei Zusammenführungen kann es jedoch vorkommen, dass der zuerst beauftragte Behälter nicht als erster Behälter das Ziel erreicht.

Um das Problem der Reihenfolgenveränderung von Behältern zu lösen, kommen folgende Möglichkeiten in Frage:

- Auf Steuerungsebene kann die Reihenfolge nur durch Synchronisation aller betroffenen Elemente erreicht werden. Es darf immer nur ein Behälter beauftragt werden, und die Transportaufträge müssen nach dem FIFO-Prinzip abgearbeitet werden.
- Diese Synchronisation kann auch auf MFS-Ebene stattfinden: Erst wenn der beauftragte Behälter sein Ziel erreicht hat, wird der nächste Behälter beauftragt.

In der Demonstrationsanlage übernimmt die MFS die Synchronisation: Wenn die Steuerung den Vollzug eines Transportauftrags zur Weiche gemeldet hat, wird der nächste Transportauftrag gesendet. Damit kann die MFS die Reihenfolge vorgeben.

4.3.2 Kommunikation

Am Beispiel der Demonstrationsanlage[54] wird das Prinzip der Kommunikation zwischen einer MFS und einer Transportsteuerung dargestellt.

Die Transportsteuerung der Fördertechnik besteht aus einer Speicherprogrammierbaren Steuerung (SPS) vom Typ Simatic S7-300, deren Kommunikationsprozessor (CP 343-1) über ein IEEE 802.3 Netzwerk mit einem PC verbunden ist, der die MFS darstellt. Die Kommunikation zwischen der MFS und der Transportsteuerung, also der SPS, erfolgt über eine TCP/IP-Verbindung in Form von Telegrammen.

Für die Telegramme gelten die folgenden Regeln:

- Jedes Telegramm beginnt mit dem ASCII-Steuerzeichen STX, dem Zeichen „Start of Text".

---
[54] Siehe Abbildung 4.14.

4.3 Materialfluss- und Transportsteuerung   291

Tabelle 4.1. Die Bezeichner des Telegramm-Headers

- Die folgenden 5 Byte enthalten eine Angabe über die Anzahl der nachfolgenden Bytes des Telegramms, also eine Längenangabe.
- Es folgen Datenfelder, die wie folgt aufgebaut sind:
  - Das ASCII-Zeichen DLE, das Zeichen mit der Bedeutung „Data Link Escape", steht am Anfang eines Datenfeldes.
  - Ein Bezeichner für den Schlüssel, den *key* des Feldes, folgt dem DLE.
  - Ein Leerzeichen trennt den *key* vom nachfolgenden *value*.
  - Der Wert, der *value* des Feldes, schließt das Datenfeld ab.
- Am Ende des Telegramms steht hinter einem abschließenden DLE das ASCII-Zeichen ETX, das die Bedeutung „End of Text" hat.

Für den Aufbau der *key*- und *value*-Bezeichner wurde vereinbart:

- Jeder *key* besteht aus 2 Buchstaben.
- Jeder *value* besteht aus 4 Zeichen.

Jedes Datenfeld hat somit eine Länge von insgesamt einem Quadword[55], also 8 Byte. Diese Struktur vereinfacht das Verarbeiten der Daten für die SPS. Jedes Telegramm muss zwingend einen Header besitzen, der aus den vier folgenden Datenfeldern Sender, Empfänger, Sequenznummer und Funktionscode aufgebaut ist, wie Tabelle 4.1 verdeutlicht.

Der Sender SD gibt an, wer das Telegramm verschickt hat, der Empfänger RC enthält eine Angabe darüber, für wen das Telegramm bestimmt ist. Die Sequenznummer SQ wird für jede Kommunikationrichtung und für jedes Sender- und Empfängertupel eigens verwaltet. Der Funktionscode FC gibt an, welche Operation beim Empfänger ausgeführt werden soll; im informationstechnischem Sinne gibt der Funktionscode die auf Empfängerseite auszuführende Programmfunktion an. Der Funktionscode spezifiziert das Telegramm, die möglichen Funktionscodes sind in Tabelle 4.2 aufgeführt.

Die möglichen Parameter zu den Funktionscodes sind in Tabelle 4.3 zu sehen.

Wegen der gegebenen Telegrammstruktur ist es einfach, den Empfang unterschiedlich langer Telegramme durch die SPS zu gewährleisten:

---

[55] Siehe Abschnitt 3.2.4.
[55] Der Empfänger (engl. *receiver*) hat den *key* RC.

Funktionscode	Name	Beschreibung	Parameter
MSQR	MfcStateRequest	Statusabfrage über die Belegung einer Staustrecke	SL
MMRQ	MfcModifyRequest	Änderung der Belegung von Staustrecken	SL, UL
MTOR	MfcTransportOrder	Transportauftrag	ON, TS, TD, UL
MSEV	MfcStateEvent	Melden der Betriebsart	OM
MTEV	MfcTransportEvent	Belegung einer Staustrecke melden	SL, UL
MTEX	MfcTransportExecution	Quittieren eines Transportauftrages	ON, SL, UD
RESP	Response	Quittieren eines Telegrammes	ER

Tabelle 4.2. Liste der Funktionscodes der Telegramme

Bedeutung	key	Herkunft	Wertebereich
Fehlercode	ER	Error	Ziffern
Betriebsart	OM	OperationMode	AUTO|HAND
Auftragsnummer	ON	OrderNumber	Ziffern
Name der Staustrecke	SL	StorageLocation	Zeichen
Transportauftragsziel	TD	TransportDestination	Zeichen
Transportauftragsquelle	TS	TransportSource	Zeichen
Belegungsänderung	UD	UnitloadDifference	-001|0001
Staustreckenbelegung	UL	UnitLoads	Ziffern

Tabelle 4.3. Liste der Funktionscodes der Telegramme

Nach dem Empfang eines ASCII-Zeichens STX[56] kann von dem Beginn eines neuen Telegramms ausgegangen werden, und die nächsten 5 Byte beinhalten die Längeninformation. Nach dem Einlesen der Längeninformation kann der Rest des Telegramms mit den eigentlichen Datenfeldern im nächsten Zyklus gelesen werden. Die Anzahl und der Inhalt der Datenfelder sind abhängig vom Funktionscode.

---

[56] Beim Aufbau einer Verbindung wird zunächst jeweils ein einzelnes Byte gelesen, bis das ASCII-Zeichen STX empfangen wird.

4.3 Materialfluss- und Transportsteuerung

MfcTransportOrder

Byte	0	1-5	6	7-13	14	15-21	22	23-29	30	31-37	38	39-45	46	47-53	54	55-61	62	63-69	70	71
DW		4		10,12		18,20		26,28		34,36		42,44		50,52		58,60		66,68		
	STX	00066	DLE	SD WMS1	DLE	RC PLC1	DLE	SQ 0001	DLE	FC MTOR	DLE	ON 0001	DLE	TS BUF1	DLE	TD RA_7	DLE	UL 0001	DLE	ETX

MfcTransportExecution

Byte	0	1-5	6	7-13	14	15-21	22	23-29	30	31-37	38	39-45	46	47-53	54	55-61	62	63
DW		4		10,12		18,20		26,28		34,36		42,44		50,52		58,60		
	STX	00058	DLE	SD PLC1	DLE	RC WMS1	DLE	SQ 0001	DLE	FC MTEX	DLE	ON 0001	DLE	SL BUF1	DLE	UD -123	DLE	ETX

MfcStateRequest

Byte	0	1-5	6	7-13	14	15-21	22	23-29	30	31-37	38	39-45	46	47
DW		4		10,12		18,20		26,28		34,36		42,44		
	STX	00042	DLE	SD WMS1	DLE	RC PLC1	DLE	SQ 0002	DLE	FC MSRQ	DLE	SL BUF1	DLE	ETX

MfcModifyRequest

Byte	0	1-5	6	7-13	14	15-21	22	23-29	30	31-37	38	39-45	46	47-53	54	55
DW		4		10,12		18,20		26,28		34,36		42,44		50,52		
	STX	00050	DLE	SD WMS1	DLE	RC PLC1	DLE	SQ 0003	DLE	FC MMRQ	DLE	SL BUF1	DLE	UL 0002	DLE	ETX

MfcStateEvent

Byte	0	1-5	6	7-13	14	15-21	22	23-29	30	31-37	38	39-45	46	47
DW		4		10,12		18,20		26,28		34,36		42,44		
	STX	00042	DLE	SD PLC1	DLE	RC WMS1	DLE	SQ 0001	DLE	FC MSEV	DLE	OM AUTO	DLE	ETX

MfcTransportEvent

Byte	0	1-5	6	7-13	14	15-21	22	23-29	30	31-37	38	39-45	46	47-53	54	55
DW		4		10,12		18,20		26,28		34,36		42,44		50,52		
	STX	00050	DLE	SD PLC1	DLE	RC WMS1	DLE	SQ 0001	DLE	FC MTEV	DLE	SL BUF1	DLE	UL 0002	DLE	ETX

Response

Byte	0	1-5	6	7-13	14	15-21	22	23-29	30	31-37	38	39-45	46	47
DW		4		10,12		18,20		26,28		34,36		42,44		
	STX	00042	DLE	SD PLC1	DLE	RC WMS1	DLE	SQ 0001	DLE	FC RESP	DLE	ER 0001	DLE	ETX

Abbildung 4.20. Telegramme für die Kommunikation zwischen SPS und MFS

Die für die Kommunikation mit der Steuerung der Fördertechnikanlage relevanten Telegramme, die in Tabelle 4.2 aufgeführt sind, können in Abbildung 4.20 mit den zugehörigen Parametern eingesehen werden.

4.3.3 Beispiel einer Statusabfrage

Mit einer Statusabfrage wird die aktuelle Belegung der ausgewählte Staustrecke mit Behältern von der SPS erfragt.

Abbildung 4.21 zeigt den Ablauf des Telegrammverkehrs, der durch die Statusabfrage ausgelöst wird. Allgemein gilt folgender Ablauf:

1. Die MFS sendet ein MfcStateRequest an die SPS.
2. Die SPS antwortet mit einer Response.
3. Die SPS sendet ein MfcTransportEvent mit der aktuellen Belegung der Staustrecke.
4. Die MFS antwortet mit einer Response.

Beim Erstellen einer Response ist es wichtig, dass die Sequenznummer des Telegramms, auf das geantwortet wird, mitgeliefert wird.

In dem in Abbildung 4.21 aufgezeigten Beispiel wird an die SPS eine Statusabfrage MSQR der Staustrecke BUF1 gesendet. Die SPS antwortet zunächst mit einer Response RESP, in der die Sequenznummer 0002 der Abfrage eingetragen ist. Danach sendet die SPS die aktuelle Belegung 0002 der Staustrecke

Mf-Control → SPS: MfcStateRequest

| STX | 00042 | DLE | SD WMS1 | DLE | RC PLC1 | DLE | SQ 0002 | DLE | FC MSRQ | DLE | SL BUF1 | DLE | ETX |

Mf-Control ← SPS: Response

| STX | 00042 | DLE | SD PLC1 | DLE | RC WMS1 | DLE | SQ 0002 | DLE | FC RESP | DLE | ER 0000 | DLE | ETX |

Mf-Control ← SPS: MfcTransportEvent

| STX | 00050 | DLE | SD PLC1 | DLE | RC WMS1 | DLE | SQ 0123 | DLE | FC MTEV | DLE | SL BUF1 | DLE | UL 0002 | DLE | ETX |

Mf-Control → SPS: Response

| STX | 00042 | DLE | SD WMS1 | DLE | RC PLC1 | DLE | SQ 0123 | DLE | FC RESP | DLE | ER 0000 | DLE | ETX |

Abbildung 4.21. Zeitlicher Ablauf der Telegramme bei einer Statusabfrage

BUF1 durch ein MTEV an das MFS. Dieses antwortet wiederum mit einer Response mit gespiegelter Sequenznummer 0123.

Weitere Informationen zu diesem Praxisbeispiel sind im World Wide Web unter http://www.udccp.de zu finden.

Die hier vorgestellten Beispiele zeigen den Einsatz der Automatischen Identifikation und der Automatisierungstechnik im logistischen Umfeld. Erweitert man die Beispiele um ein Lagersystem mit einer Bestandsführung und weiteren lagertypischen Funktionen, wird ein Lagerverwaltungssystem erforderlich. Unter der Bezeichnung *myWMS* steht ein open source System zur Verfügung, das solche Funktionen bereitstellt. Die oben beschriebenen Praxisbeispiele eignen sich zur gemeinsamen Anwendung mit *myWMS* zur Verwaltung und zur Automatisierung von Lagersystemen.

Weitere Informationen zu *myWMS* sind in [24] und im World Wide Web unter http://www.mywms.de zu finden.

4.4 Zusammenfassung

Obwohl rechnergestützte Testverfahren, Simulationen und analytische Verfahren zur Verfügung stehen, kann hierdurch ein Praxistest nicht ersetzt werden. Selbst ein Betrieb unter Laborbedingungen kann Schwachstellen aufdecken, die bei „Schreibtischtests" nicht erkennbar werden. Hierzu zählen beispielsweise Bedienfehler, Störungen des physischen Materialflusses und Störungen der IT-Infrastruktur wie etwa temporäre Störungen des Rechnernetzes oder Ausfälle von Teilsystemen. All diese Effekte geben wertvolle Hinweise zur Überarbeitung der zugrunde gelegten Modelle und Methoden, der eingesetzten Auto-ID-Technik und der Integration in ein Gesamtsystem.

Abkürzungsverzeichnis

4SCC 4 State Customer Code

AIAG Automotive Industry Action Group
ARQ Automatic Repeat Request
AS Ablaufsprache
AS2 Applicability Statement 2
ASCII American Standard Code for Information Interchange
AutoID Automatische Identifikation
AWL Anweisungsliste

BCD Binary Coded Decimal
BE-Netz Bedingungs-Ereignis-Netz
BPEL4WS Business Process Execution Language for Web Services
BS Betriebssystem

CAN-Bus Controller Area Network
CC Composite Code
CCD Charge Coupled Device
CCG Centrale für Coorganisation GmbH
CMC7 Caractère Magnétique Codé à 7 Bâtonnets
CPU Central Processing Unit
CRC Cyclic Redundancy Check
CSMA/CD Carrier Sense Multiple Access/Collision Detection

DAM Drehstromasynchronmotor
DEA Deterministischer Endlicher Automat
dGPS differential Global Positioning System
DLE Data Link Escape

EAN Europäische Artikel Nummer, European Article Numbering
EAS Elektronische Artikelsicherung
ECC Error Checking and Correction Algorithm
ECCC Electronic Commerce Council of Canada
EDC Error Detecting Code
EDI Electronic Data Interchange

EHB Elektro-Hängebahn, Einschienen-Hängebahn
EPC Electronic Product Code
ERP Enterprise Resource Planning
EsAC Essener Assoziativ Code
ETSI European Telecommunications Standards Institute
ETX End of Text
EU Europäische Union

FAR Falschakzeptanzrate (False Acceptance Rate)
FBS Funktionsbausteinsprache
FEC Forward Error Correction
FHSS Frequency Hopping Spread Spectrum
FNC Funktionscode
FRR Falschrückweisungsrate (False Rejection Rate)
FTF Fahrerloses Transportfahrzeug
FTS Fahrerloses Transportsystem
FU Frequenzumrichter

GLN Global Location Number
GS1 Global Standards One
GTIN Global Trade Item Number
GTL Global Transport Label

HAL Hardware Abstraction Layer
HF High Frequency
HMI Human Machine Interface
HRL Hochregallager
HSP Holographic Shaddow Picture

ICR Intelligent Character Recognition
ID Identifikator, Identifikationsnummer
IEEE Institute of Electrical and Electronics Engineers
IFA Informationsstelle für Arzneispezialitäten
ILN Internationale Lokationsnummer
IPC Industrie-PC
ISR Interrupt-Service-Routine

JAMA Japan Automobil Manufacturers Association
JAPIA Japan Automotive Parts Industries Association

KI Künstliche Intelligenz

LAM Lastaufnahmemittel
LBT Listen Before Talk
LED Light Emitting Diode
LF Low Frequency

LVS Lagerverwaltungssystem

MFS Materialflusssteuerung
MICR Magnetic Ink Character Recognition
MIT Massachusetts Institute of Technology
MMU Memory Management Unit
MSB most significant bit

NEA Nichtdeterministischer Endlicher Automat
NSC Number System Character
NVE Nummer der Versandeinheit

OCR Optical Character Recognition
Odette Organisation for Data Exchange by Teletransmission in Europe
OMG Object Management Group
OR Objekt-relational
OSI Open Systems Interconnection
OTL Odette Transport Label
OZE Optische Zeichenerkennung

P-Regler Proportionalregler
PCS Print Contrast Signal
PI-Regler Proportional-Integral-Regler
PLC Programmable Logic Controller
PML Physical Markup Language
POS Point Of Sale
PZN Pharma Zentral Nummer

QR-Code Quick Response Code

RAM Random Access Memory
RBG Regalbediengerät
RFID Radio Frequency Identification
RFZ Regalförderzeug
RM4SCC Royal Mail 4 State Customer Code
RMI Remote Method Invocation
ROM Read Only Memory
RS-Codes Reed-Solomon-Codes
RSS Reduced Space Symbology

SHF Super High Frequency
SPS Speicherprogrammierbare Steuerung
SSCC Serial Shipping Container Code
ST Strukturierter Text
STR Steuerung
STX Start of Text

TCP Transmission Control Protocol

UCC United Code Council
UDP User Datagram Protocol
UHF Ultra High Frequency
UML Unified Modeling Language
UPC Universal Product Code

VDA Verband der Automobilindustrie
VDMA Verband Deutscher Maschinen- und Anlagenbau
VPS Verbindungsprogrammierte Steuerung

WMS Warehouse Managementsystem
WWS Warenwirtschaftssystem

XML eXtensible Markup Language
XOR Exklusiv-Oder

Tabellenverzeichnis

1.1 Klassifizierung von Fördersystemen 2

2.1 Code 2/5 25
2.2 Code 39 38
2.3 Die Zeichensatzreihenfolgen des EAN 13 42
2.4 Die Zeichensätze des EAN 13 44
2.5 Code 128 49
2.6 1D-Barcodes im Vergleich 57
2.7 Beispiele für EAN-UCC Präfixe 59
2.8 Beispiele für Datenbezeichner (DB) und -inhalte 64
2.9 UPC-E-Codierungen 69
2.10 Der Zeichenvorrat des RM4SCC 80
2.11 Matrix zur Ermittlung der Prüfziffer 81
2.12 Kennzeichnungstechnologien 95
2.13 Eigenschaften von Laser- und Thermotransferdruckern 99
2.14 Vergleich der RFID-Frequenzen (Europa) 106
2.15 Gegenüberstellung UHF 108
2.16 Exemplarische Auswahl einiger Hersteller-IDs 111

3.1 Meilensteine der Materialflussautomatisierung 122
3.2 Beispiel für Wahrheitstabelle 132
3.3 Übergangsfunktion eines Mealy-Automaten 145
3.4 Ausgabefunktion eines Mealy-Automaten 145
3.5 Darstellungen nicht negativer Zahlen 157
3.6 Beispiele für die Darstellung ganzer Zahlen 158
3.7 Beispiele für binäre Codierungen 160
3.8 Sensorklassifizierung 173
3.9 Vergleich von Antriebssystemen 191
3.10 Eigenschaften hydraulischer Antriebssysteme 196
3.11 Eigenschaften pneumatischer Antriebssysteme 196
3.12 Merkmale von Automatisierungsgeräten 197
3.13 Interrupt Vektor Tabelle 211
3.14 Steuerzeichen 213
3.15 Befehle an einen Vertikalförderer 218
3.16 Befehle in binärer Darstellung 218

3.17 Beispiel einer Parity-Berechnung 219
3.18 Häufig eingesetzte Generatorpolynome 221
3.19 Schichten des ISO/OSI-Referenzmodells und ihre Bedeutung 223
3.20 Feldbussysteme 225
3.21 Hierarchie der Datentypen nach DIN-EN-IEC 61131 228
3.22 Kurzformen der Variablendefinition 230
3.23 AWL-Operatoren 235
3.24 AWL-Programm-Beispiel 235
3.25 Darstellung von Linien und Blöcken........................ 237

4.1 Die Bezeichner des Telegramm-Headers...................... 291
4.2 Liste der Funktionscodes der Telegramme.................... 292
4.3 Liste der Funktionscodes der Telegramme.................... 292

Abbildungsverzeichnis

1.1	Systematik der Transportsysteme	1
1.2	Behälter auf Rollenbahn	3
1.3	Einsatz einer Hängebahn im Automobilbau	4
1.4	Fahrerloses Transportfahrzeug (FTF)	5
1.5	Ein Regalfahrzeug vor einem Behälterlager	6
1.6	Kommissionierplatz	7
2.1	Lichtschrankenvorhang zur Höhenmessung	10
2.2	Fingerabdruck	11
2.3	Iris	12
2.4	Das Alphabet in Brailleschrift	15
2.5	Anwendung von Braille-Umschaltzeichen	15
2.6	Braille-Umschaltung von Buchstabensequenzen	16
2.7	Das Morsealphabet und eine Buchstabencodierung	16
2.8	Schriftprobe CMC7	19
2.9	Schriftprobe E13B	19
2.10	Schriftprobe OCR-A	20
2.11	Schriftprobe OCR-B	20
2.12	Die Buchstaben e, a und t als Morsezeichen	21
2.13	Allgemeiner Aufbau des Barcodes	23
2.14	Start- und Endsymbol des Code 2/5	26
2.15	Ziffernfolge 4465 im Code 2/5	27
2.16	Code 2/5 mit partiellen Fehlern im Druckbild. A,B,C: Scanlinien	28
2.17	Ziffernfolge 124 im Code 2/5 mit Prüfziffer	30
2.18	Doppelter Substitutionsfehler im Code 2/5	30
2.19	Start- und Endsymbol des Code 2/5 interleaved	31
2.20	Zusammensetzung der Ziffernfolge 4465 im Code 2/5 interleaved	32
2.21	Ziffernfolge 124 im Code 2/5 interleaved mit Prüfziffer	33
2.22	Auswahl gültiger Fehllesungen	34
2.23	Ziffernfolge 769 im Code 2/5 ohne Prüfziffer	35
2.24	Beispiel einer Code-39-Darstellung ohne Prüfziffer	37
2.25	PZN	39
2.26	Beispiel für EAN 13	41
2.27	Aufbau des EAN 13	42

2.28 EAN Addon 43
2.29 Beispiele für EAN 8 45
2.30 Zeichensequenz „sinus" im Code 128 mit Prüfziffer.............. 50
2.31 Startsymbole des Code 128 51
2.32 Ziffernfolge „4465" mit Prüfziffer im Code 128 Ebene A 51
2.33 Ziffernfolge „4465" mit Prüfziffer im Code 128 Ebene B 52
2.34 Ziffernfolge „4465" mit Prüfziffer im Code 128 Ebene C 53
2.35 EAN-UCC Präfixe Deutschlands und seiner Nachbarländer 60
2.36 Startzeichen Ebene B und <FNC1>, das doppelte Startzeichen .. 63
2.37 Korrekt gebildete NVE als Barcode 65
2.38 Beispiel eines Transportetikettes............................. 66
2.39 NVE im unkomprimierten Code A 67
2.40 Längenvergleich Zeichensatz Ebene A und C 67
2.41 Beispiel eines OTL 70
2.42 Aufbau des EPC 72
2.43 EPC-Ermittlungsdienste.................................... 73
2.44 Beispiel für einen Code 49 75
2.45 Beispiel für einen Codablock-Barcode 76
2.46 Beispiel für einen PDF 417 76
2.47 Beispiel für einen RSS-14 Stacked 77
2.48 Beispiel für RSS-14 gestapelt und omnidirektional lesbar 78
2.49 Beispiel für einen RSS-14 mit 2D-Anteil 78
2.50 Eine Zeichensequenz in der Codierung RM4SCC................ 79
2.51 Beispiel für einen RM4SCC 82
2.52 Beispiel für einen Aztec Code 82
2.53 Der Aztec Code auf einem Bundesbahnticket.................. 83
2.54 Beispiel für einen QR-Code 83
2.55 Data Matrix Code Beispiel 84
2.56 Data Matrix Code als Briefmarke............................ 84
2.57 Dot Code A Beispiel 85
2.58 Diverse Barcodescanner [Fa. Intermec Technologies].............. 91
2.59 Lesestift.. 92
2.60 Handscanner [Fa. Intermec Technologies] 93
2.61 Prinzip des Barcodescanners mit rotierendem Polygonspiegel..... 93
2.62 Barcodelabeldrucker [Fa. Intermec Technologies] 96
2.63 Arbeitsweise des Thermotransferdruckers 97
2.64 Arbeitsweise des Thermodirektdruckers 98
2.65 Verschiedene Skalierungen eines EAN 13 100
2.66 Verschiedene falsche und richtige Anbringungsorte 101
2.67 Zaun- und leiterförmige Anbringung eines Barcodes.............101
2.68 Arbeitsweise eines passiven RFID-Systems.....................104
2.69 Frequenzbereiche RFID weltweit 108
2.70 Passive Transponder im Frequenzbereich 125 kHz...............109
2.71 „Smart Label"-Transponder 13,56 MHz 110

2.72 RFID-Gate 112
2.73 „Smart Label"-Transponder 868 MHz 114
2.74 Von der klassischen Materialflusssteuerung zum Internet der Dinge 118

3.1 Automatisierungspyramide 123
3.2 Fachgebiete der Mechatronik 124
3.3 Mechatronisches System 125
3.4 Steuerkette 127
3.5 Wirkungskreis einer Steuerung 128
3.6 Rechenregeln 129
3.7 Grundsymbole der Logik 130
3.8 Äquivalenz und Antivalenz 130
3.9 Beispiel Rolltor 131
3.10 Elektrische Verknüpfungen 134
3.11 Speicherfunktion durch Rückführung 135
3.12 Speicherfunktion in Zustandsdarstellung 135
3.13 Speicherglied aus ODER-Verknüpfungen 136
3.14 Torsteuerung mit Zustandsspeicherung 137
3.15 Schaltwerk 138
3.16 Beispiel Mealy-Atomat 141
3.17 Beispiel Moore-Automat 142
3.18 Inkrementalgeber 143
3.19 Inkrementallineal 143
3.20 Mealy-Automat für Inkrementalgeber 144
3.21 Moore-Automat für Inkrementalgeber 146
3.22 Graphische Präsentation von BE-Netzen 148
3.23 Schaltregel für BE-Netze 148
3.24 Erzeuger-Verbraucher-Modell 149
3.25 Konflikt in einem BE-Netz 149
3.26 Kontaktsituation in einem BE-Netz 150
3.27 BE-Modell einer Weiche 151
3.28 Schrittkette 153
3.29 Alternative Schrittketten 154
3.30 Simultane Schrittketten 155
3.31 Signalformen 155
3.32 Zweierkomplement 157
3.33 Graycodes Maßstäbe 159
3.34 Fehler durch Glitches 161
3.35 Grundstruktur Regelkreis 162
3.36 Regelkreis nach DIN 162
3.37 Einfacher Drehzahlregler 164
3.38 Aufbau eines PI-Reglers 164
3.39 Nichtlineare Kennlinien 165
3.40 Gütekriterien in der Regelungstechnik 166
3.41 Abtastregler 167

3.42 Ausführungsformen von Vertikalförderern 168
3.43 Beschleunigung, Geschwindigkeit und Weg 169
3.44 Prinzip einer Lageregelung.................................. 170
3.45 Blockdarstellung einer Lageregelung 170
3.46 Reedkontakt 174
3.47 Ausführungsformen von Schaltern und Tastern 174
3.48 Aufbau von Lichtschranken 176
3.49 Absolutcodiertes Wegerfassungssystem 178
3.50 Positionserfassung auf Magnetfeldbasis 180
3.51 Laserscanner zur Raumüberwachung 182
3.52 Laserscanner im Einsatz................................... 183
3.53 Laserbasierte Navigation 186
3.54 Differenzialantrieb 187
3.55 Odometrie... 188
3.56 Kennlinie eines Asynchronmotors 192
3.57 Schrittmotor 194
3.58 Entwicklung der Automatisierungsgeräte 197
3.59 SPS-Funktionsmodell 199
3.60 SPS: Funktionale Komponenten 201
3.61 Zyklische Arbeitsweise einer SPS........................... 201
3.62 Rechnerstruktur 204
3.63 Befehlsausführung 205
3.64 Unterbrechung durch Interrupt 209
3.65 Interrupt durch einen Scanner.............................. 211
3.66 Beispiel für eine CRC-Berechnung 221
3.67 ISO/OSI-Referenzmodell 222
3.68 Arbeitszyklus einer SPS 226
3.69 AWL mit Klammerung.................................... 234
3.70 Deklaration eine Funktionsblocks in FBS 237
3.71 Beispiel FBS.. 238
3.72 Beispiel Kontaktplan...................................... 239
3.73 Beispiel zur AS.. 239
3.74 Pick to Voice 245
3.75 Pick to Light 245
3.76 Model-View-Controller 246
3.77 Fehlerfälle 247
3.78 Fehlerfälle in einem HRL 248
3.79 Ausnahmen und Fehler.................................... 248
3.80 Zeitreihe und Histogramm 249

4.1 Das udc/cp-Device 256
4.2 Stetigförderer mit einseitig belabelten Transporteinheiten 258
4.3 Lichtschranke und RFID-Lesegerät 259
4.4 udc/cp: Beispielhafter Aufbau.............................. 261
4.5 Beispiele für Fahrerlose Transportfahrzeuge 269

4.6	FTS-Leitsystem nach VDI	272
4.7	Modell eines Transportnetzes	273
4.8	Einfache Entferungsmatrix	275
4.9	Vollständige Entferungsmatrix	275
4.10	Transportzeit-Matrix	276
4.11	Sequenzdiagramm für Fahraufträge	277
4.12	Routen-Matrix	278
4.13	Modell eines Transportnetzes	279
4.14	Automatische Demonstrationsanlage	281
4.15	Staustrecken	283
4.16	Weichen in der Demonstrationsanlage	284
4.17	Beispiel einer Zusammenführung	287
4.18	Beispiel einer Verzweigung	288
4.19	Schwenkrollensorter	289
4.20	Telegramme für die Kommunikation zwischen SPS und MFS	293
4.21	Zeitlicher Ablauf der Telegramme bei einer Statusabfrage	294

Literatur

[1] ABEL, Dirk: *Petri-Netze für Ingenieure – Modellbildung und Analyse diskret gesteuerter Systeme.* Springer Verlag, Berlin Heidelberg, 1990
[2] ALBERT, J. ; OTTMANN, Th.: *Automaten, Sprachen und Maschinen für Anwender.* BI Wissenschaftsverlag, Zürich, 1985
[3] BALZERT, Helmut: *Lehrbuch der Software-Technik.* Spektrum Akademischer Verlag, Berlin, 1998
[4] BAUER, Friedrich L. ; GOOS, Gerhard: *Informatik : Eine einführende Übersicht - Erster Teil.* 3. Auflage. Berlin, Heidelberg, New York: Springer, 1982
[5] BITTNER, Fred ; BULGA, Martin: Barcodeleser mit Fuzzy-Decodern. In: JÜNEMANN, R. (Hrsg.) ; WÖLKER, M. (Hrsg.): *Automatische Identifikation in Praxis und Forschung.* Verlag Praxiswissen, 1996
[6] BRAKENSIEK, Anja: *Modellierungstechniken und Adaptionsverfahren für die On- und Off-Line Schrifterkennung.* Technische Universität München, Lehrstuhl für Mensch-Maschine-Kommunikation, Dissertation, 2002
[7] BÜCHTER, Hubert ; FRANZKE, Ulrich: Entwicklung in der Identifikationstechnik. In: AHA, T. (Hrsg.): *ident Jahrbuch 2002/2003.* Umschau Zeitschriftenverlag, Frankfurt, 2002
[8] BULLINGER, Hans-Jörg (Hrsg.) ; HOMPEL, Michael ten (Hrsg.): *Internet der Dinge.* Springer-Verlag, Berlin, 2007
[9] CCG, Centrale für Coorganisation GmbH: *EAN 128.* 3. Auflage. CCG Köln, 2001
[10] DIN 44300 Teil 2: Informationsverarbeitung; Allgemeine Begriffe. Deutsches Institut für Normung e.V., Beuth Verlag GmbH., 1988
[11] FINKENZELLER, Klaus: *RFID-Handbuch.* 4. Auflage. Hanser Fachbuchverlag, 2006
[12] FRANZKE, Ulrich: Die Essener Software. In: BORODA, M. (Hrsg.): *Musikometrica 4.* Brockmeier, Bochum, 1992
[13] FRANZKE, Ulrich: Formale und endliche Melodiesprachen und das Problem der Musikdatencodierung. In: BORODA, M. (Hrsg.): *Musikometrica 5.* Brockmeier, Bochum, 1993
[14] FRANZKE, Ulrich: Barcode. (2006). – http://ulrich-franzke.de/barcode Zugriff Januar 2007
[15] GÖRZ, Günther: *Einführung in die künstliche Intelligenz.* Addison-Wesley (Deutschland) GmbH, 1993
[16] GS1-AUSTRIA: Strichcodequalität - So erreichen Sie die optimale Lesbarkeit. (2006). – Verfügbar über: http://www.gs1austria.at/html/9dl.html Zugriff im Januar 2007
[17] GS1-GERMANY: Sunrise Date 2010: RSS wird globaler Standard. (2006). – http://www.gs1-germany.de/content/produkte/ean/aktuelles/sunrise_date_2010/index_ger.html Zugriff am 14. Dezember 2006

[18] HAMMING, Richard W.: Error-detecting and error-correcting codes. . – http://guest.engelschall.com/~sb/hamming/ Zugriff Dezember 2006
[19] HAMMING, Richard W.: Error-detecting and error-correcting codes. In: *Bell System Technical Journal* XXVI (1950), S. S. 147–160
[20] HANSEN, Hans-Günter ; LENK, Bernhard: *Codiertechnik*. Ident Verlag Veuss, 1996
[21] HARTMANN, Rainer: *Untersuchung absolut codierter magnetischer Maßstäbe zu Positionierung spurgeführter Fördermittel*. Dissertation, Universität Dortmund, 1998
[22] HEINRICH, Claus: *RFID and Beyond - Growing your Business Through Real World Awareness*. Hoboken, NJ (USA) : John Wiley & Sons, 2005
[23] HOMPEL, Michael ten ; HEIDENBLUT, Volker: *Taschenlexikon Logistik - Abkürzungen, Definitionen und Erläuterungen der wichtigsten Begriffe aus Materialfluss und Logistik*. Springer-Verlag, Berlin Heidelberg, 2006
[24] HOMPEL, Michael ten ; SCHMIDT, Thorsten: *Warehouse Management – Automatisierung und Organisation von Lager- und Kommissioniersystemen*. Springer Verlag, Berlin Heidelberg, 2003
[25] JÜNEMANN, Reinhardt ; BEYER, Andresa: *Steuerung von Materialfluss- und Logistiksystemen*. Springer Verlag, Berlin, Heidelberg, 1998
[26] LÄMMERHIRT, E.-H.: *Elektrische Maschinen und Antriebe*. Carl Hanser Verlag, München, Wien, 1989
[27] LENK, Bernhard: Identifikation mittels Strichcode. In: JÜNEMANN, R. (Hrsg.) ; WÖLKER, M. (Hrsg.): *Automatische Identifikation in Praxis und Forschung*. Verlag Praxiswissen, Dortmund, 1996
[28] LENK, Bernhard: *Handbuch der automatischen Identifikation*. Monika Lenk Fachbuchverlag, 2000
[29] LENK, Bernhard: *2D-Codes, Matrixcodes, Stapelcodes, Composite Codes, Dotcodes*. Monika Lenk Fachbuchverlag, 2002
[30] LINTI, Frank: Beitrag zum fachgerechten Einsatz von Barcodeetiketten in Förder- und Lagertechnik. In: JÜNEMANN, R. (Hrsg.) ; WÖLKER, M. (Hrsg.): *Automatische Identifikation in Praxis und Forschung*. Verlag Praxiswissen, Dortmund, 1996
[31] LITZ, L. ; TAUCHNITZ, T.: Künftige Entwicklung der Prozessleittechnik. In: *Automatisierungstechnische Praxis - atp, Oldenburg* 36 (1994)
[32] MERZ, Hermann: *Elektrische Maschinen und Antriebe*. VDE Verlag, Berlin, Offenbach, 2001
[33] MICHELS, O. ; OLSZAK, Ch. ; WÖLKER, M.: Objekttechniken im Auto-ID Bereich. In: KRÄMER, R. Jünemann; M. Wölker; K. (Hrsg.): *Identifikationstechnologien - Ein Wegweiser durch Praxis und Forschung*. Frankfurt : Umschau Zeitschriftenverlag, 1997, S. 20ff
[34] REED, Irving S. ; SOLOMON, Gustave: Polynomial codes over certain finite fields. In: *Society for Industrial and Applied Mathematics (SIAM)* (1960), S. 300–304
[35] REISIG, Wolfgang: *Systementwurf mit Netzen*. Springer Verlag, Berlin Heidelberg, 1985
[36] REISIG, Wolfgang: *Petrinetze – Eine Einführung*. Springer Verlag, Berlin Heidelberg, 1990
[37] REUTER, Manfred ; ZACHER, Serge: *Regelungstechnik für Ingenieure*. Vieweg, 2004
[38] RIESSLER, Frank: Etikettendruck: Warum Thermo und Thermotransfer? In: JÜNEMANN, R. (Hrsg.) ; WÖLKER, M. (Hrsg.) ; KRÄMER, K. (Hrsg.): *Basis der Unternehmensprozesse - Identifikationstechnik*. Umschau Zeitschriftenverlag, Frankfurt, 1999

[39] ROHLING, E.: *Einführung in die Informations- und Codierungstheorie.* Teubner Studienbücher, Teubner Verlag, Stuttgart, 1995
[40] ROSENBAUM, Oliver: *Das Barcode–Lexikon.* edition advanced, bhv Verlags GmbH, 1997
[41] SCHNIEDER, E.: *Entwurf komplexer Automatisierungssysteme, 9. Fachtagung.* Institut für Verkehrssicherheitstechnik, TU Braunschweig, 2006
[42] SCHÖNING, Uwe: *Logik für Informatiker.* Spektrum Akademischer Verlag GmbH, Heidelberg, Berlin, 1995
[43] SILBERSCHATZ, Abraham ; PETERSON, James L. ; GALVIN, Peter B.: *Operating System Concepts.* 3. Auflage. Addison Wesley, 1991
[44] STEGER, Angelika: *Diskrete Strukturen Band 1 – Kombinatorik, Graphentheorie, Algebra.* Springer Verlag, Berlin Heidelberg, 2002
[45] TANENBAUM, Andrew: *Moderne Betriebssysteme.* 2. Auflage. Carl Hanser Verlag, München, Wien, 1995
[46] TANENBAUM, Andrew S.: *Computernetzwerke.* Prentice Hall Verlag GmbH, München, 1997
[47] United States Patent Office Pat.-No. 2612994: Classifying Apparatus and Method. 1949
[48] VOGEL, Johannes: *Elektrische Antriebstechnik.* Hüting GmbH, Heidelberg, 1995
[49] WALLASCHEK, J.: Modellierung und Simulation als Beitrag zur Verkürzung der Entwicklungszeiten mechatronischer Produkte. In: *VDI-Berichte, VDI-Verlag, Düsseldorf* 12 (1995), S. 34–37
[50] WEBER, Michael: *Verteilte Systeme.* Spektrum Akademischer Verlag, Heidelberg Berlin, 1998
[51] WEBER, Wolfgang: Data Matrix ECC200. In: *ident - Das Forum für Automatische Datenerfassung, Jahrbuch 2002/2003.* Umschau Zeitschriftenverlag, Frankfurt, 2001
[52] WECK, Gerhard: *Prinzipien und Realisierung von Betriebssystemen.* Teubner Verlag, Stuttgart, 1982
[53] WIESNER, Werner: *Der Strichcode und seine Anwendungen.* Verlag Moderne Industrie, Landsberg / Lech, 1990
[54] WILL, D: *Einführung in die Hydraulik und Pneumatik.* Verlag Technik, Berlin, 1983
[55] ZIEGLER, Roland: Meisterleistung der Logistik am Flughafen München. (2006). – http://www.muenchner-wissenschaftstage.de/content/e160/e707/e728/e929/filetitle/Ziegler-LogistikamFlughafenMnchen_ger.pdf Zugriff Januar 2007

Druck: Krips bv, Meppel, Niederlande
Verarbeitung: Stürtz, Würzburg, Deutschland